SHIYONG YUANLIN SHEJI

实用园林设计

赵彦杰 韩敬 刘敏 编著

化学工业出版社

·北京·

本书包括基础和设计两部分，基础部分主要介绍了绪论、实用园林设计原理、实用园林规划设计方法和实用园林规划设计程序；设计部分主要以公园规划设计、居住区绿地规划设计、单位附属绿地规划设计、道路绿地规划设计、城市广场规划设计、屋顶花园规划设计、滨水景观规划设计、观光农业园规划设计以及风景名胜区规划设计为代表，结合具体案例分析，详细阐述了各类园林绿地的规划设计等内容。

本书适应园林绿化现状，注重理论与实践相结合，强调实践性，可供从事园林景观设计、植物保护、花卉栽培等领域的技术人员和管理人员参考，也可供高等学校园林景观、植物保护、花卉栽培及相关专业师生参阅。

图书在版编目（CIP）数据

实用园林设计/赵彦杰等编著. —北京：化学工业出版社，2017.8（2019.1重印）
ISBN 978-7-122-29905-5

Ⅰ.①实… Ⅱ.①赵… Ⅲ.①园林设计 Ⅳ.①TU986.2

中国版本图书馆CIP数据核字（2017）第133242号

责任编辑：刘兴春　刘　婧　　装帧设计：韩　飞
责任校对：边　涛

出版发行：化学工业出版社（北京市东城区青年湖南街13号　邮政编码100011）
印　　装：北京虎彩文化传播有限公司
787mm×1092mm　1/16　印张15¾　字数384千字　2019年1月北京第1版第2次印刷

购书咨询：010-64518888　　售后服务：010-64518899
网　　址：http://www.cip.com.cn
凡购买本书，如有缺损质量问题，本社销售中心负责调换。

定　　价：68.00元

前言

随着经济社会的发展以及人们生活水平的提高，城市园林绿化得到了快速发展，行业应用领域不断拓展。园林设计是一项复杂的工作，涉及环境景观建设的诸多要素，需要从业人员具备良好的专业素质。

本书主要针对园林科技工作者及相关专业的从业人员，根据作者多年的科研工作经验总结，以及国内外相关领域的新理念、新方法等编著而成。全书分为基础和设计两部分，共13章内容，阐述了园林设计的基本原理、园林设计方法、园林设计程序，以及公园、居住区绿地、单位附属绿地、道路绿地、城市广场、屋顶花园、滨水景观、观光农业园、风景名胜区等的规划设计内容和方法。

本书编著旨在强化读者对园林设计基本方法的掌握，并且与园林绿化生产实践以及职业技能鉴定考核相结合，及时融进新知识、新观念、新方法，呈现内容的专业性和开放性，培养读者进行园林设计的实践能力、耐心细致的工作作风和严肃认真的工作态度，同时培养读者园林设计的创新意识。

本书适应园林绿化现状，注重理论与实践相结合，强调实践性，可供从事园林景观设计、植物保护、花卉栽培等领域的技术人员和管理人员参考，也可供高等学校园林景观、植物保护、花卉栽培及相关专业师生参阅。

本书主要由赵彦杰、韩敬、刘敏编著，雷琼、霍宪起、张桂玲等对部分章节提出了宝贵意见，在此表示感谢；全书最后由赵彦杰审稿、定稿。在本书编著过程中，还参考了相关专家的大量文献资料，仿绘了部分图例，在此向有关专家、单位深表感谢！

限于编著者的编著时间和水平，书中难免存在不妥和疏漏之处，敬请读者批评指正。

编著者
2017 年 6 月

目 录

0 绪论

随着城市化的发展趋势，人们对集中居住生活环境的要求日益提高，保护自然环境和维护自然生态平衡是城市发展的必然方向。园林规划设计学科恰恰是与之关系密切的一门应用学科，其核心是为人类构建和谐的活动空间，全面提高人类生存活的环境品质。园林与城市化同步，才能使城市环境具有美学欣赏价值、日常使用的功能，并能保证生态可持续发展。

0.1 园林相关概念

园林有着悠久的历史和传统。随着社会的变革，它从庭园设计过渡到公园设计，至今转变成涉及园林城市化进程的城市景观设计，其内涵和形式越来越丰富。

0.1.1 园林

我国“园林”一词最早出现于魏晋南北朝时期。陶渊明在《从都还阻风于规林》有“静念园林好，人间良可辞”的诗句。园林从字面上理解，是“园”和“林”的集合，可视为植花木所。从历史上看，它是园池、园亭、园山、林亭、亭台等众多词汇的最终代称。从内容上看，是一个生活条件美好的实际生活境域，包含建筑、山水、工程构筑物和园林植物等景物，因此又具有文化意识和生活的功能。

古代出现的园林一词既指人为的庭院，也含有对自然风景的改造。如今的园林含义随着时代与社会的需要、各学科的相互渗透和发展，所覆盖的范围除一般的城市园林之外，还包括森林公园、风景名胜区、自然保护区、国家公园等大面积园林。

园林的概念应该有广义和狭义之分。从古典园林这个狭义角度看，园林是在一定的地段范围内，利用、改造天然山水地貌或人工开辟山水地貌，结合建筑造型、艺术小品和动植物观赏，构成的一个以视觉景观之美为主的游憩、居住环境。从近、现代园林发展视角看，广义的园林是包括各类公园、城镇绿地系统、自然保护区在内融自然风景与人文艺术于一体的为社会全体公众提供更加舒适、快乐、文明、健康的游憩娱乐环境。

0.1.2 景观

景观（Landscape）一词最早的记载出现于《圣经》旧约全书中，用来描写梭罗门皇城（耶路撒冷）的瑰丽景色。这时，“景观”的含义同汉语中的“风景”“景致”“景色”相一致，其含义指城市景象或指大自然风景。18 世纪“景观”的含义发生了转变，它与“园艺”紧密联系在了一起。

当今的景观概念已经涉及地理、生态、园林、建筑、文化、艺术、哲学、美学等多个方面。景观是人所向往的自然风景，景观是人类的栖居地，景观是人造的工艺品，景观是需要科学分析方能被理解的物质系统，景观是有待解决的问题，景观是可以带来财富的资源，景观是反映社会伦理、道德和价值观念的意识形态，景观是历史，景观是美。

目前，大多数园林风景学者所理解的景观，也主要是视觉美学意义上的景观，也即风景。景观可分为自然景观和人文景观两大类型：自然景观包括天然景观（如高山、草原、沼泽、雨林等）；人文景观是有人为的因素在内，多指有保留价值、考古价值、文化价值的景观，包含范围比较广泛，如人类的栖居地、生态系统、历史古迹等。

总的来讲，景观最基本、最实质的内容与园林的核心相一致，基于景观生态学理论的园林设计更具科学性和整体前瞻性。

0.1.3 绿地

绿地是在建筑学、园林学、景观生态学等学科领域内常用的一个概念，然而在不同领域内所使用的绿地概念存在着一定的差异。

在国土规划、大地景观规划以及景观生态学等研究领域内，绿地的概念泛指生长着绿色植物的地域。根据这个定义，则所有的农、林、牧业生产用地、自然保护区、防护林地、森林游憩地、城市绿化用地等均属于绿地的范畴。在建筑学、园林学和城市规划中，绿地的概念则特指在城市规划用地的区域内，具有改善与保持生态环境、美化市容市貌、提供休闲游憩场地或具有卫生、安全防护等各种功能，种植有绿色植物的地域。按照这一定义，绿地包括了城市规划区域内的各类公园、各种游憩地、公共建筑及宅旁绿地、道路交通绿化地、各企事业单位内的专用绿地、城市卫生防护林地以及苗圃、花圃等，城市规划区域以外的农、林、牧业的生产用地、自然保护区等则不属于绿地的范畴。

0.1.4 园林规划设计

园林规划设计包含园林绿地规划和园林绿地设计两部分内容。园林绿地规划从宏观上讲，是指对未来园林绿地发展方向的设想安排。其主要任务是按照国民经济发展需要，提出园林绿地发展的战略目标、发展规模和投资等，它又分为发展规划和园林规划两种。园林绿地设计就是为了满足一定目的和用途，在规划的原则下，围绕园林地形，利用植物、山水、建筑、道路、广场等园林要素创造出有生机、有力度、有内涵的园林环境，或者说园林设计就是具体规划中某一工程的实施方案，是具体而细致的施工计划。园林设计的内容包括地形设计、建筑设计、园路设计及园林小品的设计等。

园林规划设计就是园林绿地在建设之前的筹划谋略，是实现园林美好理想的创造过程，它受到经济条件的影响和艺术法则的指导。园林规划设计的最终成果是园林规划设计图和设计说明书。它不仅要考虑经济工程设计条件和生态问题，还要把自然美融于生态美之中。同时，它还要借助建筑美、绘画美、文学美和人文美来增强自身的表现能力。

园林的发展是人类历史进程的产物，更是城市现代化城市建设的重要组成部分。园林规划设计以美学、建筑学、城市规划学、植物学、景观生态学、心理学等为基础，以“适用、经济、美观”为指导思想原则，是构建和谐美好、美丽的城市环境的必然途径。

0.2 园林发展趋势

我国园林有着悠久的历史，是中华民族灿烂文化的标志与结晶，并对世界园林产生过巨大影响。新的历史时期赋予园林学科新的历史使命。

0.2.1 学科发展

自 20 世纪 80 年代以来，随着环境问题的日趋严重，可持续发展的理念应运而生。生态与可持续发展思想给社会、经济及文化带来了新的发展思路，越来越多的环境规划设计行业正不断吸纳环境生态观念。从学科发展角度，广泛地借鉴、利用人类已有的文明成果，将园林学科与其他新兴边缘学科接轨已势在必行。景观生态学把人类生活空间内的岩石圈、生物圈和智慧圈都作为整体人类生态系统的有机组成部分来考虑，把景观生态学引进城市园林绿化，结合景观生态学的原理和方法进行城市园林绿化的规划与设计，将大大推进园林学科的发展，拓展和深化城市园林绿化的外延和内涵，而且也为最终实现城市景观的可持续发展开辟了崭新的途径。如拉·维莱特公园中的竹园采用了下沉式园林的手法，低于原地面 5m 的封闭性空间处理形成了园内适宜的小气候环境。在排水处理上，遵循着技术与艺术相结合的设计思想，在园边设置环形水渠，既解决了排水问题，又增加了园内的湿度。竹园的照明设计采用类似卫星天线的锅形反射板，形成反射式照明效果，并且在将灯光汇聚并反射到园内的同时，将光源产生的热量也一并反射到竹叶上，借此能够改善竹园中的小气候条件，有利于竹子的生长。

0.2.2 行业发展

园林规划设计是城市总体规划的重要组成部分，是园林绿地建设的前提和指导，是园林绿化工程施工、维护管理的依据。园林设计是城市景观绿化有效且便捷的途径，园林设计者可以通过工程技术和艺术手法，改造指定范围内的地形，并且用种植植物、布置道路与营造建筑的方式设计出大自然与生活环境相互协调的环境。因此，从行业需求角度，社会迫切需要既具备专业知识又具有实践技能的园林设计人才；同时，园林设计者由于在空间设计技能方面具有全面性，也可以胜任城市设计工作。

0.3 学习园林规划设计的方法

园林规划设计课程具有理论性强、综合性强、实践性强的特点，学习和掌握园林规划设计的方法有以下几点。

0.3.1 重基础，广视野

园林规划设计课程主要内容包括传统园林和现代园林、园林制图基础、园林规划设计的基本原理、园林绿地各组成要素的规则设计以及主要园林绿地类型的规划设计特点等。园林规划设计与规划、设计、建筑、植物、工程、环境、历史、文学、艺术、地理等多方面的知识有密切联系，学习不要只局限于某个方面，要多角度地学习和思考，努力扩大自己的视野。

0.3.2 多观察、勤思考

园林规划设计是一门要求知识面广、实践性强的课程。要多实地考察、体验景观设计作品，多接触园林绿化实践，提高分析能力和想象能力。

0.3.3 多动手，重积累

勤动手，多画图，提高设计表现能力。做到“左图右画，开卷有益；模山范水，出户方精”。学习园林规划设计必须具有一定的手工绘图能力和电脑绘图能力，并且要广泛收集园林规划设计的有关资料，便于借鉴与提高。

0.3.4 继承和创新

继承和创新相结合，就是应批判地继承古今中外园林设计的优秀传统和精华，做到“古为今用，洋为中用”，并善于借鉴书画、影视、戏剧、文学等姊妹艺术的成就，扩大视野，提高艺术素养、审美能力和创作灵感。

1 实用园林设计原理

园林是一种综合大环境的概念，以园林景观的观点看城市绿地，以形式美法则看园林艺术，以行为心理学和人体工程学观点看园林设计。园林设计的基本单元是景点，能否设计出具有美感的园林，运用好各种图景创作手法是关键，要完成好一个园林设计的项目，必须遵循一定的设计原理和规律。

1.1 城市绿地规划原理

城市园林绿地系统是城市中具有一定数量和质量的各类园林绿地，通过有机联系形成生态环境整体功能，同时具有一定社会效益和经济效益的有生命的基础设施体系。作为城市中的自然生产力主体，城市园林绿地的系统发展是实现城市可持续发展的必要条件。

1.1.1 基本概念

(1) 城市绿地

城市用以改善城市生态、保护环境、为居民提供游憩场地和美化景观的城市绿化用地。作为城市用地（工业用地 M、居住用地 R、道路广场用地 S、公共设施用地 C、市政设施用地 U、绿化用地 G、仓储用地 W、对外交通用地 T、特殊用地 D）的一个有机组成部分，它广泛而错综地分布在城市的各个组成部分之间。城市绿地与工业生产、人民生活、城市建筑与道路建设、地上地下管线布置等密切相关。

(2) 城市绿地系统

城市绿地系统是城市中各类绿地的有机聚合，具有整体性、多样性、动态、生机等特性，是城市生态系统中重要的组成部分。

1.1.2 城市绿地的功能

(1) 改善城市小气候

城市绿地能够调节温度，减少辐射，调节湿度，调节气流。带状绿地在与该地夏季主导风向一致的情况下，可将城市郊区的气流随着风势引入城市中心地区，为炎夏城市的通风创造良好的条件；而冬季，在垂直冬季的寒风方向种植防风林带，可以减少风沙，改善气候。

(2) 净化空气

城市绿地能吸收有害气体，放出氧气。空气中的有害气体主要有二氧化硫、氯气、氟化氢、氨、汞、铅蒸气等，其中以二氧化硫的数量最多、分布最广、危害最大；减少空气中的细菌数量；绿色植物负离子、芳香挥发物对人体有保健作用，有助于人体健康。

(3) 防止公害灾害

城市绿地能降低城市噪声，噪声会使人产生头昏、头痛、神经衰弱、消化不良、高血压等病症。树木对声波有散射、吸收的作用，树木通过其枝叶的微振作用能减弱噪声；净化水体和土壤；涵养水源及保护地下水，树木和草地对涵养水源有非常显著的功能；保护生物多样性。

1.1.3 城市绿地的分类

我国现行的城市绿地分类标准为国家建设部颁布的《城市绿地分类标准》(CJJ/T 85—2002)(见表 1-1)。该分类标准将城市绿地划分为五大类，即公园绿地（G1)、生产绿地(G2)、防护绿地（G3)、附属绿地（G4）及其他绿地（G5)。

(1) 公园绿地（G1)

公园绿地是指“向公众开放，以游憩为主要功能，兼具生态、美化、防灾等作用的绿地”，包括城市中的综合公园、社区公园、专类公园、带状公园以及街旁绿地。公园绿地与城市居民的居住、生活密切相关，是城市绿地的重要组成部分。

(2) 生产绿地（G2)

生产绿地主要是指为城市绿化提供苗木、花草、种子的苗圃、花圃、草圃等圃地。它是城市绿化材料的重要来源，对城市植物多样性保护有积极的作用。

(3) 防护绿地（G3)

防护绿地是指城市中具有卫生、隔离和安全防护功能的绿地，包括城市卫生隔离带、道路防护绿地、城市高压走廊绿带、防风林、城市组团隔离带等。

(4) 附属绿地（G4)

附属绿地是指城市建设用地（除 G1、G2、G3 之外）中的附属绿化用地，包括居住用地、公共设施用地、工业用地、仓储用地、对外交通用地、道路广场用地、市政设施用地和特殊用地中的绿地。

(5) 其他绿地（G5)

其他绿地是指对城市生态环境质量、居民休闲生活、城市景观和生物多样性保护有直接影响的绿地。包括风景名胜区、水源保护区、郊野公园、森林公园、自然保护区、风景林地、城市绿化隔离带、野生动植物园、湿地、林地、垃圾填埋场恢复绿地等。

1.1.4 城市绿地指标

城市绿地指标是指城市中平均每个居民所占有的公园面积、城市绿化覆盖率、城市绿地率等。它反映一个城市的绿化数量和质量、一个时期的城市经济发展和城市居民的生活福利保健水平，也是评价城市环境质量的标准和城市居民精神文明的标志之一。

表 1-1 《城市绿地分类标准》（CJJ/T 85—2002）

类别代码			类别名称	内容与范围	备 注
大类	中类	小类			
G1	G11		公园绿地	向公众开放，以游憩为主要功能，兼具生态、美化、防灾等作用的绿地	
			综合公园	内容丰富，有相应设施，适合于公众开展各类户外活动的规模较大的绿地	
		G111	全市性公园	为全市居民服务，活动内容丰富，设施完善的绿地	
		G112	区域性公园	为市区内一定区域的居民服务，具有较丰富的活动内容和设施完善的绿地	
	G12		社区公园	为一定居住用地范围内的居民服务，具有一定活动内容和设施的集中绿地	不包括居住组团绿地
		G121	居住区公园	服务于一个居住区的居民，具有一定活动内容和设施，为居住区配套建设的集中绿地	服务半径0.5～1.0km
		G122	小区游园	为一个居民小区的居民服务，配套建设的集中绿地	服务半径0.3～0.5km
	G13		专类公园	具有特定内容或形式，有一定休憩设施的绿地	
		G131	儿童公园	单独设置，为少年儿童提供游戏和开展科普、文体活动，有安全、完善设施的绿地	
		G132	动物园	在人工饲养的条件下，移地保护野生动物，供观赏、普及科学知识、进行科学研究和动物繁育，并具有良好设施的绿地	
		G133	植物园	进行科学研究和引种驯化，并供观赏、游憩及开展科普活动的绿地	
		G134	历史名园	历史悠久，知名度高，体现传统造园艺术并被审定为文物保护单位的园林	
		G135	风景名胜公园	位于城市建设用地范围内，以文物古迹、风景名胜点（区）为主形成的具有城市公园功能的绿地	
		G136	游乐公园	具有大型游乐设施，单独设置，生态环境较好的绿地	绿化占地比例应≥65%
		G137	其他专类公园	除以上各种专类公园外具有特定主题内容的绿地。包括雕塑园、盆景园、体育公园、纪念性公园等	绿化占地比例应≥65%
	G14		带状公园	沿城市道路、城墙、水滨等，有一定游憩设施的狭长形绿地	
	G15		街旁绿地	位于城市道路用地之外，相对独立成片的绿地，小型沿街绿化用地等	绿化占地比例应≥65%
G2			生产绿地	为城市绿化提供苗木、花草、种子的苗圃、花圃、草圃等圃地	
G3			防护绿地	城市中具有卫生、隔离和安全防护功能的绿地，包括卫生隔离带，道路防护绿地、城市高压走廊绿带、防风林、城市组团隔离带等	
			附属绿地	城市建设用地中除绿地之外的各种用地中的附属绿化用地。包括居住用地、公共设施用地、工业用地、仓储用地、对外交通用地、道路广场用地、市政设施用地和特殊用地中的绿地	
G4	G41		居住绿地	城市居住用地内社区公园以外的绿地。包括组团绿地、宅旁绿地、配套共建绿地、小区道路绿地等	
	G42		公共设施绿地	公共设施用地内的绿地	
	G43		工业绿地	工业用地内的绿地	
	G44		仓储绿地	仓储用地内的绿地	
	G45		对外交通绿地	对外交通用地内的绿地	
	G46		道路绿地	道路广场用地内的绿地，包括行道树篱带、分车绿带、交通岛绿地、交通广场和停车场绿地等	
	G47		市政设施绿地	市政设施用地内的绿地	
	G48		特殊绿地	特殊用地内的绿地	

续表

类别代码			类别名称	内容与范围	备注
大类	中类	小类			
G5			其他绿地	对城市生态环境质量、居民休闲生活、城市景观和生物多样性保护有直接影响的绿地。包括风景名胜区、水源保护区、郊野公园、森林公园、自然保护区、风景林地、城市绿化隔离带、野生动植物园、湿地、林地、垃圾填埋场恢复绿地等	

(1) 人均公园绿地面积

人均公园绿地面积是指城市中每个居民平均占有公园绿地的面积。

人均公园绿地面积（m^2/人）＝城市公园绿地面积 G1/城市人口

$$A_{g1m}=A_{g1}/N_p \tag{1-1}$$

式中 A_{g1m}——人均公园绿地面积，m^2/人；

A_{g1}——城市公园绿地面积，m^2；

N_p——城市人口数量，人。

式(1-1) 中，公园绿地包括了综合公园 G11、社区公园 G12、专类公园 G13、带状公园 G14 和街旁绿地 G15。

人均公园绿地面积指标根据城市人均建设用地指标而定，理想的人均公园绿地指标应大于 $9m^2$；人均建设用地指标不足 $75m^2$ 的城市，应不少于 $6m^2$；人均建设用地指标 75～$105m^2$ 城市，应不少于 $7m^2$；人均建设用地指标超过 $105m^2$ 的城市，应不少 $8m^2$。

(2) 城市绿化覆盖率

城市绿化覆盖率是指城市绿化覆盖面积占城市面积的比率。

城市绿化覆盖率(%)＝(城市内全部绿化种植垂直投影面积/城市用地面积)×100%
(1-2)

城市建成区内绿化覆盖面积应包括各类绿地（公园绿地、生产绿地、防护绿地和附属绿地）的实际绿化种植覆盖面积（含被绿化种植包围的水面）、屋顶绿化覆盖面积以及零散树木的覆盖面积。

城市中各类绿地的绿化覆盖总面积占城市总用地面积的百分比，是衡量一个城市绿化现状和生态环境效益的重要指标，它随着时间的推移、树冠的大小而变化。乔木下的灌木投影面积、草坪面积不得计入在内，以免重复。城市绿化覆盖率应不少于 35%。林学上认为，一个地区的绿色植物覆盖率至少应在 30% 以上，才能对改善气候发挥作用。

(3) 绿地率

绿地率是指城市各类绿地面积之和占城市用地面积的比率。

城市绿地率(%)＝(城市建成区各类绿地面积之和/城市用地面积)×100%

$$\lambda_g=[(A_{g1}+A_{g2}+A_{g3}+A_{g4})/A_c]\times 100\% \tag{1-3}$$

式中 λ_g——绿地率，%；

A_{g1}——公园绿地面积，m^2；

A_{g2}——生产绿地面积，m^2；

A_{g3}——防护绿地面积，m^2；

A_{g4}——附属绿地面积，m^2；

A_c——城市的用地面积，m^2。

式(1-3) 中，城市建成区内绿地面积包括城市中的公园绿地 G1、生产绿地 G2、防护绿地 G3 和附属绿地 G4 的总和。

城市绿地率表示全市绿地总面积的大小，是衡量城市规划的重要指标，疗养学认为，绿地面积达 50%以上才有舒适的休养环境。

绿地指标可以反映城市绿地的质量与绿化效果，是评价城市环境质量和居民生活福利水平的一个重要指标；可以作为城市总体规划各阶段调整用地的依据，是评价规划方案经济性、合理性的数据；可以指导城市各类绿地规模的制定工作，如推算城市公园及苗圃的合理规模，以及估算城建投资计划；可以统一全国的计算口径，为城市规划的各种分析提供数据。

1.2 园林艺术构图法则

园林艺术作品与其他艺术门类一样，是按照美学规律创造出来的，这些形式美的基本规律是人们在长期的社会劳动实践中逐步总结出来的，概括为多样与统一、对比与微差、均衡与稳定、比例与尺度、节奏与韵律 5 个方面。下面逐一介绍这些规律。

1.2.1 多样与统一

多样与统一原则是一切艺术形式美的基本规律。园林中的各组成部分，它们的体形、体量、色彩、线条、形式、风格等，要求有一定程度的相似性或一致性，给人以统一的感觉。但统一而无变化，则呆板单调；反之，多样而不统一，必然杂乱无章。所以园林中常要求统一中有变化，或是变化中有统一，才使人感到优美而自然。

(1) 局部与整体

在园林中，景区景点各具特色，但就全园总体而言，其风格造型、色彩变化均应保持与全园整体的基本协调，在变化中求完整。如儿童乐园入口设计造型生动，园林小品种类繁多，但其风格色彩均带有浓厚的趣味性、卡通性，与整体相融合，突出主题。这是现代艺术多样与统一规律在人类审美活动中的具体表现。

(2) 形式与内容

首先，应当明确园林的主题与格调，确定切合主题的形式，选择对表现主题最直接、最有效的素材。例如，在自然式园林中园林建筑作自然式布局，自然的池岸、曲折的小径、树木的自然式栽植，即便在自然式花园中，处于某种特殊要求而建造的大楼，也在其墙基采取了“自然化”的补救措施，数块碎石、一环绿水，以求风格的协调统一。在西方规则式园林中，常运用几何式花坛，修剪整齐的树木来营造园林，便表现为形式与内容的统一。

(3) 材料与质地

假山、建筑甚至是其一面墙体的设计，在选材以及质地方面既要有变化，又要保持整体的一致性，这样才能既主体突出又富于变化。例如，湖石与泰山石堆砌假山用材就不可混杂，贴面砖墙面与水泥墙面必须有主次比例。古建筑虽是木结构的作法，如果用仿木仿竹的水泥结构，仿石的斩假石做法，仿大理石的喷涂作法，也可表现出理想的质感统一效果。

(4) 风格与流派

风景建筑历来因地域、民族、文化的不同而各具特色。常说的以营造法则为准则的北式建筑和以营造法源为准则的南式建筑，就各自显示其地域性的变化和统一。

(5) 线型与纹理

长廊砖砌柱墩的横向纹理与竖向柱墩方向不一，但与横向长廊是统一协调的。岸边假山的竖向石壁与邻水的横向步道，虽然线型方面有变化，但与环境规律却是统一的。

(6) 图形与线条

各图形本身总的线条图案与局部线条图案的变化与统一。

1.2.2 对比与微差

差异程度显著的表现称为对比，差异程度较小的表现称为微差。就形式美而言，两者都不可少。对比可以借相互烘托陪衬求得变化，微差则借彼此之间的协调和连续性以求得调和。没有对比会产生单调，而过分强调对比以致失掉了连续性又会造成杂乱。只有把这两者巧妙地结合起来，才能达到既有变化又协调一致。园林景色要在对比中求协调，使景色既丰富多彩，又要突出主题，风格协调。对比手法主要有形象对比、方向对比、体量对比、空间对比、明暗对比、虚实对比、色彩对比、质感对比等。

(1) 形象对比

园林布局中构成园林景物的线、面、体和空间常具有各种不同的形状，如长宽、高低、大小等的不同形象的对比。以短衬长，长者更长；以低衬高，高者更高；以小衬大，大者更大，造成人们视觉上的幻变。如在广场中立一旗杆，草坪中种一高树，水面上置一灯塔，即可取得高与低、水平与垂直的对比效果，又可显出旗杆、高树、灯塔的挺拔。在布局中只采用一种或类似的形状时易取得协调统一的效果。如在圆形的广场中央布置圆形的花坛，因形状一致显得协调。在园林景物中应用形状的对比与协调常常是多方面的，如建筑与植物之间的布置，建筑是人工形象，植物是自然形象，将建筑与植物配合在一起，以树木的自然曲线与建筑的直线形成对比，来丰富立面景观。对比存在了，还应考虑二者的协调关系，所以在对称严谨的建筑周围，常种植些整形的树木，并做规则式布置以求协调。

(2) 方向对比

在园林的形体、空间和立面的处理中，常常运用垂直和水平方向的对比，以丰富园林景物的形象，如园林中常把山水互相配合在一起，使垂直方向高耸的山体与横向平阔的水面互相衬托，避免了只有山或只有水的单调；还常采用挺拔高直的乔木形成竖直线条，低矮丛生的灌木绿篱形成水平线条，两者组合形成对比。在空间布置上，忽而横向，忽而深远，忽而开阔，造成方向上的对比，增加空间在方向上变化的效果。

(3) 体量对比

体量相同的东西，在不同的环境中给人的感觉是不同的，如放在空旷广场中会感觉其小，放在小室内会感觉其大，这是大中见小、小中见大的道理。在园林绿地中，常用小中见大的手法，在小面积用地内创造出自然山水之胜。以突出主体，强调重点，在园林布局中常常用若干较小体量的物体来衬托一个较大体量的物体，如颐和园的佛香阁与周围的廊，廊的体量都较小，就显得佛香阁更高大，更突出。

(4) 空间对比

在空间处理上，开敞的空间与闭锁的空间也可形成对比。在园林绿地中利用空间的收放开合，形成敞景与聚景的对比，开敞风景与闭锁风景两者共存于同一园林中，相互对比，彼此烘托，视线忽远忽近，忽放忽收。可增加空间的对比感，达到引人入胜。两个毗邻空间，大小悬殊，当由小空间进入大空间时，会因相互对比作用而产生豁然开朗之感。中国古典园林正是利用这种对比关系获得不同的效果。各类公共建筑往往在主要空间之前有意识地安排体量极小的或高度很低的空间，以欲扬先抑的手法突出、衬托主要空间。

（5）明暗对比

光线的强弱造成景物、环境的明暗，给人不同的感受。明，给人以开朗活泼的感觉；暗，给人以幽静柔和的感觉。在园林绿地中，布置明朗的广场空地供游人活动，布置幽暗的疏林、密林供游人散步休息。明暗对比强的景物令人有轻快振奋的感觉，明暗对比弱的景物令人有柔和沉郁的感觉。在密林中留块空地，称为林间隙地，是典型的明暗对比。

（6）虚实对比

园林绿地中的虚实常常是指园林中的实墙与空间，密林与疏林草地，山与水的对比等。在园林布局中要做到虚中有实，实中有虚是很重要的。虚给人轻松，实给人厚重。水面中有个小岛，水体是虚，小岛是实，因而形成了虚实对比，能产生统一中有变化的艺术效果。园林中的围墙，常做成透花墙或铁栅栏，就打破了实墙的沉重闭塞感觉，产生虚实对比效果，隔而不断，求变化于统一，与园林气氛协调。

（7）色彩对比

色彩对比是指两个以上的色彩，在同一时间和空间内相互比较时，显示出明显的差别。

色彩调和是指两个或以上的色彩有秩序、协调、和谐地组合在一起，使人产生心情愉悦的心理感受。园林中色彩的对比与调和是指在色彩的色相、明度和纯度上，只要差异明显就可产生对比的效果，差异近似就产生调和的效果。利用色彩的对比关系可引人注目，以便更加突出主景。如“万绿丛中一点红”，这“一点红”就是主景。建筑的背景如为深绿色的树木，则建筑可用明亮的浅色调，加强对比，突出建筑。植物的色彩，一般是比较调和的，因此在种植上，多用对比，产生层次。秋季在艳红的枫林、黄色的银杏树之后，应有深绿色的背景树林来衬托。湖堤上种桃植柳，宜桃树在前，柳树在后。阳春三月，柳绿桃红，以红衬绿，以绿衬红，水上水下，兼有虚实之趣。“牡丹虽好，还需绿叶扶持”，这是红绿互为补色对比，以绿衬红，红就更醒目。

（8）质感对比

在园林绿地中，可利用植物、建筑、道路、广场、山石、水体等不同的材料质感，形成对比，增强效果。即使是植物之间，也因树种不同，有粗糙与光洁，厚实与透明的不同。建筑上仅以墙面而论，也有砖墙、石墙、大理石墙面以及加工打磨情况的不同，而使材料质感上有差异。不同材料质地使人产生不同的感觉，如粗面的石材、混凝土、粗木、建筑等使人感觉稳重，而细致光滑的石材、细木等使人感觉轻松。

1.2.3 均衡与稳定

人们从自然现象中意识到一切物体要想保持均衡与稳定，就必须具备一定的条件，例如像山那样，下部大，上部小；像树那样下部粗，上部细，并沿四周对应地分枝出叉；像人那样具有左右对称的体形等。除自然的启示外，人们也通过自己的生产实践证实了均衡与稳定的原则，并认为凡是符合这样的原则，不仅在实际上是安全的，而且在感觉上也是舒服的。这里所说的稳定，是就园林布局在整体上轻重的关系而言；而均衡是指园林布局中的左与右，前与后的轻重关系等。当构图在平面上取得了平衡，我们称之为均衡；在立面上取得了平衡，我们称之为稳定。

(1) 均衡

自然界静止的物体要遵循力学原则，以平衡的状态存在，不平衡的物体或造景使人产生不稳定和运动的感觉。在园林布局中要求园林景物的体量关系符合人们在日常生活中形成的平衡稳定的概念，所以除少数动势造景外，一般艺术构图都力求均衡。

均衡可分为对称均衡与不对称均衡。

1) 对称均衡　最简单的一类均衡，就是常说的对称。在这类均衡中，对称轴线的两旁是完全一样的，只要把均衡中心以某种微妙的手法来加以强调，立刻就会给人一种安定的均衡感，如图 1-1 所示。

图 1-1　对称均衡

对称从希腊时代以来就作为美的原则，应用于建筑、造园、工艺品等许多方面。西方古典园林讲究明确的中轴、对称的构图，形成了图案式的园林格局。中国传统的审美趣味虽然不像西方那样一味地追求几何美，但在对待在处理宫殿、寺院等建筑的布局方面，却也十分喜爱用轴线引导和左右对称的方法而求得整体的统一性。例如北京故宫，它的主体部分不仅采取严格对称的方法来排列建筑，而且中轴线异常突出。这种轴线除贯穿于故宫城内，还一直延伸到城市的南北两端，总长约 7.8km，气势之雄伟实为古今所罕见。

2) 不对称均衡　在园林绿地的布局中，由于受功能、组成部分、地形等各种复杂条件制约，往往很难也没有必要做到绝对对称形式，在这种情况下常采用不对称均衡的手法，如图 1-2 所示。不对称均衡的构图是以动态观赏时“步移景异”，景色变幻多姿为目的的。它是通过游人在空间景物中不停地欣赏，连贯前后成均衡的构图。以颐和园的谐趣园为例，整体布局是不对称的，各个局部又充满动势，但整体十分均衡。分析其导游线，在入口处至洗秋轩形成的轴线上，左边比重大，右边比重轻，是不均衡的。游人依逆时针方向向主体建筑涵远堂前进至饮绿亭时，在轴线的右侧建筑增多，左侧建筑减少，又形成右重左轻。游人继续依逆时针方向前进，并根据建筑体量大小，距轴线远近的变化，造成的综合感觉，整个景观仍然是均衡的。

不对称均衡的布置要综合衡量园林绿地构成要素的虚实、色彩、质感、疏密、线条、体形、数量等给人产生的体量感觉，通过调整位置、大小、色彩对比等方式取得，切忌单纯考虑平面的构图。不对称的均衡布置小至树丛，散置山石，自然水池，大至整个园林绿地、风景区的布局。它给人以轻松、自由、活泼、变化的感觉。所以广泛应用于一般游憩性的自然式园林绿地中。

(2) 稳定

自然界的物体，由于受地心引力的作用，为了维持自身的稳定，靠近地面的部分往往大

图 1-2 不对称均衡

而重，而在上面的部分则小而轻，如山、土坡等。从这些物理现象中，人们就产生了重心靠下，底面积大可以获得稳定感的认知。

在园林布局上，往往在体量上采用下面大，向上逐渐缩小的方法来取得稳定坚固感。我国古典园林中的高层建筑物如颐和园的佛香阁、西安的大雁塔等，都是通过建筑体量上由底部较大而向上逐渐递减缩小，使重心尽可能低，以取得结实稳定的感觉。另外，在园林建筑和山石处理上也常利用材料、质地所给人的不同的重量感来获得稳定感。如园林建筑的基部墙面多用粗石和深色的表面处理，而上层部分采用较光滑或色彩较浅的材料，在土山带石的土丘上，也往往把山石设置在山麓部分给人以稳定感。

1.2.4 比例与尺度

圣·奥古斯丁说："美是各部分的适当比例，再加一种悦目的颜色。"比例是物与物的相比，表明各种相对面间的相对度量关系，在美学中，最经典的比例分配莫过于"黄金分割"了。园林中的比例，一方面是园林中各个景物自身的长、宽、高之间的比例关系；另一方面则是景物与景物、景物与整体之间的比例关系。计成在《园冶》中认为"村庄地"建园：3/10的面积开挖池塘，4/10 的面积累土为山，其余则布置园林建筑等。

尺度是物与人（或其他易识别的不变要素）之间相比，不需涉及具体尺寸，完全凭感觉上的印象来把握。比例是理性的、具体的，尺度是感性的、抽象的。园林中的尺度主要是景物与人的身高，使用活动空间的度量关系。这是因为人们习惯用人的身高和使用活动所需要的空间为视觉感知的度量标准，如台阶的宽度不小于 30cm（人脚长），高度以 12～19cm 为宜，栏杆、窗台高 1m 左右。又如人的肩宽决定路宽，一般园路能容二人并行，宽度以 1.2～1.5m 较合适。在园林里如果人工造景尺度超越人们习惯的尺度，可使人感到雄伟壮观，如颐和园佛香阁至智慧海的假山蹬道处理成一级高差 30～40cm，行走起来感到吃力，产生比实际高的感受。如果尺度符合一般习惯要求或者较小，则会使人感到小巧紧凑，自然亲切。苏州网师园面积较小，故园内无大桥、大山，建筑物尺度略小，数量适度，显得小巧精致。

研究园林建筑的尺度，除要推敲本身的尺度外，还要考虑其与环境的比例关系。广州白云宾馆底层庭院如果没有巨大苍劲的杉树，就很难在尺度上与高大体量的主体建筑协调。昆明湖开阔的湖面，就需要有宏伟尺度的佛香阁建筑群与之配合才能构成控制全园的艺术景点。

1.2.5 节奏与韵律

所谓节奏与韵律即是某一因素作有规律的重复，有组织的变化。人们很熟悉韵律，自然界中有许多现象，常是有规律重复出现的。节奏为音乐上的术语，指音乐运动的轻重缓急形成节奏。韵律为诗歌中的声韵和节律。节奏韵律是园林艺术构图多样统一的重要手法之一。在园林绿地中，常有这种现象，行道树的种植可以单种树种，也可两种树种间种；带状花坛可以设计成长方形，也可设计成正方形或圆形，这都牵涉到构图中的韵律节奏问题。重复是获得韵律的必要条件，只有简单的重复而缺乏有规律的变化，就令人感到单调、枯燥。园林绿地构图的韵律节奏方式常见的有以下几种。

（1）简单韵律

即由同种因素等距反复出现的连续构图。如等距的行道树，等高等距的长廊、爬山墙等。

（2）渐变韵律

渐变韵律是指园林布局连续重复的组成部分，在某一方面作规则的逐渐增加或减少所产生的韵律。如体积的大小、色彩的浓淡、质感的粗细等。渐变韵律也常在各组成部分之间有不同程度或繁简上的变化。例如，我国传统塔式建筑，如西安的大雁塔，随着层高的增加，其内径逐级减小，是渐变韵律的具体应用。中国木结构房屋的开间一般是中间最大，向旁边依次减小一定长度。从一端看来是小—中—大—中—小的韵律。我国古式桥梁颐和园十七孔桥的桥孔，从中间往两边逐渐由大变小，形成递减趋势。

（3）交替韵律

即由两种以上因素交替等距反复出现的连续构图。如桃柳间种，两种不同花坛交替等距排列，一段踏步与一段平台交替等。

（4）交错韵律

即某一因素作有规律的纵横穿插或交错，其变化是按纵横或多个方向进行的。如空间的一开一合，一明一暗，景色有时鲜艳，有时素雅，有时热闹，有时幽静，若组织得好，都可产生节奏感。常见的例子是园路的铺装，用卵石、片石、水泥板、砖瓦等组成纵横交错的各种花纹图案，如席纹图案，并连续交替出现，设计得宜，引人入胜。

在园林布局中，一个景物，往往有多种韵律节奏方式可以运用，在满足功能要求的前提下，可采用合理的组合形式，创作出理想的园林艺术形象。

1.3 园林空间

创造空间是园林设计的根本目的。每个空间都有其特定的形状、大小、构成材料、色彩、质感等构成要素，它们综合地表达了空间的质量和空间的功能作用。设计中既要考虑空间本身的这些质量和特征，又要注意整体环境中诸空间之间的关系。

1.3.1 空间及其构成要素

空间的本质在于其可用性，即空间的功能作用。一片空地，无参照尺度，就不成为空间，但是，一旦添加了空间实物进行结合便形成了空间，容纳是空间的基本属性。

“地”“顶”墙”是构成空间的三大要素，地是空间的起点、基础；墙因地而立，或划分空间，或围合空间；顶是为了遮挡而设。与建筑室内空间相比，外部空间中顶的作用要小些，墙和地的作用要大些，因为墙是垂直的，并且常常是视线容易到达的地方。

空间的存在及其特性来自形成空间的构成形式和组成因素，空间在某种程度上会带有组成因素的某些特征。顶与墙的空透程度，存在与否决定的构成，地、顶、墙诸要素各自的线、形、色彩、质感、气味和声响等特征综合地决定了空间的质量。因此，首先要撇开地、顶、墙诸要素的自身特征，只从它们构成空间的方面去考虑，然后再考虑诸要素的特征，并使这些特征能准确地表达所希望形成的空间的特点。

老子《道德经》记载“埏埴以为器，当其无，有器之用。凿户牖以为室，当其无有室之用，故有之以为利，无之以为用”。所以空间的本质在于其可用性，即空间的功能作用。

1.3.2 空间的形式

园林中的空间有容积空间、立体空间以及两者结合的混合空间。

容积空间的基本形式是围合，空间为静态的、向心的、内聚的，空间中墙和地的特征较突出。

立体空间的基本形式是填充，空间层次丰富，有流动和散漫之感。

不同的空间类型，产生的环境心理效应是不同，高耸的纪念碑给人以崇高和庄严之感，自然式的公园给人轻松愉悦感等。设计师做设计时应根据项目的不同定位来营造所需要的空间类型，或根据设计的需要在同一基地内部营造不同品质的空间序列。

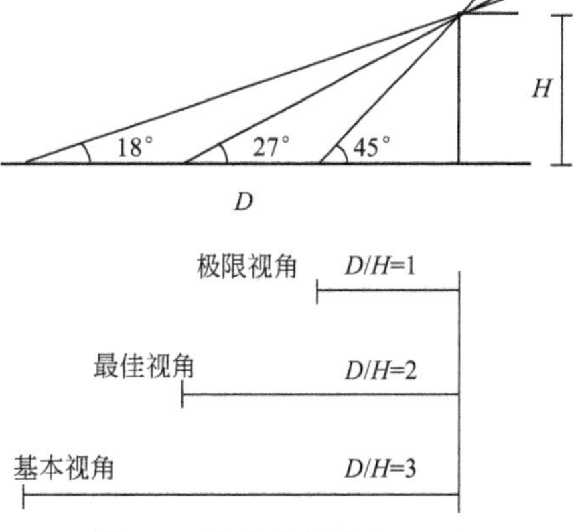

图 1-3　视角或高宽比（D/H）

1.3.3 空间的封闭性

空间的围合质量与封闭性有关，主要反映在垂直要素的高度、密实度和连续性等方面。

高度分为相对高度和绝对高度，相对高度是指墙的实际高度和视距的比值，通常用视角或高宽比（D/H）表示，如图 1-3 所示。绝对高度是指墙的实际高度，当墙低于人的视线时空间较开阔，高于视线时空间较封闭。空间的封闭程度由这两面三种高度综合决定。

影响空间封闭性的另一因素是墙的连续性和密实程度。同样的高度，墙越空透，围合的效果就越差，内外渗透就越强。不同位置的墙所形成的空间封闭感也不同，其中位于转角的墙的围合能力较强。

1.3.4 空间的处理

空间处理应从单个空间本身和不同空间之间的关系两方面去考虑。

单个空间的处理应注意空间的大小和尺度、封闭性、构成方式、构成要素的特征（形、色彩、质感等）以及空间所表达的意义或所具有的性格等内容。

多个空间的处理则应以空间的对比，渗透、层次、序列等关系为主。

空间的大小应视空间的功能要求和艺术要求而定。大尺度的空间气势壮观，感染力强，常使人肃然起敬，多见于宏伟的自然景观和纪念性空间。小尺度的空间较亲切宜人，适合于大多数活动的开展。

为了获得丰富的园林空间，应注重空间的渗透和层次变化。主要可通过对空间分隔与联系关系的处理来达到目的。被分隔的空间本来处于静止状态，但一经连通之后，随着相互间的渗透，好像各自都延伸到对方中去，所以便打破了原先的静止状态而产生一种流动的感觉，同时也呈现出了空间的层次变化。

空间的对比是丰富空间之间的关系，形成空间变化的重要手段。当将两个存在显著差异的空间布置在一起时，由于形状、大小、明暗、动静、虚实等特征的对比，使这些特征更加突出。

地是园林空间的根本，不同的地体现了不同空间的使用特性。宽阔的草坪可供坐憩、游戏，空透的水面、成片种植的地被物可供观赏，硬质铺装、道路可疏散和引导人流。通过精心推敲地的形式、图案、色彩和起伏可以获得丰富的环境、提高空间的质量。包括地面材料的选择、“地”的视觉效果、地面的高差处理。

1.4 行为心理与人体工程

人作为人体工程系统的重要因素，对其心理、行为状态的研究和把握不可忽视，因为行为心理因素组成了人的不可分割部分，处处影响着人的各方面机能及其外在表现。

1.4.1 行为心理

人的内心世界是其行为的本原，即人的行为是包括人的动机、感觉、知觉、认知再反映等一系列心理活动的外显行为。人的心理动机是产生行为的内部驱动力，而驱动力的产生是基于人的需要。

只要细心观察，就会发现一些有趣的现象：广场里休息的人群，喜欢选择广场周边建筑物的墙根、立面的凹处停留，或是靠在柱子、街灯、树木之类等依托物而驻足，只有当边界区域人满为患时，人们才不得已在中间区域停留；公园里美丽的草坪被抄近路的行人开辟新径，而有些道路少有人走……这些都是人在空间使用时的行为心理。研究人的行为心理对园林设计工作具有指导性的作用。

(1) 行为习性

人类在长期生活和社会发展中，由于人和环境的交互作用，逐步形成了许多适应环境的本能，这就是人的行为习性。研究人的行为习性对园林设计具有指导性的作用。

1) 抄近路　当人们清楚地知道目的地的位置时，或是有目的的移动时，总是有选择最短路程的倾向。我们经常看到，有一片草地，即使在周围设置了简单路障，由于其位置阻挡了人们的近路，结果仍旧被穿越，久而久之，就形成了一条人行便道。若公众的这种行为习性遭到设计者破坏，在本该设计路的地段却因为所谓的设计需要改设成一些草地等，这样，公众为了满足自身的需求，势必会破坏绿地，与设计者的初衷是相违背的。

2) 从众性与猎奇性　从众性是动物的追随本能。就像人们常说的“领头羊”一样，当遇到异常情况时，一些动物向某一方向跑，其他动物会紧跟而上。人类也有这种“随大流”的习性。在公园入口，人们会本能地跟随人流前行；本是经过游戏场的儿童会强烈要求再玩一会儿；看到用餐的人群路过的人流会产生食欲，甚至感到饥饿等。这种习性对景观设计有很大的参考价值。景观环境中既要创造聚集场所，又要考虑疏散的要求。

除了从众性以外，猎奇性也是人的本能，这就要求设计者要有创新意识，有特色的景观才能吸引人。

3）聚集效应　许多学者研究了人群步行速度与人群密度之间的关系。当人群密度超过1.2 人/m^2 时，发现步行速度有明显下降的趋势。当空间的人群密度分布不均匀时，则会出现滞留现象。如果滞留时间过长，这种集结人群会越来越多。

把握使用者行为的发展变化规律，以提高对使用者行为的预测、引导、控制能力，满足人的行为需求。同时，行为作为人的心理活动的外显方式，在城市公共空间中与环境相互作用，人们在空间中的感受、行为表达了人们对空间的认同感，也能促进优秀设计的良性发展。

4）左侧通行与左转弯　在没有汽车干扰的道路和步行道、中心广场以及室内，当人群密度达到 0.3 人/m^2 以上时会发现人会自然而然地左侧通行，这可能同人类使用右手机会多，形成右侧防卫感强而照顾左侧的缘故。在公园、游乐场、展览会场，会发现观众的行动轨迹有左转弯的习性。这种行为习性对景观场所的路线安排、景点布置等均有指导意义。

（2）人的心理需要

心理是人的感觉、知觉、注意、记忆、思维、情感、意志、性格、意识倾向等心理现象的总称。人的心理活动的内容源于客观现实和我们周围的环境，又受到人体自身特点的影响。心理活动常由于人的年龄、性别、职业、道德、伦理、文化、修养、气质、爱好不同而具有非常复杂的特点。

园林设计不仅要满足人们行为上的各种需求，也要提供心理上的各种需求，为人们提供安全感、归属感及被尊重的满足和提供自我实现的机会。

希腊学者 C. A. Doxiadis 曾对人类对其聚集地的基本需要做过扼要概括，具体如下。

1）安全　安全是使人类能生存下去的基本条件，人要有土地、空气、水源、适当的气候、地形等，以适应人类地域来自大自然与其他人类的侵袭。

2）选择与多样性　在满足了基本生存条件的前提下，就要满足人们根据其自身的需要与意愿进行选择的可能。

3）需要满足的因素　在下列 4 个方面的需要予以最大、最低或最佳限度的满足。

① 最大限度的接触。与自然、与社会、与人为设施、与信息等有最大限度的接触，即与外部世界有最大限度的接触，最后归纳为其活动上的自由度，这种自由度随着科学技术的发展正在扩大。

② 最小消耗。以最省力、最省时间、最省花费的方式，满足自己的需要。

③ 受到保护。任何时间、任何地点，都要有一个能受到保护的空间，保护其个人与小群体的私密性与领域性。

④ 最佳联系。人与其生活体系中各种要素之间有最佳的联系，包括大自然与道路，基础设施与通信网络。

根据具体时间、地点，以及物质、社会、文化、经济、政治的种种条件，取得 4 个方面的最佳综合、最佳平衡。

1.4.2　人体工程

人体工程学（Human Engineering），也称人类工程学、工效学（Ergonomics）。主要探讨以人的生理、心理特性为依据，应用系统工程的观点，分析研究人与机械、人与环境以及机械与环境之间的相互作用，为设计操作简便、省力、安全、舒适，人—机—环境的配合达到最佳状态的系统提供理论和方法的科学工程。“机”的含义非常广泛，不仅指机械，还包括了人直接接触的各种器物和设施。人体工程学的发展为设计学提供了科学依据。

（1）为设计中考虑“人的因素”提供人体尺度参数

应用人体测量学、人体力学、生理学、心理学等学科的研究方法，对人体结构特征、机能特征进行研究，提供人体各部分的尺寸、体重、体表面积、密度、重心以及人体各部分在活动时相互关系和可及范围、动作速度、频率、重心变化以及动作时惯性等动态参数，分析人的视觉、听觉、触觉、嗅觉以及对肢体感觉器官的机能特征，分析人在劳动时的生理变化、能量消耗、疲劳程度以及对各种劳动负荷的适应能力，探讨人在工作中影响心理状态的因素。人体工程学的研究，为各类设计全面考虑“人的因素”提供了人体结构尺度、人体生理尺度和人的心理尺度等数据，这些数据可有效地运用到各种园林设计中去。

（2）为设计的功能合理性提供科学依据

在现代各物质设计中，如搞纯物质功能的创作活动，不考虑人的需求，那将是创作活动的失败。因此，如何解决“物”与人相关的各种功能的最优化，创造出与人的生理和心理机能相协调的“产品”，这将是当今设计中在功能问题上的新课题。

以步行街上的树木为例，树木能提供遮阴的效果并产生人体尺度的感觉，可加强行人的舒适感而又不至于减低沿街店面的可见度。但国内的步行街在设计中似乎很容易忽视这方面的问题，像北京的王府井步行街、天津的和平路步行街，这种尺度比较大的步行街，就应该有比较适合人体尺度而且密度大的行道树林立在街道两旁或集中布置于道路中央，这样，一方面能够在心理感受上不会觉得街道过宽，给人们更好的视觉和心理感受；另一方面，北方冬天风沙大，夏天太阳灼热，密度大且高度低的树木能创造更宜人的室外环境。

1.4.3 人性化设计

行为心理、人体工程学原理为设计学科开拓了人性化设计的新理念。

所谓人性化设计，就是包含人机工程学特点的设计，只要是“人”所使用的，都应在人机工程学上加以考虑。我们可以将它们描述为：以心理为圆心，生理为半径，用以建立人与物及环境之间和谐关系的方式（“人-机-环境”的系统理论），最大限度地挖掘人的潜能，综合平衡地使用人的机能，保护人体的健康，从而提高效率。仅从园林设计这一范畴来看，大至城市规划、建筑设施，小至园椅园凳、园灯，在设计和制造时都必须把“人的因素”作为一个重要的条件来考虑。

人在追求理想中生存，但基于生理性的需求得到满足后，总是向社会、心理、审美、自我实现的更高台阶迈进，从谋生到乐生，这是社会文明和历史发展的必然。现在，人们对于生活空间的要求更具人性化，“以人为本”的建筑设计就是要使建筑产品在实际使用中尽量适合人类活动的自然形态，从而使环境适合人类的行为和需求。

① 材料上，尽量采用耐腐蚀、抗风化的材料，以便于长期使用，如果采用木材作为主体材料，必须要先对木材进行防腐处理。

② 造型上，在符合人体工程的同时必须符合家具所处的环境协调的原则。

③ 采用的尺寸应以人均尺寸为设计依据，通常牵涉到能否通过的尺寸一般采用大尺寸，

在牵涉到能否可及的尺寸，一般采用小尺寸。

人性化设计的应用，使得一些家具，特别是公交站的家具，在设计上为了更接近实际，一方面使用一些便于清洗的材料；另一方面在造型方面设计出能满足人们短暂休憩而不能长期休憩的特点，更有利于避免城市流浪者的“霸占”。

1.5 园林造景艺术

园林设计者常以高度的思想性、科学性、艺术性，以山林、水体、建筑、地面、声响、天象等因素为素材，巧运匠心，反复推敲，组织成优美的园林。此种美景的设计过程特称“造景”。通过塑造而成的美好园林环境，可以启发人们对锦绣河山的热爱，激发人们奋发向上和为人类做贡献的精神。因此，“景”能给人以美的享受，可以引起人们的遐思和联想，陶冶人们的情操。园林无“景”，就没有生气，就无法引人入胜，造园的实质在于“造景”。

关于园景的创造，有许多不同的手法与技巧。这里将造景的技巧和手法分主景、配景、对景、夹景、分景、障景、隔景、框景、漏景、添景、借景和题景等几个方面简要介绍如下。

1.5.1 主景与配景

在园林空间里，能使人们集中视线，成为画面中心的重点景物，此景即为主景。例如北京颐和园的佛香阁（见图 1-4）、北京北海公园琼华岛的白塔（见图 1-5）。配景包括前景和背景。前景起着丰富主题的作用；背景在主景背后，较简洁、朴素，起着烘托、陪衬主题的作用。俗话说，“红花还需绿叶衬”。在造景时，首先应安排好主景，同时也要考虑好配景。

图 1-4　颐和园佛香阁

图 1-5　北海公园白塔

（1）主景升高

在空间高程上对主体进行升高处理，可产生仰视观赏效果，以蓝天、远山为背景，使主体的造型轮廓突出鲜明，减少其他环境因素的影响。

（2）轴线处理（中轴对称与运用轴线和风景视线的焦点）

1）中轴线的终点（端点）安排主景　在园林布局中，确定某方向一轴线，于轴线的上方通常安排主要景物，轴线两侧安排一对或一对以上配体，以陪衬主景。如南京雨花台烈士陵园、美国首都华盛顿纪念性园林、法国凡尔赛宫苑等，均采用了这种手法。

2）动势集中的焦点安排主景　园林中，动势集中的焦点空间主要表现在宽阔的水面景观或四周为许多景物环抱的盆地类型构图空间，如杭州西湖的三潭印月。

3）几条轴线相交安排主景　几条轴线相交安排主景，使各方视线全集中于主体景物上，加强感染力。

（3）重心处理

重心处理、山水画和山水园林师出一脉。

三角形、圆形图案等中心为几何构图中心，也是突出主景的最佳位置。规则式园林，主景放在几何中心，也即重心位置。在自然式园林中，视觉中心是突出主景的非几何中心。自然山水园的视觉中心切忌正中，如园林中主景假山的位置，不规则树丛主景树的培植位置，水景中主岛的布局，自然式构图中主建筑的安置，都考虑自然中心上。

（4）对比与调和

园林中，以配景之粗衬主景之精，以暗衬明，以深衬浅，以绿衬红等，应用艺术处理中的对比方法可以突出主景。而对比的双方又统一于完整的构图之中，达到调和的艺术效果。

（5）抑景

中国传统园林主张“山重水复疑无路，柳暗花明又一村”的先藏后露的造园方法，这种方法与欧洲园林的“一览无余”形式形成鲜明的对比。

当然，上述几种主景突出方法往往不是单独处理，而是若干方法的综合。只有主景突出，配景烘托才能成为完整的园林构图。

1.5.2　借景

根据园林周围环境特点和造景需要，把园外的风景组织到园内，成为园内风景的一部分。《园冶》中是这样描写借景的：“园虽别内外，得景则无拘远近，晴峦耸秀，钳隅凌空，极目所至，俗则屏之，嘉则收之”；“园林巧于因借，精在体宜”。所以在借景时必须使借到的景是美景，对于不好的景观应“屏之”，使园内、外相互呼应。

借景的主要方式有近借（见图 1-6）、远借（见图 1-7）、仰借、俯借、因时而借。

图 1-6　近借——拙政园借景北寺塔

图 1-7　远借——颐和园借景玉泉山

为了把园外的美景组织到园内，达到借的效果，可以通过提高视点位置，“欲穷千里目，更上一层楼”；借助门、窗或围墙上的漏窗；开辟透景线（美好的景物被高于游人视线的地上物挡住，要开辟一条观景视线）等方式达到。

1.5.3 前景

（1）框景

框景就是把真实的自然风景用类似画框的门、窗、树干、枝条、山洞等来框取另一个空间的优美景色，形成类似于“画”的风景图画，这种造景方法称之为框景。主要目的是把人的视线引到框景之内（见图 1-8）。

框景的形式有入口框景、端头框景、流动框景、镜游框景等。

（2）漏景

漏景是框景的进一步发展，框景景色全观，而漏景若隐若现。漏景利用漏窗（见图 1-9）、花墙窗、漏屏风、疏林树干等作前景与远景并行排列形成景观。它含而不露、若隐若现，起着柔和景色的作用。

图 1-8 瘦西湖五亭桥

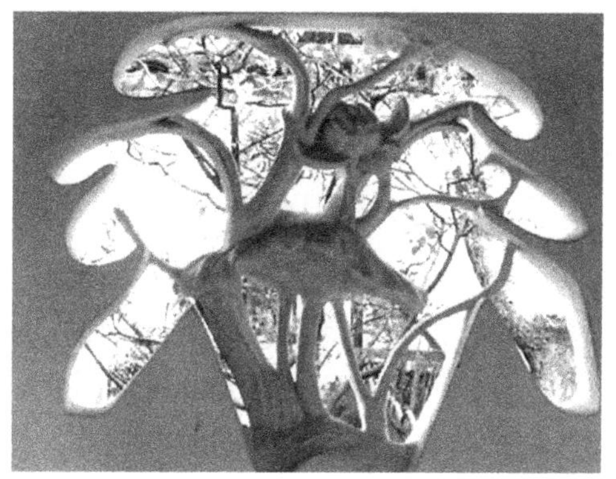

图 1-9 拙政园漏窗

（3）夹景

当远景的水平方向视界很宽时，将两侧并非动人的景物用树木（见图 1-10）、土山或建筑物屏障起来，只留合乎画意的远景，游人从左右配景的夹道中观赏风景，从而形成左右较封闭的狭长空间，称为夹景。夹景一般用在河流及道路的组景上，可以增加远景的深度感，突出空间端部景观。

（4）添景

当风景点与远方的对景之间没有中景时，容易缺乏层次感，常用添景的方法处理，在主景前面加植花草、树木或铺山石等，使主景具有丰富的层次感。添景可以为建筑一角，也可以为树木花丛。例如，在湖边看远景时可以用几丝垂柳的枝条作为添景（见图 1-11）。

1.5.4 分景

分隔园林空间、隔断视线的景物称为分景。分景可创造园中园、岛中岛、水中水、景中景的境界，使园景虚实变换，层次丰富。其手法有障景、隔景两种。

（1）障景

障景也称抑景，在园林中起着抑制游人视线的作用，是引导游人转变方向的屏障景物。它能欲扬先抑，增强空间景物感染力。障景有山石障、曲障、树（树丛或树群）障等形式。

（2）隔景

图 1-10　临沂生生园

图 1-11　西湖花港观鱼

以虚隔、实隔等形式将园林绿地分隔为若干空间的景物，称为隔景。它可用花廊、花架、花墙、疏林进行虚隔，也可用实墙、山石、建筑等进行实隔，避免各景区游人相互干扰，丰富园景，使景区富有特色，具有深远莫测的效果。

1.5.5　对景

位于园林轴线及风景线端点的景物叫对景。对景可以使两个景观相互观望，丰富园林景色，一般选择园内透视画面最精彩的位置，用作供游人逗留的场所。例如，休息亭、榭等。这些建筑在朝向上应与远景相向对应，能相互观望、相互烘托。对景可以分为正对和互对。正对只要求两景点的主轴方向一致，位于同一条直线上。互对比较自由，只要两景点能正面相向，主轴虽方向一致，但不在一条直线上即可。

1.5.6　点景

我国园林善于抓住每一个景观特点，根据它的性质、用途，结合环境进行概括。常作出形象化、诗意浓、意境深的园林题咏，其形式有匾额、对联、石碑、石刻等。它不但可借景抒情、画龙点睛，给人艺术的联想；还有宣传、装饰、导游的作用。例如“爱晚亭”（见图 1-12)、“迎客松”、和“知春亭”等。

图 1-12　爱晚亭

2 实用园林规划设计方法

本章主要介绍园林设计的立意和布局方法，以及园林各构景要素的设计手法及注意要点，指出园林的立意和主题是园林的灵魂所在。好的设计贵在有好的设计思想和与其相适应的布局形式，很好地做到内容和形式的统一和协调；立意和布局又通过各要素的组景来设计和表达，各要素之间的协调和呼应以及通过各造园手法的应用能够创设出丰富多变的园林景观。

2.1 立意与构思

园林设计的首要是构思立意，园林设计都有一个造园主题，起着控制园林全局景观的作用。立意既关系到园林设计的目的和意义，也是园林设计中采用各种构图手法的依据，因此其在园林景观的创造中有着举足轻重的作用。

2.1.1 立意的含义

立意是指园林的主题思想，即规划设计的总意图。就是设计者综合考虑功能需要、艺术要求、环境条件等因素后产生的总的设计意图。立意有主观和客观两层含义，主观立意指设计者通过设计表达某种思想，如苏州古典园林，往往是通过模仿和想象而在有限的空间里达到咫尺山林的感觉。客观立意指设计者如何最充分地利用环境条件，例如北京颐和园的佛香阁是利用挖湖所出的土来堆山，营造出壮观气势，增强了建筑本身的感染力。

2.1.2 立意的依据

“凡画山水，意在笔先”，园林艺术创作同样如此，造园之成败，一半取决于立意，不先立意谈不上园林创作，但立意不是凭空乱想，随心所欲，而是综合考虑人们的审美趣味和园林绿地的自然条件、使用功能等，并通过对园林空间景观艺术形象的组织，这样才能创造出美好的园林意境。要依据任务分析和功能分析的结论，同时结合园林的文化内涵等进行立意。

2.1.3 立意的方法

(1) 从“诗情画意”角度立意

“诗情画意”是中国园林的精髓，最能体现其文化特性和深远意义。将诗情画意融入到造园中，既反映了园林造园艺术的精湛，又大大提高了景观艺术的表现力和感染力。园林设计中的“诗情画意”主要体现在托物言志、借景抒情、以物比德等方面，达到情从景生、触景生情的境界。从“诗情画意”出发对园林的造景进行立意，也就是从隐喻和比拟角度立意，可以以一个主景为中心，利用植物的特征、象征意义、姿态和色彩所引起的比拟联想进行立意；利用雕塑、碑刻、壁画等与历史、人物、传说、动植物形象等相联系产生的喻意进行立意，创造意境，衬托园林主题。例如苏州怡园的“玉延亭”，亭取“万竿戛玉，一笠延秋，洒然清风”诗意而名，表达园主退隐山林、以竹为友的情怀。

一个好的园林设计作品在立意方面定有独到和巧妙之处。如扬州个园以石为立意线索，从四季景色中寻求意境，结合画理“春山淡冶而如笑，夏山苍翠而如滴，秋山明净而如妆，冬山惨淡而如睡”创造园林景观（见图 2-1），暗喻园主有竹子清逸的品格和崇高的气节。扬州个园由于立意不落俗套而具有独特的艺术魅力。另一个例子是玛莎·舒沃兹（Martha Schwartz）的某研究中心的屋顶花园——拼合园（见图 2-2），她巧妙地利用该研究中心从事基因研究的特点，将体现自然永恒美的日本庭院和展现人工几何美的法国庭院“基因重组”到了拼合园中，是立意新颖深刻的代表性作品。

图 2-1 扬州个园中的“春山”

园林作品被誉为“无声的乐章、无字的诗歌、立体的画卷”，可见它不是一个简单的物象，也不只是一片有限的风景，而是无处不显示情景交融的艺术品。园林与诗歌、绘画都追求意境美。“诗情画意”的园林讲求“境生于象外”，是“情”与“景”的巧妙结合。步入“诗情画意”的园林即可享受诗、画之美感。尤其是在有限空间里表现无限的自然风光，小

图 2-2 玛莎·舒沃兹设计的拼合园

中见大的中国古典园林，更能体现园林寓情于景的效果，并且使园林的艺术空间得到了拓展。

(2) 从生态角度立意

园林设计中，从生态角度立意就是以生态学的基本原理为依据创建自然而舒适的境域。是将生态观注入园林设计，进行前瞻性和可持续发展的设计。以节能、环保、健康为立意方向，体现舒展大方的自然气息，创造生态良性循环的人类环境，形成自我调节的共生系统。如德国柏林波茨坦广场的水园设计，将雨水作为重要因素进行考虑，利用绿地滞蓄雨水，一方面防止雨水径流的产生，起到防洪作用；另一方面促进雨水的蒸发，起到增加空气湿度、改善生态环境的作用；剩余的雨水则通过带有一定过滤作用的专门雨漏管道进入地下总蓄水池，再由水泵与地面人工湖和水景观相连，形成雨水循环系统。这个设计立意于关键要素和生态需求，是艺术与生态结合的典范。

(3) 从人性化理念角度立意

在园林设计时充分考虑人们的多维感觉，尊重人的自然需要和社会需要，因人而异进行构思立意。园林内的休憩、娱乐设施，均以人性化设计为基本，兼顾功能与美观。古人常把自己的生活思想及传统文学融汇于园林的布局与造景中，以表现生活情趣、艺术观念和审美理想。如坐落于芝加哥市中心的某儿童医院中的花园，光、水、声、色交织，多种颜色的光墙蜿蜒而过，包围着园中的竹林，使小病人们的天性在这个梦幻的空间中自由释放。

(4) 从历史文化角度立意

在园林景观设计中的历史文化元素能增加城市园林的文化内涵，弘扬城市文化。从“历史文化”出发立意，可以根据历史文化的地域性、时代性等，对历史文化采用借鉴、继承、保留、转化、象征、隐喻等方式进行立意，结合当今文化思想、生活方式、价值观念以及科学发展动态等内容，设计出既美观又有具历史性的园林作品。

例如，丹尼尔·里柏斯金设计的柏林犹太博物馆，以“线状的狭窄空间”，记录与展示了犹太人在德国前后共约两千年的历史。建筑平面呈曲折蜿蜒状，走势则极具爆炸性，以一系列三角形，看上去有点像纳粹时期犹太人被迫带上的六角的大卫之星的标志为设计主题，博物馆多边、曲折的锯齿造型，带有棱角尖的透光缝，由表及里，所有的线条、面和空间都是破碎而不规则的（见图 2-3），馆内几乎找不到任何水平和垂直的物体，所有通道、墙壁、窗户都带有一定的角度，几乎没有一处是平直的，馆内曲折的通道、沉重的色调和灯光无不给人以心灵上的撞击。设计者以此隐喻出犹太人在德国不同寻常的历史和所遭受的苦难。

图 2-3　柏林犹太博物馆建筑内部扭曲的空间和内墙上不规则的裂缝

（5）从功能角度立意

园林绿地布局最基本的要求就是要实现园林的基本功能，体现园林的使用价值。园林用地的性质不同，其组成内容也不同，合理的功能关系能保证各种不同性质的活动、内容的完整性和有序开展。从功能出发立意，是以平面设计为起点，重点研究功能需求，根据园林功能的主次、序列、并列或混合关系，进行功能分析，再利用功能的表现形式，如串联、分枝、混合、中心、环绕等，用框图法画出园林的功能分区图，解决平面内各内容的位置、大小、属性、关系和序列等问题，再组织空间形象。某些环境因素如地形地貌、景观影响以及道路等均可成为方案构思立意的启发点和切入点。如新加坡加冷河碧山公园的设计从维护城市水循环功能出发，稳固公共基础设施，充分利用水资源，防止洪水暴发，为城市用水建立的良好系统。

（6）从技术材料等方面立意

材料与技术是园林设计之源。材料是园林外在的物质载体，是实现园林功能的物质基础。在园林景观设计的演变与发展历史上，新材料对设计观念的更新起着至关重要的作用，推动园林设计的发展。从技术、材料等角度出发立意，可以从园林景观建筑、园林铺装、声光电技术、膜结构材料、GRC 人工假山制作、LED 灯等新技术及材料在景观中的应用中寻求设计创意，新技术工艺及新材料促使园林艺术在设计观念上有所创新，同时又丰富了园林的设计形式等方面，使园林设计作品标新立异。注重各种新材料的应用，能更好地提升园林形象，提高园林的生态效益。如沃克的哈佛大学泰纳喷泉的设计，就是利用新英格兰地区的天然石块材料和雾喷泉技术，创造出的能够反映太阳每天运动及变更的艺术品。因此，从技术、材料等角度出发立意，也是体现独特园林景观的一种手段。

2.2 园林布局方法

2.2.1 园林布局的含义

《园冶》兴造论开篇就说“故凡造作，必先相地立基”。这里“相地”有两层意思：一是指园址的选择；二是指构园之布局。园林布局是园林设计总体规划的一个重要步骤，是根据计划确定所建园林的性质、主题、内容，结合选定园址的具体情况，进行总体的构思，探索所采用的园林形式，对构成园林的各种重要因素进行综合的全面安排，确定它们的位置和相互之间的关系。

2.2.2 园林形式的确定

这里的园林形式主要指的是园林的布局形式。不同形式的园林，由于在整体布局上的不同，或者局部和单体造型的不同，才形成了风格迥异的园林。

(1) 根据园林的性质

不同性质的园林，必然有相对应的园林形式，力求园林的形式反映园林的特性。如纪念性公园，其形式一般多作中轴对称、规则严整、逐步升高的地形处理，特别是把主景的体量和地势抬高，以示强调，体现其雄伟、崇高、庄严肃穆的场景和氛围。如南京中山陵的整体布局。

由于园林各自的性质不同，决定了各自与其性质相对应的园林形式。形式服从于园林的内容，体现园林的特性，表达园林的主题。

(2) 根据不同的文化传统

园林首先是一种文化现象，其次才是自然现象。园林是文化的载体，能折射出时代背景和当时的文化特点。各民族、国家之间的文化、艺术传统的差异，决定了园林的形式的差别。

从“天人合一”的哲学观念中发展出的中国传统园林，其主要的特点就是追求与自然的融合，讲求“虽由人作，宛自天开”。把自然景色和人工造园艺术巧妙地结合，最突出的园林形式，是以山体、水系为全园的骨架，模仿自然界的景观特征。西方文化强调的是对自然的征服与改造，以求得人类自身的生存与发展。从西方的文化观念中派生出的法国古典园林，其创作主导思想是以人为自然界的中心，强调的是人类征服和驾驭自然的能力，以中轴对称规则形式体现出超越自然的人类征服力量。

(3) 根据不同的意识形态

千百年来形成的传统思想和审美情趣构成了世界意识形态的多样性。

中国封建社会处于意识形态统治地位的儒家思想，极大地推动了中国古典园林的发展，并促成了中国园林体系的形成。而儒家的“比德”思想作为儒家重要的自然审美观，对中国古典园林的“意境”形成产生了极为深远的影响。如兰花之所以能在园林中被常常栽植，只因兰之清幽，宛若君子之德，早在孔子所著的《家语》中就有“芝兰之入深谷，不以无人而不芳，君子修道立德，不为穷困而改节”之说。

而在15～19世纪的欧洲，对自然的驯化和对人的规训是贯穿各时期的社会意识形态，因而不论是文艺复兴时期的意大利台地园，还是法国路易十四时代的凡尔赛宫苑，都体现为规则对称式的园林布局形式。

2.2.3 园林布局的类型

各国园林有不同的形式、流派和风格，园林布局的形式有规则式、自然式、混合式 3 种类型。

（1）规则式（又称几何式、整形式、对称式、建筑式）园林

整个平面布局、立体造型以及建筑、广场、道路、水面、花草树木等要求严格对称。西方园林主要以规则式为主，其中以文艺复兴时期意大利的台地园和 19 世纪法国勒诺特平面几何图案式园林为代表。法国巴黎的凡尔赛宫苑、中国北京的天坛、南京的中山陵等都采用规则式布局。规则式园林给人以庄严、雄伟、整齐、肃穆之感，一般用于气氛较严肃的纪念性园林或有对称轴的建筑庭园中。其主要特征如下。

1）中轴线　全园布局上具有明显的控制中轴线，并大体以中轴线的前后左右对称或拟对称。

2）地形　在开阔较平坦地段，由不同高程的水平面及缓倾斜的平面组成；在山地和丘陵地段，则由阶梯形的大小不同的水平台地、倾斜平面及石级组成，其剖面均以直线组成。

3）水体　外形轮廓为几何形，主要是圆形和长方形，水体的驳岸多整形、垂直，有时加以雕塑，水景的类型有整形水池、整形瀑布、喷泉、壁泉及水渠运河的形式，古代神话雕塑和喷泉构成其主要内容。

4）广场和道路　广场多呈规则对称的几何形，主轴和副轴线上的广场形成主次分明的系统，道路均为直线形、折线形和几何曲线形，广场和道路构成方格形式、环状放射形、中轴对称和不对称的几何布局。

5）建筑　主体建筑和单体建筑多采用主轴对称均衡布局设计，多以主体建筑群和次要建筑群形成和广场、道路相结合的主轴、副轴系统，形成控制全园的总格局。

6）种植规划　以等距离行列式、对称式为主，树木修剪整形多模拟建筑形体和动物造型、绿篱、绿墙、绿门、绿柱等，为规则式园林较突出的特点。

常利用大量的绿篱、绿墙、丛林划分空间；花卉常以图案为主要内容的花坛和花带，有时布置成较大型的花坛群。

7）园林小品　雕塑、花架、园灯、栏杆等，多配置在轴线的起点、交点和终点，雕塑常和喷泉水池构成水体的主景。

（2）自然式园林

中国园林从周朝开始，经历代的发展，不论是皇家宫苑还是私家宅园，都是以自然山水园林规划设计为源流，一直发展至清代。保留至今的皇家园林，如颐和园、避暑山庄；私家宅园，如苏州的拙政园、网师园等，都是自然山水园林的代表作品。自然式园林从 6 世纪传入日本，18 世纪后传入英国。自然式园林以模仿再现自然为主，不追求对称的平面布局，立体造型及园林要素布置均较自然和自由，相互关系较隐蔽含蓄。这种形式较能适于有山、有水、有地形起伏的环境，以含蓄、幽雅的意境而见长。

1）地形　“相地合宜、构园得体”“随形得体”“自成天然之趣”“高方欲就亭台、低凹可开池沼”，再现大自然中的峰、崖、岗、岭、峡、谷、坞、坪、洞穴等地形地貌景观，平原地段有起伏的微地形，地形的剖面为自然曲线。

2）水体 “疏源之去由、察水之来历”，水景的类型主要有池、潭、沼、汀、溪、涧、洲、港、湾、瀑布、叠水等，水体的轮廓多为自然曲折式、驳岸为自然山石驳岸、石矶等形式。

3）广场和道路 除建筑前广场是规则式以外，园林之中的空旷地和广场的外形轮廓是自然式的。道路的走向、布局多随地形而设计，道路的平面和剖面多由自然起伏曲折的平曲线和竖曲线组成。

4）建筑 古典园林中多采用古代建筑。中国古代建筑飞檐翘角，具有庄严雄伟、舒展大方的特色。它不只以形体美为游人所欣赏，还与山水林木环境相配合，共同形成古典园林风格。单体建筑多采用对称和不对称均衡布局，建筑群或大规模建筑组群多采用不对称均衡之布局，单体建筑有亭、廊、榭、舫、楼、阁、轩、馆、台、塔、厅、堂、桥、墙等多种形式，全园虽不以轴线控制，但局部亦有轴线处理。

5）种植规划 古典园林的植物一律采取自然式种植，与园林风格保持一致。所谓种植的自然式，就是它们的种植不用行列式，孤植、群植、丛植、密林为主要配置形式，花卉以花丛、花境和花群为主要形式，反映自然群落之美。

（3）混合式园林

按不同地段和不同功能的需要，在一座园林中规则式与自然式园林交错混合使用的园林形式称为混合式园林。混合式园林没有或形不成控制全园的主轴线，只有局部景区、建筑以中轴对称布局；或全园没有明显的自然山水骨架，形不成自然的格局。混合式园林对地理环境的适应性较大，也能适应多种不同活动的需要，在同一个园子里既可有庄严规整的格局，也能有活泼、生动的气氛，二者对比相得益彰。一般情况多随地形而定，在原地形平坦处，根据总体规划需要安排规则式的布局；在原地形较复杂，具备起伏不平的丘陵、山谷、洼地等部分，结合地形规划成自然式。位于美国加利福尼亚的迪士尼乐园就是一个典型的混合式风格的园林。

2.2.4 园林布局的基本法则

构成园林景观布局的基本形式要素有点、线、面、体、质感和色彩，其形式应反映园林的立意。各种要素的多样性和主题的一致性是园林布局最基本法则。在遵循园林艺术构图的基本原则的基础上，还应满足园林布局在空间和时间上的规定性。

（1）园林布局在空间上的规定性

园林存在于一定的地域范围内，与周边环境必然存在着某些联系，这些环境将对园林的功能产生重要的影响，例如北京颐和园的风景效果受西山、玉泉山的影响很大，在空间上不是采用封闭式，而是把园外环境的风景引入园内，这种做法称为借景。正如《园冶》所讲“晴峦耸秀，绀宇凌空，极目所至，俗则屏之，嘉则收之，不分町畽，尽为烟景……”。这种做法超越了有限的园林空间。但有些园林景观在布局中采用闭锁空间，例如颐和园内谐趣园，四周被建筑环抱，园内风景是封闭式的，这种闭锁空间的景物同样给人秀美之感。

（2）园林布局在时间上的规定性

园林布局在时间上的规定性：一是指园林功能的内容在不同时间内是有变化的，例如园林植物在夏季以为游人提供庇荫场所为主，在冬季则需要有充足的阳光；二是指园林布局必须对一年四季植物的季相变化作出规定，在植物选择上应是春季以绿草鲜花为主，夏季以绿树浓荫为主，秋季则以丰富的叶色和累累的硕果为主，冬季则应考虑人们对阳光的需求；三是指植物随时间的推移而生长变化，直至衰老死亡，在形态上和色彩上也在发生变化，园林总体景观也会产生季节性的变化，可谓借景之“应时而借”。

2.3 园林构成要素设计

园林构成的五大要素为地形、植物、园林建筑和小品、园路及广场。这些要素之间相辅相成，共同组成丰富多样的园林景观，构成灵活多变的园林空间。

2.3.1 地形设计

园林中的地形指一定范围内承载树木、花草、水体和园林建筑等物体的地面。地形是其他诸要素的基底和依托，是构成整个园林景观的骨架，地形布置和设计的恰当与否直接影响到其他诸要素的设计。

(1) 地形设计的表达方法与地形图

地形设计的表达方法有等高线法、断面法、模型法及计算机绘图表示法等。在园林设计中使用最多的是等高线法。一般地形测绘图都是用等高线或点标高表示的。在绘有原地形等高线的底图上用设计等高线进行地形改造或创作，在同一张图纸上便可表达原有地形、设计地形状况及公园的平面布置、各部分的高程关系。

地形图是按照一定的测绘方法，用比例投影和专用符号，把地面上的地貌、地物测绘在纸平面上的图形。地形设计对地形图的比例要求和规划阶段、规划内容、深度、景区范围大小、地形复杂程度以及当地具体条件等有关。一般情况如下：总体规划多用1∶(10000～2000)；详细设计多用1∶(2000～1000)；详细阶段在设计景点、景观建筑、广场、园路各交叉点时，则多用1∶(100～500)，如条件不足，可结合实地踏察或补测修正，以便进行相应的规划工作。

(2) 地形的类型和地形设计

地形在园林设计中可根据其功能不同和纵向变化，对其进行类型的区分，主要包括陆地和水体两大类，其中地形中的陆地又可分为平地、坡地和山地3类。

1) 平地　平地是指园林中坡度比较平缓的用地。平地具有静态、稳定、均衡、开敞、视觉中性等特点，平地上可以进行挖湖堆山，可以作为山地和水体的过渡，也可作为统一协调园林景观的要素。

园林规划中，需要平地条件的规划项目主要有建筑用地、草坪与草地、花坛群用地、园景广场、集散广场、停车场等。为了便于接纳和疏散游客，公园必须设置一定比例的平地，平地过少就难以满足游客的活动要求。

2) 坡地　坡地的类型打破了平地类型的单一性，显示出明显的起伏变化。坡地根据坡度的大小可分为缓坡、中坡和陡坡3种形式。

① 缓坡地坡度一般为3%～10%，可作为活动场地和种植用地，如疏林草地，观叶、观花风景林；也可布置面积不大的园林水体。

② 中坡地坡度一般为10%～25%，可设梯道园路，可作溪流水景，植物设计以风景林为主。小型建筑一般要顺着等高线布置，并要考虑护坡措施。

③ 陡坡地坡度>25%，可做成较陡的梯步道路；植物设计以利用岩石隙地栽种耐旱的

灌木为主，并可适宜点缀占地少的亭、廊、轩等风景性建筑。陡坡应注意存在滑坡甚至塌方的可能性。

3）山地　山地的类型较平地和坡地的形式更为生动和富于变化，也是地貌设计的核心。山地设计直接影响到空间的组织、景物的安排、天际线的变化和土方工程量等。

山地的设计要点如下。

① 未山先麓、陡缓相间。首先，在形态上，山脚应缓慢升高，坡度要陡缓相间，山体表面呈凹凸不平、自然起伏状；其次，在园林组景上，也应把山麓地带作为核心，通过树、石自然配置而呈现出“若似乎处于大山之麓”的自然山林景象。

② 曲走斜伸，逶迤连绵。山脊线的平面布局应呈“之”字形走向。曲折有致，起伏有度，既顺乎自然，又可形成环抱小空间，便于安排景物开展活动。

③ 主次分明，互相呼应。在自然山水园中，主景山宜高耸、盘厚，体量较大变化较多；客山则奔趋、拱伏，呈余脉延伸之势。先立主位，后布辅从，比例应协调，关系要呼应，注意整体组合，忌孤山一座。

④ 左急右缓，收放自如。山体的不同坡面应有急有缓，等高线有疏密变化。一般朝阳和面向园内的坡面较缓，地形较为复杂；朝阴和面向园外的坡面较陡，地形简单。

丘壑相伴，虚实相生。山臃必虚其腹，谷壑最宜幽深，虚实相生，丰富空间。

4）水体　园林水体的景观形式是丰富多彩的。以水体存在的形态划分水体景观的类型，可以分为静水、流水、落水、喷水 4 种类型。

① 静水。水面自然，相对静止，不受重力及压力的影响，称为“静水”。园林中成片汇集的水面形成静水，最为常见的形式有水池和湖泊。水池形式往往与园林布局形式一致，可分为自然式、规则式和混合式。

② 流水。水体因重力而流动，形成各种各样溪流、旋涡等，称为“流水”。园林中常以流水来模拟河流、山涧小溪等自然形态。河岸多为土质，可种植亲水的植物。岸边可设观水的水榭、长廊、亲水平台等建筑，局部可以修建成台阶，延伸入水中，增加人与水接触的机会。水上宽广处可划船，狭窄处可架桥或设汀步。

③ 落水。水体在重力作用下从高处落下，形成各种各样的瀑布、水帘等，称为“落水”。落水有瀑布、叠水、壁泉等类型。

④ 喷水。水体经过细窄的喷头，在压力的作用下喷涌而出，形成各种各样的喷泉、涌泉、喷雾等，称为“喷水”。最为常见的是喷泉这种水景组合。喷泉起源于古罗马，现在已经逐步发展音乐喷泉、程控喷泉、旱地喷泉、跑动喷泉、光亮喷泉、趣味喷泉、激光水幕电影、超高喷泉等。

（3）地形的作用

1）构成园林骨架　地形是构成园林景观的骨架，是园林中所有景观元素与设施的载体，它为园林中其他景观要素提供了赖以存在的基面，是其他园林要素的设计基础和骨架，也是其他要素的基底和衬托。

2）控制视线　地形的高低起伏变化创造了不同的视线条件，通过设计巧妙安排了游客视线的挡与引、景物的藏与露，从而丰富了景观效果。例如，游客处于平地上时视野比较开阔，远处的地形起伏变化正好形成了丰富背景，起到遮挡视线的作用。

3）分隔空间　通过不同的地形造景设计可以达到分割或限制外部空间的作用，营建幽静、奇特、舒适、自然等不同性格的空间感受。划分空间的效果和空间的底面范围、封闭斜坡的坡度、地平轮廓线有关系，在此基础上若再借助于植物则能增加划分的效果和气势。例如，圆明园内的杏花春馆、慈云普护、武陵春色等众多景区，主要以挖湖堆丘改造地形而成，再配合植物种植来实现其空间的分隔和组合，使整座园林充满自然生趣。

4）改善小气候　从采光的角度看，有一定凸地形的朝南坡向，冬季阳光直接照射，有很强的采光聚热的效果，从风的角度看，可遮挡冬季西北寒风和夏季主导西南凉风，夏季风可以被引导穿过两高地之间形成的谷地或洼地，如果该地段的中心轴是西南-东北向则可以形成漏斗效应，增强其冷却效应。例如，北京颐和园的昆明湖北岸一带，一方面，其北部因有万寿山的阻挡，减弱了冬季寒冷北风的直接侵袭；另一方面，由于南部昆明湖面对太阳辐射能的反射作用，致使万寿山南麓、昆明湖北岸一带冬季的小气候较为暖和。沿昆明湖北岸一带的“长廊”及“乐寿堂”“对鸥舫”“鱼藻轩”等众多建筑正是利用这一带冬暖夏凉的良好小气候条件。

5）景观作用　地形具有造景和背景两方面作用。

地形造景强调的是地形本身的景观作用。在利用地形本身造景方面，国外一些设计师提出的一些设想颇有新意，他们用点状地形加强场所感、用线状地形形成连绵起伏的空间，用地形的柔软、自然状态和其坚硬、人造状态，创造不同规模、不同特点的“大地环境雕塑作品”。如现代景观设计中常用到的嵌草大台阶、层层叠叠的假山石、下沉广场等。

作为造园诸要素的底界面地形承担了背景的角色在一块平地上树木、道路、建筑和小品形成地形上的一个个景点，而整个地形就构成了这一园林空间要素的共同背景。地形在造景上既可以作为景物的背景以衬托主景，又可以增加景观的深度，丰富景观的层次，使景点错落有致。

（4）地形设计的原则

在建园过程中，原地形通常不能完全满足造园的要求，所以在充分利用原地形的情况下必须进行适当的改造。地形设计就是根据造园的目的和要求并与平面规划相协调，对造园用地范围内的山、水等进行综合组织设计，使园林内部山、水之间、园林用地与四周环境之间，在景观和高程上有合理的关系。地形设计的原则如下。

① 从使用功能出发，功能优先，造景并重。用地的功能性质决定了用地的类型，不同类型、不同使用功能的园林绿地对地形的要求各异。如传统的自然山水园和安静休息区均需地形较复杂，有一定的地貌变化，而现在开放的规则式园林对地形的要求会简单些。

② 要因地制宜，利用与改造相结合。原地形的状况直接影响园林景观的塑造，尤其是园址现状地形复杂多变时，更宜利用保护为主，改造修整为辅。

③ 必须遵守城市总体规划时对公园的各种要求。

④ 注意节约原则，降低工程费用，就地就近，填挖结合，维持土方平衡。

（5）地形设计的内容

园林地形设计主要指地貌及地物景观的高程设计。

1）地貌设计　园林地貌是指园林用地范围内的山水地形外貌。按照园林设计的要求，综合考虑同造景有关的各种因素，充分利用原有地貌，统筹安排景物设施，对局部地形进行改进，使园内与园外在高程上具有合理的关系，这个过程叫作园林地貌设计。关于山水地貌的设计，前面已有详细介绍，在此不再赘述。

2）园路设计　主要确定道路（或广场）的纵向坡度及变坡点高程。在寒冷地区，冬季冰冻、多积雪，为安全起见，广场的纵坡应小于3%，停车场的最大坡度不大于2.5%；一般园路的坡度不宜超过8%，横坡不超过3%。

3）建筑设计　地形设计中，对于建筑及其小品应标明其地坪与周围环境的高程关系，并保证排水通畅。

4）排水设计　在地形设计的同时，要充分考虑地面水的排除问题。合理划分汇水区域，正确确定径流走向。一般不准出现积留雨水的洼地。一般规定，无铺装地面的最小排水坡度为0.5%；铺装地面为0.3%。但这只是参考限值，具体排水坡度要根据场地的用途、土壤及铺装材料的性质、汇水区大小、植被情况等因素而定。

5）植物种植在高程上的要求　在地形的利用和改造过程中，对原址上有保留价值的名木古树，其周围地面的标高及保护范围，应在图纸上加以标明。植物种类不同，其生活习性不同。有的耐水湿、有的不耐水湿。如雪松、马尾松、架树等，当地下水浸渍部分根系时，即会枯萎。又如水生植物，不同种类对水深有不同要求，有湿生、沼生、水生等多种。如荷花适宜生活于水深0.6～1.0m的水中，过深过浅均会影响其正常生长。因此，地形设计时应为不同植物创造出不同的环境条件。

2.3.2 植物种植设计

植物材料是有生命的活体，有其生长发育规律，植物本身种类繁多、造型丰富、富有季相变化，形成四季色彩斑斓的园林景观，为园林造景提供了用之不竭的素材。

2.3.2.1 园林植物配置的原则

园林植物的配置是指园林植物在园林中栽植时的组合和搭配方式。其中乔、灌木是骨干材料，起骨架支柱作用。

（1）功能性原则

植物配置时，首先应明确设计的目的和功能。例如高速公路中央分隔带的种植设计，为了达到防止眩光的目的，确保司机的行车安全，中央分隔带中植物的密度和高度都有严格的要求；城市滨水区绿地中植物的功能之一就是能够过滤、调节由陆地生态系统流向水域的有机物和无机物，进而提高河水质量，保证水景质量；在进行陵园种植设计时，为了营造庄严、肃穆的气氛，在植物配置时常常选择青松翠柏，对称布置；而在儿童公园内一般选择无毒无刺、色彩鲜艳的植物进行自然式布置，并且与儿童活泼的天性相一致。

（2）生态性原则

植物配置应按照生态学原理，充分考虑物种的生态位特征，合理选配植物种类，避免种间直接竞争，形成结构合理、功能健全、种群稳定的复层人工植物群落结构。要根据当地生态条件选择植物，做到因地制宜，适地适树，要选择适合小环境生态条件的植物栽植。

（3）艺术性原则

在植物配置中，应遵循统一、调和、均衡、韵律等基本美学原则。这就需要在进行植物配置时熟练掌握各种植物材料的观赏特性和造景功能，对植物配置效果整体把握，根据美学原则和人们的观赏要求进行合理配置，丰富群落美感，提高观赏价值，渲染空间气氛。

（4）经济性原则

要根据绿化投资的多少决定多用些大苗及珍贵树种还是用小苗及常见树种，适当的选用园林结合生产的材料，选用可粗放管理的树种。原则是力求用最经济的方式获得最大的绿化效果。以乡土树种为主，外来树种为辅，可以保证适应当地的生态条件，而且可以节约运输成本，避免由于不恰当地引入外来材料所造成的损失。

2.3.2.2 园林植物的种植设计类型

(1) 花卉种植设计

花卉种植设计是指对各种草本花卉进行造景设计，着重表现草花的群体色彩美、图案装饰美，并具有烘托园林气氛、创造花卉特色景观等作用。这种群体栽植形式，可分为花坛、花境、花丛、花池和花台等。

1) 花坛　花坛是在植床内对观赏花卉作规则式种植的植物配置方式及其花卉群体的总称。花坛大多布置在道路交叉点、广场、庭园、大门前的重点地区。花坛以其植床的形状可分圆形、方形、多边形花坛等。以其种植花卉所要表现的主题来划分，可分为单色花坛、纹样花坛、标题式花坛等。以其观赏期长短来衡量，又可分为季节性、半永久性、永久性花坛3种类型。但通常按其在园林绿地中的地位来区分，包括独立花坛、组群花坛和带状花坛。

① 独立花坛一般都处于绿地的中心地位。其特点是它的平面形状是对称的几何图形，不是轴对称就是辐射对称。其平面形可以是圆形、方形、多边形。但长方形的长宽比以不大于2.5∶1为宜。独立花坛的面积也不宜过大，单边长度在7m以内，否则，远离视点处的色彩会模糊暗淡。花坛内不设道路，是封闭式的。独立花坛可以设置在平地上，也可以设置在斜坡上，在坡面上的花坛由于便于欣赏而备受青睐。

独立花坛可以有各种各样的表现主题。其中心点往往有特殊的处理方法，有时用形态规整或人工修剪的乔灌木，有时用立体花饰，有时也用雕塑为中心等。

② 由多个花坛组成一个统一整体布局的花坛群，称为组群花坛。组群花坛的布局是规则对称的，其中心部分，可以是一个独立花坛，也可以是水池、喷泉、纪念碑、雕塑，但其基底平面形状总是对称的，而其余各个花坛本身就不一定是对称的（见图2-4）。

组群花坛的各个花坛之间，不是草坪，就是铺装。总之，各个花坛之间可供游人观赏，有时还设立坐凳供人们休息和静观花坛美景。

组群花坛的各个花坛可以全部是单色花坛，也可以是纹样花坛或标题花坛，而每个花坛的色彩、纹样、主题可以不相同，但应保持其整体统一和对称性，否则会显得杂乱无章，失去艺术性。

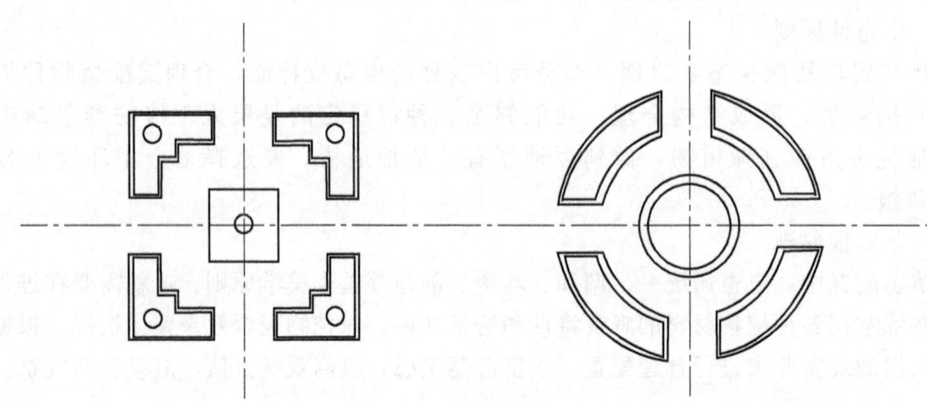

图2-4　组合花坛示意

组群花坛适宜于大面积广场的中央、大型公共建筑前的场地之中或是规则式园林构图的中心部位。

③ 宽度在 1m 以上，长度为宽度 3 倍以上的长形花坛称为带状花坛。常设置于人行道两侧、建筑墙垣、广场边界、草地边缘，既用来装饰，又用以限定边界与区域。

带状花坛可以是单色、纹样和标题的，但在一般情况下，总是连续布局，分段重复的。其代表形式见图 2-5。

图 2-5 带状花坛示意

花坛要表现的一个主要方面是平面的图形美，因此不能太高，太高了就看不清楚了。但为了避免游人践踏，并有利于床内排水，花坛的种植床一般应高出地面 10cm 左右。为使植床内高出地面的泥土不致流散而污染地面或草坪，也为种植床有明显的轮廓线。因此要用边缘石将植床加以定界。边缘石离外地坪的高度一般为 15cm 左右，大型花坛，可以高达 30cm。种植床内土面应低于边缘石顶面 3cm。边缘石的厚度一般在 10～20cm 内选择，主要依据花坛面积大小而定，比例要适度，也要顾及建筑材料的性质。边缘石可以是不同建筑材料的，任由选择。但有一点却要注意，就是与花坛功能的表现要一致，花坛为美化而设，其边缘石就应该素雅清淡一些，否则就可能喧宾夺主。

如果花坛属纹样花坛或标题式花坛，为了维持纹样的不变，获取其应有的装饰美，就要求配置的花卉最好是生长缓慢的多年生植物，植株生长低矮，叶片细小，分枝要密，还要有较强的萌蘖性，以耐经常性的修剪。如果是观花花卉，要求花小而多。由于观叶植物观赏期长，可以随时修剪，因此，纹样花坛或标题式花坛，一般多用观叶植物布置。标题花坛其实是纹样花坛的形式，只是使纹样具有明确的文字、标志、肖像或时间而已。

2）花境　花境是园林绿地中又一种较特殊的种植形式。它有固定的植床，其长向边线是平行的直线或曲线。但是，其植床内种植的花卉（包括花灌木）以多年生为主，其布置是自然式的，花卉品种可以是单一的，也可以是混交的。

花境所表现的是花卉本身的自然美，这种美，包括它破土出芽，嫩叶薄绿，花梢初露，鲜花绽开，结果枯萎等各期景观和季相变换；同时也表现观赏花卉自然组合的群体美。花境是介于规则式布置和自然式布置之间的种植形式。适宜于园林绿地中相应的范围内布置。其基本功能不是绿化而是美化，是点缀装饰。

花境的范围是固定的，有明显的边界线，而且往往用终年常绿的植物镶边加以限界和强调。花境植床的宽度，一般在 3～8m 内选定。单面观赏的窄些，双面观赏的宽些。与花坛不同，花境的种植床一般不高出地面，为了排水，只要求其中间高出边界，求得 2%～4% 的排水坡度即可，土壤要求不严。另外，在一般情况下，花境需要有背景来衬托，可以是白色或其他素色的墙，可以是绿色树林或草地，最理想的是常绿灌木修剪而成的绿篱和树墙。花境和背景之间，可以有一定的距离。

花境花卉的选择，由于和花坛功能不一样，主要是体现花卉立体美，因此，在花坛中很合适的，如半支莲、三色堇、红绿苋等花卉就不宜在花境中种植。那些花朵硕大，花序垂直分布的高大花卉，如玫瑰、蜀葵、美人蕉、百合、唐菖蒲等，在花境内种植，就非常理想。

由于花境内的花卉，一般为多年生的，种植量也较大，为了节省养护管理费用，一方面，要求适地适生；另一方面，还要求一年四季可以观赏，不要使得某段时间土地裸露或枯枝落叶满地。最好能选择花叶兼赏，花期较长的花卉种在花境之中。

3）花丛　这是园林绿地中花卉的自然式种植形式，是园林绿地中花卉种植的最小单元或组合。每丛花卉由 3 株至十几株组成，按自然式分布组合。每丛花卉可以是一个品种，也可以为不同品种的混交。

花丛可以布置在一切自然式园林绿地或混合式园林布置的适宜地点，起点缀装饰的作用。由于花丛一般种植在自然式园林之中，不能多加修饰和精心管理。因此，常选用多年生花卉或能自行繁衍的花卉。那些小庭园里的花丛由于不可能多种，所以更要精选，尤其要选那些适生粗长，又有寓意，和环境相衬的品种。

4）花池、花台　这是两种中国式庭园中常见的栽植形式或种植床的称谓。古典园林中运用较多，现代建筑和园林绿地中，更是普遍采用，其实用性很强，艺术效果也很好。

花池，是指边缘用砖石围护起来的种植床内，灵活自然地种上花卉或灌木、乔木，往往还配置有山石配景以供观赏，这一花木配置方式与其植床，通称为花池，是中国式庭园、宅园内一种传统手法。花池土面的高度一般与地面标高相差甚少，最高在 40cm 左右。当花池的高度达到 40cm 以上，甚至花池脱离地面，为其他物体所支承，就称为花台。

由于花台距地面较高，缩短了人在观赏时的视线距离，因而能获取清晰明朗的观赏效果，便于人们仔细观赏其中的花木或山石的形态、色彩，品味其花香。一般设立在门旁、窗前、墙角。其花台本身也能成为欣赏的景物。这也可以认为是一种盆栽形式。因此，最适宜在花台内种植的植物应当是小巧低矮、枝密叶微、树干古拙、形态特殊，或被赋予某种寓意和形象的花木，例如岁寒三友——松、竹、梅，富贵花——牡丹等。

(2) 乔灌木的种植设计

乔木和灌木都是直立的木本植物，在园林中不仅可改善环境小气候而且可供游人纳凉，还具有分隔园林空间，与建筑、山体、水体组景等作用。在园内所占的平面与立体比重较大。

多数乔木树冠下可供游人活动、乘凉纳荫，构成伞形空间。可孤植，也可群植，是竖向的主要绿色景观，既可作主景，也可作配景和背景，可与灌木组合形成封闭空间，因乔木有高大的树冠和庞大的根系，故一般要求种植地点有较大的空间和较深厚的土壤。

灌木由于枝条密集，树叶满布，又多花、果，故是很好的分隔空间和观赏的植物材料。在防风、固沙、消减噪声和防尘等方面都优于乔木，耐阴的灌木可以和大乔木、小乔木、地被植物组合成为主体绿化景观，灌木又可独立栽植在草地中，也可成排成行种植呈绿墙状，灌木由于树冠小，根系有限，因此对种植地点的空间要求不大，土层也不必很厚。

乔灌木种植的类型主要有孤植、对植、列植、丛植、群植、林带 6 种类型。

1）孤植　又叫孤立树，是指乔木的孤立种植的表现；有时也可以用二株乔木或三株乔木紧密栽植，具有统一的单体形态，也称为孤植树。但必须是同一树种，相距不超过

1.5m，孤植树下不能配置灌木，可设石块和坐椅，孤植树所表现的主要是树木的个体美，具有庇荫与艺术构图的功能。

孤植树的树种选择应考虑以下几点。

具有突出的个体美。体型巨大，树冠伸展，给人以雄伟、深厚的艺术感染，如柳树、榆树等，姿态优美、奇特，又如油松、雪松等，开花繁茂、果实累累。前者如山杏、榆叶梅、毛樱桃、连翘、丁香等，开花时给以华丽浓艳、绚烂缤纷的艺术感染；后者如接骨木、忍冬、火棘等，硕果累累，引人暇思。具有彩色叶，指秋天变色或常年红叶的树种，如茶条槭、紫叶李、白桦、黄栌、枫香等。给人以霜叶照眼，秋光明净的艺术感受。生长健壮、寿命长，能经受住较大自然灾害的树种。不同地区应以本地区的乡土树种中经过考验的大乔木为宜。

因孤植树是独立存在于开敞空间中，得不到其他树种的保护，故必须选用抗逆性强、喜阳的树种。另外，所选树木应是不含毒素和不易于落污染性花果的树种，以免妨碍游人在树下休息。

孤植树在园林中的比例不能过大，但在景观效果上作用很大，往往是园林植物中主景，在园林中规划位置要突出，一般多布置在以下场所。

开朗的大草坪或林中空地的构图重心上，与周围景物取得均衡和呼应。要求四周空旷，不仅要保证树冠有足够的生长空间，而且要有一定的观赏视距，一般适宜的观赏树距为树木高度的 4 倍左右。

孤植树可以设置在开朗的河边、湖畔，用明朗的水色作背景，游人可以在树冠的庇荫下欣赏远景和水上活动，下斜的枝干还可以构成自然形状的框景，悬垂的枝叶又是添景的效果。孤立树还可设在山坡、高岗和陡崖上与山体配合。山坡、高岗的孤立树下可以纳凉眺望；陡崖上的孤植树具有明显的观赏效果。

桥头、自然园路或河溪转弯处。种植在上述地点的孤立树具有吸引游人视线、标志景观位置的诱导作用，故称作园林导游线上的诱导树。这种诱导树要求有明显的个体美的特色。

建筑院落或广场中心。设在由园林建筑组成的小庭院中时，孤立树的选择要考虑空间大小，如庭院较小时，可设小乔木，如苹果、山杏、山楂等；在铺装场地设孤植树时要留有树池，树池上架座椅；保证土壤的松软结构。在规则式广场中的孤植树可与草坪、花坛、树坛结合，但面积要较大，设在中心的孤立树，一般采用尖塔形或卵圆形的针叶树。

在新建园林时，为尽快达到孤植树的景观效果，最好选用胸径 8cm 以上的大树，如建的面积内有上百年的古老大树，在作公园的构图设计时应尽可能地考虑对原来大树的利用，可提早数十年达到园林艺术效果，是因地制宜，巧于因借的设计方法；只有小树可用时，要选用速生快长树，同时设计出两套孤植树，如近期选杨、柳为孤植树时，同时安排油松、红皮云杉为远期孤植树栽入合适的位置。

2）对植　对植是用两株树按照一定的轴线关系作相互对称式均衡的栽植方式。目的是强调园林建筑、广场的入口。孤植树可以作为主景，对植则永远是以配景的地位出现。

在规则式种植中，利用同一树种、同一规格的树木依主体景物的中轴线做对称的布置，两株树的连线与轴线垂直并被轴线等分，这在园林的入口、建筑入口和道路两旁是经常运用的，规则式的对植，一般采用树冠整齐的树种，种植位置要考虑不能妨碍出入的交通和其他活动，又要保证树木有足够的生长空间，一般乔木距建筑物墙面为5m以上，灌木可少些，但至少要在2m以上。

自然式种植中对植是不对称的均衡栽植。在桥头、道口、山体蹬道石阶两旁；也以中轴线为中心，两侧树木在大小、姿态上各不相同，动势均向中轴线。但必须是同一树种，才能取得统一，大树可近些、小树可距轴线远些，小株亦可用两株树合并，力争在横向和体量上取得均衡，轴线两侧对植的树木连线不宜与轴线垂直，当然也不等分；小株一边的如果两株合并，树种形态、色彩近似，也可取得与大株一边的均衡效果。

对植为3株以上树木配合时，可以用2种以上树种，2个树群的对植，可以构成夹景。

3）列植　列植是指乔灌木按一定的株行距成行成排的种植。行列式栽植形式的景观整齐，气势雄壮，是规则式园林中的道路、广场、河边与建筑周围应用最多的栽培形式。行列式栽植具有施工、管理方便的优点，又有难以补栽整齐的缺欠。

行列式栽植应选用树冠形体整齐的树种。例如：圆形、卵圆形、塔形、圆柱形等，行列式栽植的株行距，应依据树种冠形大小而定；也依树种的配置，远近期结合。一般乔木的距离在3～8m，如果为了取得近期景观效果，栽植的苗木又不大，可以按3～5m株距栽植，待长大后，树冠开始拥挤时，再每隔一株去一株，成为6～10m的最后株距，也可采取乔木与灌木间隔栽植的方法，具有简单的交替节奏变化，灌木之间的株距，依灌木成长后的冠幅大小而定，因灌木各种类间冠幅大小差别较大，所以，一般定为1～5m。

行列式栽植的整体要求较强，延长距离又大，多伴随道路、建筑和地下管线两侧，故必须考虑与这些设施的关系，防止彼此干扰。

4）丛植　丛植是由两株到十几株的乔木或乔灌木组合种植而成的种植类型。这种丛植的方式主要运用在自然式园林中。配置树丛的地点，可以是自然植被或草地，路旁、水边、山地和建筑四周，树丛既表现树木组合的群体美，同时又表现其组成单株的个体美，所以，选择树丛的单株树木条件与孤植树相似，要求在庇荫、树形姿态、色彩、开花或芳香等方面有特殊价值的树木。

树丛可分为单纯树丛和混交树丛两类。树丛在功能上除作为组成园林空间构图的形态外，还有如下作用：庇荫作用、作为主景的作用、诱导树作用和配景作用。庇荫的树丛最好采用单纯树丛形式，常用树冠开展的高大乔木；作为构图艺术上的主景、诱导、配景用的树丛，则多采用乔灌木混交树丛，同时还可配以山石及多年生花卉。

树丛作为主景时，宜用针阔叶混交的树丛，观赏效果较好，可配置在大草坪中央、水边、河弯、岛上或土丘山冈上，作为主景或焦点。在中国古典的山水园林中，树丛与岩石组合，可以设置在白粉墙前方，走廊或房屋的角隅，组成一定的画题。作为诱导用的树丛，多布置在道路交叉口，诱导游人按设计安排的路线欣赏丰富多彩的空间景色，也可遮挡小路的前景，达到峰回路转的空间变换效果。

树丛的设计必须以当地的自然条件和总体设计意图为依据。充分掌握植株个体的生物学特性与个体之间的相互影响。使植株在生长空间、光照、通风、湿度和根系生长发育等方面，都得到适合的条件。这样才能保持树丛稳定，达到理想的效果。

丛植的配植方式有二株树丛、三株树丛、四株树丛、五株树丛等。

① 二株树丛的配合。在构图上，必须符合多样统一的原理，二株树必须既有调和又有对比，使二者成为对立的统一体，因此二株树的组合，首先必须有其通相，才能使二者统一

起来；同时又必须有其殊相，才能使二者有变化和对比。

差别过大的两种不同的树木配置在一起，容易造成对比强烈、协调不足。因此首先要求同，然后再求异。二株的树丛最好采用同一树种，同一树种的两棵树栽植在一起，在调和上是没有问题的，但是如果二株相同的树木，大小、体形完全相同，配置在一起又过分平淡，缺少变化，所以，同一种树种的二棵树最好在姿态上、动势上、大小上有显著的差异，才能使树丛生动活泼起来。

明朝画家龚贤指出："二株一丛，必一俯一仰，一猗一直，一向左一向右，一有根一无根，一平头一锐头，二根一高一下"，又说"二株一丛，分枝不宜相似"。"二株一丛，则两面俱宜向外，然中间小枝联络，亦不得相背无情也。"以上说明，二株相同树木配置在一起，在动势、姿态与体量上，均需有差异、对比，才能生动，二树丛的栽植距离不能过远，其间距离应小于两树冠的半径之和，这样才能成为一体，如果二株距离大于大树的树冠时，那就变成二株独立树了，不能有树丛的感觉（见图 2-6）。不同树木，如果在外观上十分类似，可考虑配置在一起。如桂花与女贞为同科不同属的树木，又同为常绿阔叶乔木，配置在一起感到很协调；由于桂花的观赏价值较高，故在配置上要将桂花放在重要位置，女贞作为陪衬。又如：红皮云杉与鱼鳞云杉相配，也可取得调和的效果。但是，即便是同一种的树种，如果外观差异过大，也不适合配一起。如龙爪柳与馒头柳同为旱柳变种，配在一起就不会调和。

图 2-6 两株树的组合形式

② 三株树组合的配合。树丛最好采用在姿态、大小有差异的同一树种。如果有两个不同树种，也应同为常绿树或同为落叶树、同为乔木或同为灌木（见图 2-7）。三株树的组合最多用二个不同树种。而且占二株数量的树种应该是树丛的主体。占一株的树种则为陪衬。忌用三个不同树种（如果外观不易分辨不在此限）。

图 2-7 三株配合

三株配置，树木的大小、姿态都要有对比和差异，栽植时，三株忌在一直线上，也忌等边三角形和等腰三角形栽植，三株的距离都要不相等。其中最大一株与最小一株靠近一些，中等的一株要远离一些。三株树的平面连成任意三角形，二组相距不能太远，否则难以形成统一体。

三株树丛中，也可以最大一株与中间一株靠近，最小稍远离，但是如果由两个树种组成时，最小一株必须与最大一株的树种相同，忌最大一株为单独树种。

根据以上一些原则，在具体配合三株的树丛，最好为同一树种，而有大小姿态的不同；如果采用两个树种，最好为类似的树种，例如西府海棠与垂丝海棠、毛白杨与青杨、榆叶梅与毛樱桃、红梅与绿萼梅等。

③ 四株树丛的配合。树种相同时，在体形上、姿态上、大小上、距离上、高矮上求不同。树种相同时，分为二组，成3∶1的组合，按树木的大小，第1号、第3号、第4号组成一组，第2号独立，稍稍远离；或是1、2、4成组，3号独立，但是主体，最大的一株必须在三株一小组中，在三株的一小组中仍然要有疏密变化，其中第1号与第3号靠近，第4号稍远离。四株可以组成一个外形为不等边的三角形，或不等角不等边的四边形，这是两种基本类型（见图2-8），栽植点的标高最好亦有变化。

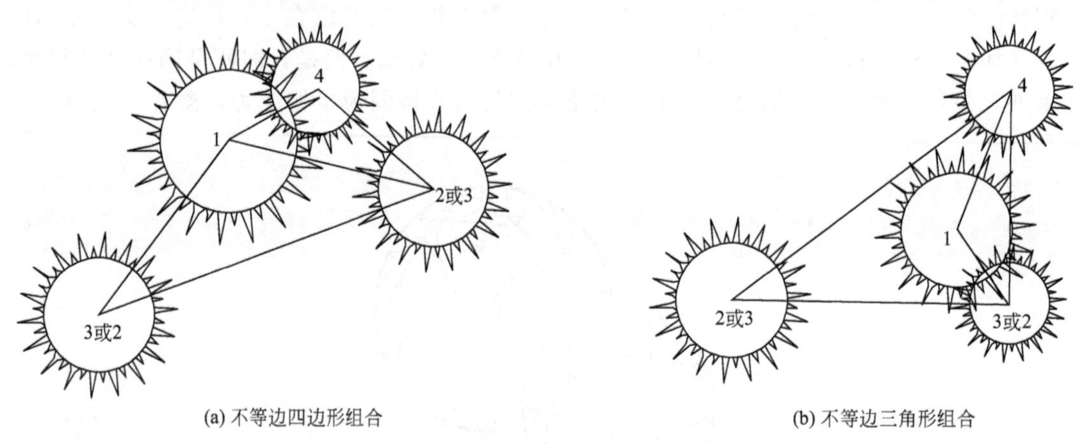

(a) 不等边四边形组合

(b) 不等边三角形组合

图2-8 同一树种的组合形式（四株配合）

四株栽植，不能两两分组，其中不要有任何三株成一直线。当树种不同的时候，其中三株为一种，一株为另一种，这另一种的一株又不能最大，也不能最小，这一株不能单独成为一小组，必须与其他一种组成一个三株的混交树丛，在三株的小组中，这一株应与另一株靠拢，在两小组中居于中间，不要靠边（见图2-9）。四株的组合，不能两两分组，其基本平面应为不等角四边形和不等角三角形两种。

④ 五株树丛的配合。五株同为一个树种的组合方式，每株树的体形、姿态、动势、大小、栽植距离都应力求有差异。一般的分组方式为3∶2，就是有三株一小组，二株一小组，共同构成五株树丛。如果按树丛大小分为五个排号。三株一组的应该由1、2、4成组；或1、3、4成组；或1、3、5成组。总之，最大的一株必须在三株的一组中，并且是主体，二株一组的则应为从属体。这时的三株一组的组合形式又相同于三株树丛的配置形式；二株一组的组合形式与二株树丛配置相同，只是这两组必须各有动势，彼此取得均衡，构成一体（见图2-10）。

另一种分组方式为4∶1，其中一株的树木不要是最大的，也不能是最小的，最好是中等大的2号或3号树木，这种组合方式的主次悬殊较大，所以两组距离不能过远，并且在动

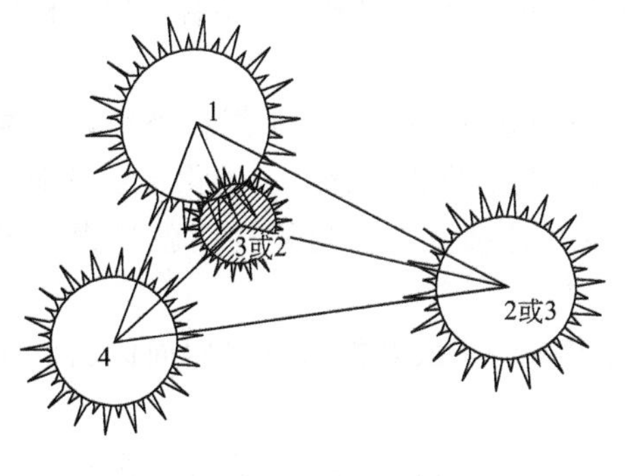

(a) 不等边三角形组合

(b) 不等边四边形组合

图 2-9　两个树种组合的基本类型

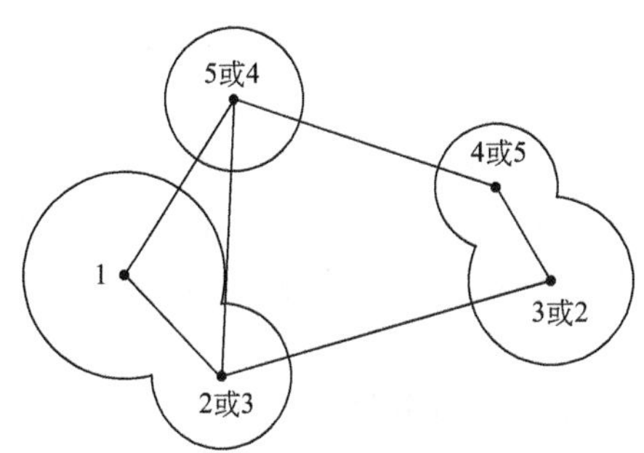

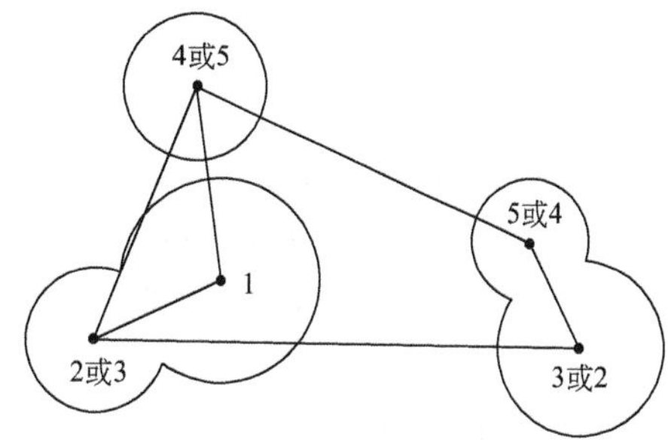

图 2-10　同一树种五株树丛分组 3∶2

势上要有呼应。其中四株一组的树木配置基本与四株树丛的配置相同。另外单独一株成组的树木又可与四株一组中的二株或三株组成三株树丛与四株树丛相似的组合（见图 2-11)。

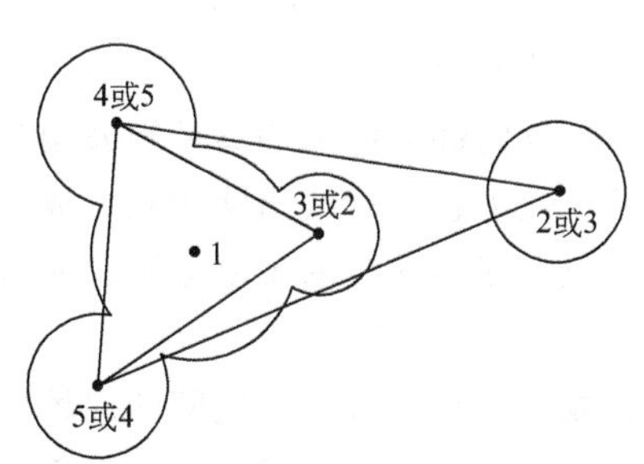

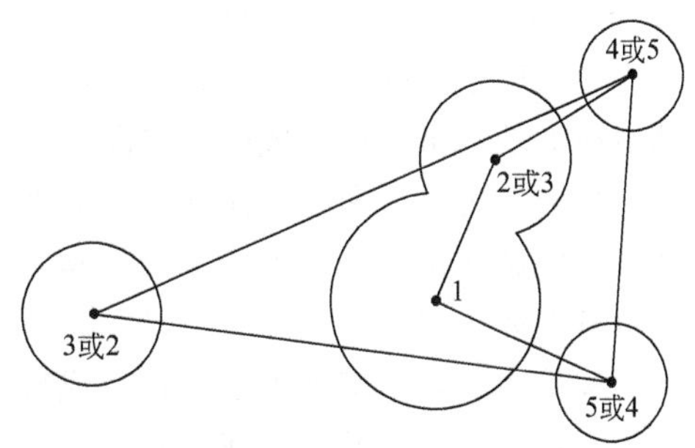

图 2-11　同一树种五株树丛 4∶1

五株树丛若由两个树种组成，应该一个树种为三株，另一个树种为二株。如果一个树种为一株时，另一树种为四株就不合适，因为比例近似时易于达到均衡。

5）群植　组成树群的单株树木数量一般在 20～30 株以上。树群所表现的主要为群体美，因此，树群应该布置在有足够距离的场地上，例如大草坪，水中的小岛屿上，有宽广水面的水滨，小山坡上。在树群的主要立面的前方，至少在树群高度的 4 倍，树群宽度的 1.5 倍距离以上，要留出空地，以便游人欣赏。

树群是由许多树木组合而成的，在树木的组合上，应考虑群体生态、生理等多方面的要求，树群的规模不宜太大，树群在构图上的要求是四面空旷，树群组成内的每株树木，在群体的外貌上都要起到一定作用。树群的组合方式，最好采用郁闭式和成层的结合。由于树群内游人无法进入，所以不具有庇荫休息的功能。

树群组合的基本原则：从高度来讲，乔木层应该分布在中央，亚乔木层在外缘，大灌木，小灌木在更外缘，这样可以不致互相遮掩，但是其任何方向的断面，不能像金字塔那样机械，同时在树群的某些外缘可以配置一两个树丛及几株孤立树。这样构图就显得格外活泼。

树群的栽植地标高，最好比外围的草地或道路高出一些，最好能形成向四面倾斜的土丘，以利排水，同时在构图上也显得突出一些。

树群内植物的栽植距离也要各不相等，要有疏密变化。常绿、落叶、观叶、观花的树木，其混交的组合，应该用复层混交及小块状混交与点状混交相结合的方式。小块状，是指2～5株的结合，点状是指单株。树群的外围，配置的灌木及花卉，都要成为丛状分布，要有断续，不能排列成为带状，各层树木的分布也要有断续起伏，树群下方的多年生草本花卉，也要成丛状或群状分布，要与草地成为点状和块状混交，外缘要交叉错综，并需有断有续。

树群内，树木的组合必须很好的结合生态条件。作为第一层的乔木应该是阳性树，第二层亚乔木可以是半阴性的，分布在东、南、西三面外缘的灌木，可以是阳性或强阳性的，分布在乔木庇荫下及北面的灌木可以是半阴性的，喜暖的植物应该配置在南方和东南方。

树群下方的地面应该全部用阴性的草地或阴性的宿根草花覆盖起来。

树群的外貌，要注意四季的季相美观。

如果施工时苗木较少，则须合理密植，要做出近期设计与远景设计两个方案，在图上要把逐年过密树移出的计划表明。

密植的株行距，可按远景设计株行距的1/3来计算。

6）林带（带状树群） 树群纵轴延长，使长宽比达到4∶1以上时便成为自然式的林带，林带属于连续的风景构图。其组合原则与树群一样，只是功能有所不同。

园林中环抱的林带可以组成闭锁空间，也可以作为园林内部分区的隔离带和公园与外界的隔离带。林带又可以分布在河流两岸构成夹景的效果，也可在自然式道路两侧形成庇荫园路。当林带有庇荫作用时，乔木应该选用伞状开展的树冠，亚乔木及灌木要耐阴，而且栽植要退后，数量上要少用。

自然式林带内，树木栽植不能成行、成排，也不能成为直线，各树木之间的栽植距离也要各不相等。林带主要由乔木、亚乔木、大灌木、小灌木、多年生花卉组成。在平面上应有曲折变化的林缘线，立面上要有高低起伏的天际线（林冠线）。林带构图的鉴赏是随着游人前进而演进的，所以林带构图中要有主调、基调、配调之分，要有变化和统一的节奏，同时又要有断有续，不能连绵不断。但这还要由功能决定，不能绝对。需要设通道缺口时，则宜“断”，需要露出某一景观或显示空间层次与深度时也可采用“断”的方式。当某一主调演进到一定程度时就要转调；转调时，在构图急变的场合下用急转调；需要和缓变化时，可用逐步过渡的缓转调方式，这种主、配调的演进变化又随着季相交替进行。

林带可以是单纯林，也可以是混交林；可以是单侧的演进，也可以是双侧演进，双侧演进时，左右林带不能对称。

林带在形式上又可分为紧密结构和疏松结构两种。紧密结构的林带，其垂直郁闭度达

1.0，视线不能透过。凡防尘、隔声、作背景用、分隔不透视空间用的林带，均采用紧密结构；作为防风和分隔透视空间用的林带，可用透光的疏松结构的林带。

在大型园林的外围，尤其是主要季风方向往往采用成行成排的规则式林带与风向垂直地设置；也可以与城市的防护林带相结合。此外，风景名胜区的外围防护区也应用规则式林带。

(3) 攀缘植物的种植设计

我国城市人口集中，建筑密集，可供绿化的面积有限，因此，利用攀缘植物进行垂直绿化和覆盖地面，是提高城市绿化覆盖率的重要途径之一。

攀缘植物选择应考虑以下几点。

首先，从功能要求出发，考虑用于降低建筑墙面及室内温度，应选择枝叶茂密的攀缘植物，如五叶地锦、常春藤等。考虑用于防尘则尽量选用叶片粗糙且密度大的攀缘植物，如中华猕猴桃等。

其次，不同攀缘植物对环境条件要求不同，因此要注意立地的生态条件。墙面绿化要考虑方向问题，西向墙面应选择喜光、耐旱的攀缘植物；北向墙面应选择耐荫的攀缘植物，如中国地锦是极耐阴植物，用于北墙垂直绿化比用于西墙垂直绿化生长速度快，生长势强，开花结果繁茂。

第三，还应考虑观赏要求，应注意与攀附建筑设施的色彩、风韵、高低相配合，如红砖墙面不宜选用秋叶变红的攀缘植物，而灰色、白色墙面，则可选用秋叶红艳的攀缘植物。

攀缘植物的配置方法有附壁式、凉廊式、篱垣式、立柱式、垂挂式。

附壁式常用攀缘植物有五叶地锦、常春藤、凌霄等。

凉廊式、棚架式以攀缘植物覆盖顶，形成绿廊和花廊。常用植物有紫藤、凌霄、葡萄、木香、葡萄、丝瓜、葫芦、瓜蒌等。

篱垣式是指包围篱架、矮墙、铁丝网的垂直绿化。常用攀缘植物有金银花、牵牛花、茑萝、五叶地锦等。

攀缘植物靠吸盘或卷须沿牵拉于立柱之上的铁丝生长，称为立柱式。常用攀缘植物有金银花、凌霄、五叶地锦等。

垂挂式，如以凌霄、五叶地锦等垂挂于入口遮雨板处。

(4) 草坪及地被植物的种植设计

园林草地及地被植物在园林设计中起着改善小气候、提供活动场地和作为其他要素基调的作用。

根据草地和草坪的用途分类，可分为游憩草坪、体育场草坪、观赏草地或草坪、森林草地、林下草地、护坡护岸草地。游憩草坪是供散步、休息、游戏及户外活动用的草坪，一般均加以刈剪，在公园内应用最多。体育场草坪是供体育活动用的草坪，如足球场草坪、网球场草坪等。观赏草地或草坪通常不允许游人入内游息或践踏，专供观赏用。森林草地是郊区森林公园及风景区在森林环境中任其自然生长的草地，一般不加刈剪，允许游人活动。林下草地是在疏林下或郁闭度不太大的密林下及树群乔木下的草地，一般不加刈剪。凡是在坡地、水岸为保护水土流失而铺的草地，称为护坡护岸草地。

根据草地与树木的组合情况分类，可分为空旷草地、稀树草地、疏林草地、林下草地。

1) 空旷草地　草地上不栽植任何乔灌木。这种草地，主要是供体育游戏、群众活动用的草坪。一片空旷，在艺术效果上单纯而壮阔；

2）稀树草地　草地上稀疏的分布一些单株乔木，株行距很大，当这些树木的覆盖面积（郁闭度）为草地总面积的20%～30%时，称为稀树草地。

3）疏林草地　即在草地上布置乔木，其株距在8～10m以上，郁闭度30%～60%。由于林木的庇荫性不大，阳性禾本科草本植物仍可生长，所以可供游人在树荫下游憩、阅读、野餐、进行空气浴等活动。

4）林下草地　在郁闭度大于70%以上的密林地或树群内部林下，只能栽植一些含水量较多的阴性草本植物。这种林地和树群，由于树木的株行距很密，不适于游人在林下活动，同时林下的阴性草本植物，组织内含水量很高，不耐踩踏，因而这种林下草地，以观赏和保持水土流失为主，游人不允许进入。

园林草地、草坪的设计要点如下。

① 园林草地要满足游人游憩、体育活动及审美需要，所选草种必须植株低矮、耐践踏、抗性强、绿色期长、管理方便。

② 为解决草地踩踏和人流量问题，在游人量较大或体育场草地，以选用狗牙根，结缕草、剪股颖、牧场早熟禾等草种为主，同时在设计草地时，在单位面积上的游人踩踏次数，最多每天不要超过10次。

③ 应考虑草地的坡度及排水问题：a. 从水土保持方面考虑，为了避免水土流失，任何类型的草地，其地面坡度均不能超过该土壤的“自然安息角”；b. 从游园活动来考虑，体育场草地，除了排水所必须保有的最低坡度以外，越平整越好，一般观赏草地、牧草地、森林草地、护坡护岸草地等，只要在土壤的自然安息角以下，必须的排水坡度以上，在活动上没有其他特殊要求；c. 从排水来考虑，草坪最小允许坡度应从地面排水要求考虑，例如体育场草坪，由场中心向四周跑道倾斜的坡度为1%，网球场草坪，由中央向四周的坡度为0.2%～0.5%；普通游憩草坪，最小排水坡度，最好也不低于0.2%～0.5%，且不宜设计成不利于排水的起伏交替的地形。

④ 草地的艺术构图也十分重要。在有限的园林空间范围内，要形成不同的感觉空间，或开朗或闭合，或咫尺山林，以增加游人的游览情趣。

其他地被植物的配置有树坛、树池中的地被植物配置、林缘地被植物的配置、地被植物的零星配置方式。

树坛、树池中的地被植物配置。树坛、树池中由于乔灌木的遮蔽，形成半阳性环境，所用地被植物应是耐半阴的，可以是单一地被植物，也可以是两种地被植物混交，其色形与姿态应和上木相呼应，如色叶木树坛以麦冬、沿阶草、吉祥草等常绿地被为适。

林缘地被植物的配置。林缘地被植物的配置，可使乔木与草地道路之间形成自然的过渡，如河南鸡公山风景区大茶沟林缘的水竹，使林地与溪涧结合的十分自然。

地被植物的零星配置方式。地被植物除上述配置方式外，还常见配置于台阶石隙，池港或塘溪的山石驳岸及园林置石。

2.3.3　园林建筑和小品设计

园林建筑具有使用和造景的双重功能，在空间构图上占有举足轻重的地位。园林建筑在游园内所占比重，应根据面积大小和功能需要来决定。受面积限制，一般多采用小品。园林建筑小品功能简明、造型别致、体量小巧，是构成游园空间活跃的要素，起到丰富空间和点缀、强化景观的作用。常见的小品有园桌、园凳、栏杆、花架、园灯、园门、窗、景墙等。建筑小品既可独立成景，也可成组设置。如形式多样、构造简单的花架，既能自成一景，也能与花坛、园灯组合，形成活泼的景观。园林小品要有地方特色和民族特色，重点是突出其点缀功能，同时也要注重与环境的紧密结合。

(1) 园林建筑与小品的设计原则

1) "以人为本"的设计原则　人是景观中的主要享用者，景观小品的服务对象首先是人。人的行为习惯、兴趣爱好决定了对于空间的选择园林建筑小品的设计首先要以人为本，不仅是功能上的"以人为本"，而且要从心理上达到"以人为本"。园林建筑小品设计的尺度、材质要保证使用者的安全性及便捷性，其次注重审美需求和心理需求，如色彩的运用、私密性的创造、归属感的体现。来满足人们的情感需求。

2) 满足环境的统一性　园林建筑小品是园林的重要组成要素。在对于单个建筑小品的设计中首先要明确园林景观的主题思想和风格形式等。根据主题的需要来进行小品的设计，而且根据景观的形式来具体设计小品的形式。如中国古典风格园林中园林建筑小品的设计都应采用古典形式的座椅、园灯、园桥，这样才能保证风格的协调统一。

3) 融合文化彰显地方特色　园林建筑小品的设计不仅要满足环境的整体风格要求，而且还应做到特色的体现而不是千篇一律。将这一地区的文化内涵与地方特色进行提炼，融合到小品的设计之中，能够真实地反映一个地区的社会生活背景和历史文化特色，从而体现文化性和内涵。

(2) 园林建筑的空间组合形式

1) 由独立的建筑物和环境结合，形成开放性空间　特点是以自然景物来衬托建筑物，建筑物是空间的主体，对建筑物的造型要求较高，建筑物可以是对称的布局，也可以是非对称的布局。

2) 由建筑组群自由组合的开放性空间　建筑组群自由组合开敞空间，多采用分散型布局，并用桥、廊、道路、铺面等使建筑物互相连接，但不围成封闭的院落，建筑物之间有一定的轴线关系，能使彼此顾盼、互为衬托、有主有从，但总体上是否按对称和不对称视功能和环境条件定。例如，北海的五龙亭、承德避暑山庄的水心榭、杭州西泠印社、三潭印月、成都望江亭公园等的空间布局形式。

3) 由建筑物围合而形成的庭园空间　具有内聚倾向，借助建筑物和山、水、花木的配合突出整个院落空间的艺术意境，由建筑物围合成的建筑庭院，在传统设计中多以亭、阁、轩、榭、楼、廊、厅等建筑单体，用廊、墙等围合连接而成，一方面单体建筑配置得当，主从分明、重点突出，在体形、体量方向上要有区别和变化，位置上要彼此能够顾盼，距离避免均等；另一方面要善于运用空间的联系手段，如廊、墙、桥、汀步、院落、道路、铺面等。如北海公园的"静心斋"院落，颐和园的"谐趣园"院落等。

4) 天井式的空间组合　此类空间体量较小，属小品性的景栽，在建筑整体空间布局中多用于改善局部空间环境作为点缀和装饰用，如留园中"古木交柯"和"华步小筑"。

5) 混合式的空间组合　将上述几种空间组合的形式结合使用，故称为混合式的空间布局。如避暑山庄的烟雨楼，总体布局、统一构图、分区组景。对于规模较大的园林需从总体上根据功能、地形条件，把统一的空间划分成若干个具有特色的景区和景点来处理，在构图布局上使它们能互为因借、巧妙联系，有主有次、有节奏和韵律、以取得和谐和统一。

(3) 园林建筑及小品单体设计

园林建筑单体形式繁多，样式不一，传统的形式有亭、台、阁、馆、轩、榭、舫、楼、廊、厅等，为了适应现代园林的需求，具有特定使用功能，较现代的单体形式有公园大门、游船码头、茶室、公厕、餐饮业建筑及各式建筑小品等多种形式，现选择其部分单体进行简要介绍。

1）亭设计　明《园冶》中说“亭者，停也。所以停憩游行也。”意即亭是游人驻足休息观景的地方。元人有两句诗：“江山无限景，都取一亭中。”园亭的特点是形式多变，周围开敞，与山、水、绿化结合起来组景，可以把外界大空间的无限景色都吸收进来，起到点景和观景的作用。

亭从位置分有山亭、半山亭、沿水亭、靠山亭、与廊结合的廊亭、位于路中的路亭、与桥结合的桥亭、还有专门为碑而设的碑亭。亭的形状从平面上分有圆形、方形、三角形、四角形、六角形、八角形、扇面形等；从屋顶形式分有单檐、重檐、三重檐、攒尖顶、歇山顶、单坡顶以及褶板顶等。

园中设亭，关键在位置。要发挥亭的平面占地较少，受地形、方位和立基影响小的特点，充分发挥“对景”和“借景”的造景手法，使亭发挥“成景”和“观景”的作用。其次注意亭的体量和位置的选择，主要应看它所处的环境位置的大小、性质等，因地制宜。亭是园中“点睛”之物，所以多设在视线交接处，如沧浪亭（见图 2-12），位于假山之上，形成全园之中心，使“沧浪亭”（园名）名副其实。亭的材料及色彩，应力求采用地方性材料，就地取材，不但加工便利而且又近于自然。

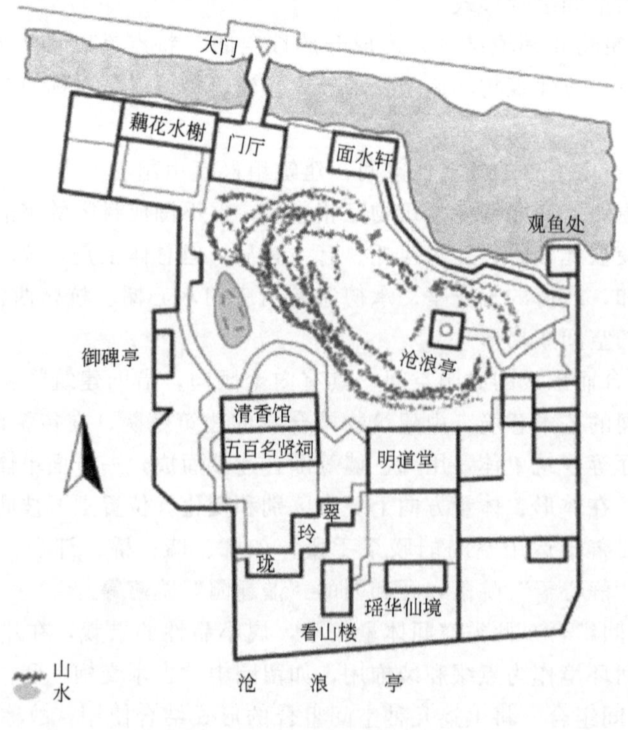

图 2-12　沧浪亭位置图

2）廊设计　屋檐下的过道及其延伸成独立的有顶的过道称廊，建造于园林中称为园廊。在园林中，廊不仅作为个体建筑联系室内外的手段，而且还常成为各个建筑之间的联系通道，成为园林内游览路线的组成部分。

廊的基本类型按结构形式可分为双面空廊、单面空廊、复廊和双层廊等。按廊的总体造型及其与地形、环境的关系可分为直廊、曲廊、回廊、抄手廊、爬山廊、叠落廊、水廊、桥廊等。

① 双面空廊。廊的双侧列柱、双侧通透，形式有直廊、折廊、回廊、抄手廊等，廊两侧的主题可相应的不同，但必须有景可观，如北京颐和园内的长廊。

② 单面空廊。廊的一侧列柱砌有实墙或半实半虚墙，完全贴在建筑或墙边缘的廊子，多采用一面坡的形式，如苏州留园“古木交柯”“绿荫”一组建筑空间的处理。

③ 复廊。在双面空廊的中间夹一道墙，就成了复廊，又称“里外廊”。因为廊内分成两条走道，所以廊的跨度大些。中间墙上开有各种式样的漏窗，从廊的一边透过漏窗可以看到廊的另一边景色，一般设置两边景物各不相同的园林空间。如苏州沧浪亭东北面临水复廊。

④ 双层廊（楼廊、阁道）。可提供人们在上下两层不同高度的廊中观赏景物，有时也便于联系不同标高的建筑物或风景点以组织人流，如北海琼华岛北岸的“延楼”及上海黄浦公园江边的双层廊。

廊的设计要点从以下几个方面考虑。

我国园林中用廊来分割空间、或障或漏的手法很多，廊平面的曲直变化可以划分不同的空间层次。

① 出入口多在廊的两端或者是中间，将其空间适当放大加以强调，在立面和空间处理上也可做重点强调，以突出其美观效果。

② 内部空间的处理上，多曲廊在内部空间层次上可以产生平面上开合的各种变化，廊内空间做适当隔断，可以增加廊曲折空间的层次及深度，廊内设月洞门、花格、隔断及漏花窗均可达到如此效果，另外将植物引入廊内，廊内地面做升降，可以使竖向设计上产生高低等丰富的变化。

③ 立面造型上，亭廊组合，丰富立面造型扩大平面重点部位的使用面积，设计要注意建筑空间组合的完整性与主要观赏面的透视景观效果，使廊亭具有统一风格的整体性。

④ 廊的装饰方面，有挂落、坐凳栏杆、透窗花格、灯窗。其颜色方面，南方多深褐色，北方多红绿色。

⑤ 材料及造型方面，新材料的应用，平面可任意曲线，立面可做薄壳、折板、悬索、钢网架等多种形式。

3）榭设计　“榭者籍也，籍景而成者也，或水边，或花边，制亦随态”，是一种临水的园林建筑。以在水边见长，着重于借取水边的景色，具有观景和点景的作用，其台基临水的形式一般有以下几种：实心土台；台下部以石梁柱进行支撑；完全挑在水上形成凌驾碧波之上的效果。

榭的设计要点如下。

① 位置宜选择水面有景可借之处，并在湖岸线突出于水面的位置较佳，造成三面或四面临水的形势，如果建筑物不宜突出于池岸，也应以深入水中的平台为建筑和水的过渡，以便为游人提供身临水面之上的宽广视野。

② 建筑朝向切忌朝西，避免西晒。

③ 建筑地平以尽量低临水面为佳，水榭底平和水面距离宜低不宜高，避免采用整齐划一的石砌驳岸，当建筑地面离水面较高时可将地面或平台做上下层处理，以取得低临水面的效果。

④ 榭的建筑性格开朗、明快，要求视线开阔。

⑤ 在造型上，榭与水面、池岸的结合，以强调水平线条为宜。

4）舫设计　舫指在水边建造起来的一种形似船形的建筑物，又名“不系舟”。其基础一般用石垒成，古代舫上部船舱多用木构建筑，现代舫一般多用钢筋混凝土结构。如颐和园的清晏舫（见图 2-13）。

图 2-13　颐和园清晏舫

舫的设计要点如下。

① 两面、三面临水，最好成四面临水，用平桥与湖岸相连，有仿跳板之意。舫一般由三部分组成：船头有跳台，似甲板，常做敞篷，用来观景，古建一般歇山式；中舱是主要休息宴客的场所，其地面比一般地面低 1～2 步，两侧面常做敞窗，其屋顶古建一般做成船篷和卷棚顶式样；船尾一般两层建筑，下层设楼梯，上层做休息和眺望空间，尾舱立面一般做上虚下实形成对比，其屋顶古建一般做成歇山式屋顶，轻盈舒展。现代建筑一般形式比较灵活，依据建筑和环境的要求灵活酌定。

② 选址应选择开阔的水面，可得良好的视野，获得通透的视景线，同时应注意水面的清洁。

5）园林景观小品设计　园林小品是园林中的精美艺术品，是体现园林的装饰性和生动性的重要构成要素。它不仅具有一定的功能作用（如园灯、园椅、牌匾），更重要的是它的组景、观赏作用，如景墙、门洞等的运用，可以创造空间的层次感和富于变幻的效果。如一盏供照明用的壁灯，虽可采用成品但为了取得艺术趣味，不妨用最普通的枯木或竹节进行艺术加工，若处理得宜，绝不嫌简陋，相反倒使人感到别具自然风趣。园林小品的设计倘能匠心独运，则有点睛之妙。下面介绍几种常见的小品建筑和雕塑。

① 园桌、园椅、园凳。它的作用是供人休息、赏景。一般布置在人流较多，景色优美的地方，如树荫下、水池、路旁、广场、花坛等游人需停留休息的地方。设计时应尽量做到构造简单，坚固舒适，造型美观。也可与花台、园灯、假山等结合布置。

② 花架。花架是攀缘植物的棚架，又是人们消夏，庇荫之所。花架在造园设计中往往具有亭、廊的作用，作线状布置时，就像游廊一样能发挥建筑空间的脉络作用，形成导游路

线；也可以用来划分空间，增加风景的深度。作点状布置时，就像亭子一样，形成观赏点，并可以在此组织对环境景色的观赏。在花架设计的过程中，应注意环境与土壤条件，使其适应植物的生长要求。要考虑到没有植物的情况下花架也具有良好的景观效果。

③ 园门、园窗、园墙。园门有指示导游和点缀装饰作用，一个好的园门往往给人以“引人入胜”、“别有洞天”的感觉。园门形态各易，有圆、六角、八角、横长、直长、桃、瓶等形状。如在分隔景区的院墙上，常用简洁而直径较大的圆洞门或八角形洞门，便于人流通行；在廊及小庭院等小空间处所设置的园门，多采用较小的秋叶瓶、直长等轻巧玲珑的形式，同时门后常置以峰石、芭蕉、翠竹等构成优美的园林框景。

园窗一般有空窗和漏窗两种形式。空窗是指不装窗扇的窗洞，它除能采光外，常作为框景，其后常设置石峰、竹丛、芭蕉之类，通过空窗，形成一幅幅绝妙的图画，使游人在游赏中不断获得新的画面感受。空窗还有使空间相互渗透，增加景深的作用，它的形式有很多，如长方形、六角形、瓶形、圆形、扇等。漏窗可用以分隔景区空间，使空间似隔非隔，景物若隐若现，起到虚中有实，实中有虚，隔而不断的艺术效果，而漏窗自身有景，惹人喜爱。漏窗窗框形式繁多，有长方形、圆形、六角形、八角形、扇形等。窗框内花式繁简不同，灵活多样，各有妙趣。

园墙在园林建筑中一般系指围墙和屏壁（照壁）而言。它们主要用于分隔空间、丰富景致层次及控制、引导游览路线等，是空间构图的一项重要手段。园墙的形式很多，如云墙、梯形墙、白粉墙、水花墙、漏明墙、虎皮石墙等。

④ 雕塑。这里指的雕塑主要是指具观赏性的小品雕塑。雕塑是具有强烈感染力的一种造型艺术。园林小品雕塑题材大多是人物和动物的形象，也有植物或山石以及抽象的几何体的形象，它们来源于生活，往往却予人以比生活本身更完美的欣赏和玩味，它美化人们的心灵，陶冶人们的情操，有助于表现园林主题。

园林雕塑的取材应与园林建筑环境相协调，要有统一的构思，使雕塑成为园林环境中一个有机的组成部分。雕塑的平面位置、体量大小、色彩、质感等方面都要置于园林环境中进行全面的考虑，为了使雕塑本身不至于成为一个孤立的建筑要素，还要设计前景的铺垫和背景的衬托。同雕塑直接结合在一起的建筑要素如基座，它的处理也应根据雕塑的题材和它们所存在的环境，可高可低，可有可无，甚至可以直接放在草丛和水中。雕塑小品还可与水池、喷泉、植物、山石等组合成景。

2.3.4 园路和广场设计

园林中，广义的园路包括园路和广场两部分。它是园林不可缺少的构成要素，是园林的骨架、网络。园路的规划布置，往往反映不同的园林面貌和风格。例如，我国苏州古典园林，讲究峰回路转，曲折迂回；而西欧古典园林凡尔赛宫，讲究平面几何形状。

(1) 园路的功能

园路和多数城市道路不同之处，除了在于组织交通、运输，还有其景观上要求：组织游览线路；提供休憩地面，园路、广场的铺装、线型、色彩等本身也是园林景观一部分。总之，园路引导游人到景区，沿路组织游人休憩观景，园路本身也成为观赏对象。

(2) 园路的类型和尺度

在园林绿地规划中，按其性质功能将园路分为以下几种。

1) 主要园路　主要园路是指从园林入口通向全园各景区中心、各主要建筑、主要广场的道路，必要时可考虑少量管理用车的通行，道路宽度一般在 3.5～6.0m。

2）次要园路　次要园路分散在各景区，主要起到沟通各景点、建筑的作用，是主要园路的辅助道路，宽度一般为 2.0～3.5m。

3）游戏小路　游戏小路又叫游步道，供散步休息，引导游人进一步的深入到园林的各个角落，如山上、水边、树林，多曲折自由布置的小路。一般而言单人行的园路宽度为 0.8～1.0m，双人行的路宽为 1.2～2.0m。应尽量满足二人并行的需求。

4）园务路　园务路是为便于园务运输、养护管理等的需要而建造的路。这种路往往有专门的入口，直通公园的仓库、餐馆、管理处、杂物院等处，并与主环路相通，以便把物资直接运往各景点。在有古建筑、风景名胜区，园路的规划布置还应考虑消防的要求。

(3) 园路的设计要点

1）系统性　园路的设计要从全园的总体着眼，确定主路循环系统。分叉路的设计，主要起到“循游”和“回流”的作用。路的转折、衔接通顺。园路忌断头路、回头路，除非有一个明显的终点景观和建筑。

2）适用性　园路的疏密程度和景区的性质、地形、游人量有关，应在整体上合理分配。主路不宜设梯道，次路、小路宜顺地势而盘旋，水面“汀步”路一般在 50～60cm 的浅水区部分，水面“汀步”和草坪“汀步”宜在较小的园林空间应用。

3）道路的基本平面造型　有直线、曲线、折线等几种类型，具体形式的应用，因园而异，因景而别。当然，采用一种方式为主时也可以用另一种方式补充。另外，园路不一定是对着中轴，两边平行一成不变的，园路可以是不对称的。

4）道路交叉口的处理　园路要避免多路交叉，导向不明。交叉口尽量正交，锐角过小，车辆不易转弯，人行要穿绿地；可通过小广场解决。交叉口要有景色和特点，可形成对景。

5）园路与建筑的关系　道路一般不许穿越建筑。通常可穿越的建筑只限于洞门、花架门、过街楼和有支柱层的建筑。

建筑和园林之间一般应有过渡空间。靠近园林道路的建筑一般面向道路，并应有不同程度的后退，或形成建筑前广场，或另有道路与建筑相联系，也可将靠建筑的一段道路加宽。

(4) 广场的类型和景观设计

广场是园林道路系统的组成部分，也是道路系统的节点和休止符。在园林的景观序列节奏变化中，往往因广场的出现而具有阶段性。园林中广场的景观设计是以地形地貌、功能要求与艺术构图的要求而安排的，其重点景观设计包括公园主要出入口广场处的大门设计；游憩广场的水池、花坛、雕塑、廊架。在空间构图手法上既有“开门见山”的开朗景观，也有相对闭锁的障景式安排和“内院”式安排。

广场按其性质和功能分为以下 3 种。

① 交流集散场地。主要起组织人流、分散人流的作用，不希望游人长久停留休息。如园林的出入口广场，有大量人流集散的建筑前广场（体育场、露天剧场、博物馆等）。

② 游憩活动场地。主要供游人休息、散步、游戏等用。可以是草坪、稀树草地，也可用各种硬质材料铺装地面。这些场地四周常配合花池、水池、亭廊、花架、雕塑等园林小品。

③ 生产管理场地。供园务管理、生产之用，如晒场、停车场、材料场等。

3 实用园林规划设计程序

园林规划设计的工作范围可包括庭园、宅园、小游园、花园、公园以及城市街区、机关、厂矿、校园、宾馆饭店等。园林规划设计程序因园林类型的不同而繁简不一，但一般都包括调查研究、总体规划、技术（局部详细）设计和施工 4 个阶段。

3.1 调查研究阶段

园林规划设计是一种以人为的方式来改造客观环境的创造性工作，兼有艺术性和科学性。

在园林规划设计初期，开展全面深入的基地现状调查与分析是首要任务，同时也是进行设计创意与构思的必要前提。只有通过景观现场调查与分析，熟悉委托方的建设意图和基地的物质环境、社会文化环境、视觉环境等，才能在设计过程中获取真实的信息和资料，得到准确的分析结论，最后才能拿出合理的设计方案。因此，园林规划设计必须首先从调查研究阶段开始。

3.1.1 承担任务，明确目标

作为一个建设项目的业主（俗称“甲方”）会邀请一家或几家设计单位进行方案设计，作为设计方（俗称“乙方”）在与业主初步接触时要了解整个项目的概况，包括建设规模、投资规模、可持续发展等方面，特别要了解业主对这个项目的总体框架方向和基本实施内容；明确业主需要做什么、设计方何时该做什么以及造价问题等。与业主进行讨论后，从总体确定这个项目是一个什么性质的绿地，然后根据业主的意图，起草一份详细的协议书，如果业主无意见，双方便在协议书上签字，以免以后产生误解，甚至法律诉讼等问题。

3.1.2 收集资料，基地踏勘

一旦设计方便需要取得基地的相关资料，对基地进行实地勘查。这一阶段就像写作一样，要在深入了解其背景后才能更好地进行创作。

（1）自然条件、环境状况及历史沿革资料

签订合同后，设计方要取得基地的相关资料，对建设单位、社会环境进行调查，掌握当地社会历史人文资料、用地现状、自然条件和规划作业调查。

1）建设单位的调查　了解建设单位（甲方）的性质和历史情况，要求的园林规划设计标准及投资额度。

2）社会环境的调查　包括城市规划中的土地利用、使用效率的调查、交通（铁路、公路、水路、桥梁、码头、停车场、航空等条件）；电讯情况、周围环境的关系、环境质量（水、气、噪声、垃圾）、设施情况（给排水的地下系统、能源、文化娱乐体育活动设施、景观设施、原来用房的面积风格、结构材料、耗损情况）、社会管理法令、社会限制等。

3）历史人文资料调查　包括地区性质、历史文物（文化古迹种类、历史文献遗迹）、居民（传统纪念活动、民间特产、历史传统、生活习惯等）。

4）用地现状调查　包括核对、补充所收集到的图纸资料，掌握土地所有权、边界线、四邻情况；方位、地形、坡度；建筑物的位置、高度、形式；植物（特别是应保留的古树）；土壤、地下水位、遮敞物、恶臭、噪声、道路、煤气、电力、上水道、排水、地下埋设物、交通量、景观特点、障碍物、第一印象（直感）。

5）自然环境的调查　包括规划用地的水文、地质、地形、气象等方面的资料。了解地下水位、年与月降水量，年最高最低气温的分布时间，年最高最低湿度及其分布时间，季风风向、最大风力、风速以及冰冻线深度等，植物和野生动物数量、生态、群落，古老树生长情况、年龄、特点、分布、健康状况，景观种类、方位、价值、航空照片及景观照片等。

6）规划作业调查　包括定性调查和定量调查。定性调查指与规划场地有关的统计材料，如动物园需要动物分布与利用统计；运动公园需要运动人数、设施的统计等；定量调查是指与规划量有关的内容，如空间的最大、最适合、最小和使用单位、利用面积。

（2）图纸资料（由甲方提供）

图纸部分应包括以下内容。

1）地形图　根据面积大小提供1∶2000、1∶1000、1∶500园址范围内总平面地形图。图纸应明确以下内容：设计范围（红线范围、坐标数字）；园址范围内的地形、标高及现状物（现有建筑物、构筑物、山体、水溪、植物、道路、水井等），还有水系的进出口位置、电源等的位置。现状物要求保留利用、改造和拆迁等情况要分别说明。道路、排水方向；周围机关、单位、居住区的名称、范围以及今后发展状况。

2）局部放大图　1∶200图纸主要为提供局部详细设计用。该图纸要满足建筑单位设计，及其周围山体、水溪、植被、园林小品及园路的详细布局。

3）要保留使用的主要建筑的平、立面图　平面图位置注明室内、外标高；立面图要标明建筑物的尺寸、颜色等内容。

4）现状树木分布位置图（1∶200、1∶500）　主要标明要保留树木的位置，并注明品种、胸径、生长状况和观赏价值等。

5）地下管线图（1∶500、1∶200），一般要求与施工图比例相同　图内应标明要表明的上水、下水、污水、化粪池、电信、电力、暖气沟、煤气、热力等管线的位置及井位等。除了平面图外还要有剖面图，并需要注明管径的大小、管底或管顶标高、压力、坡度等。

（3）基地踏查

无论面积大小，设计项目难易，设计者都必须认真到现场进行踏查。一方面，核对、补充所收集的图纸资料，如现状的建筑、树木等情况，水文、地质、地形等自然条件；另一方面，设计者到现场，可以根据周围环境条件，进入艺术构思阶段。“佳者收之，俗者屏之”，发现可利用、可借景的景物和不利或影响景观的物体，在规划过程中分别加以适当处理。根据情况，如面积较大，情况较复杂，有必要的时候踏查工作要进行多次。

3.1.3 研究分析，准备设计

资料的选择、分析判断是规划的基础。把收集到的上述资料做成图表，从而在一定方针指导下进行分析、判断，选择有价值的内容。随地形、环境的变化，勾画出大体的骨架，进行造型比较，决定大体形式，作为规划设计参考。对规划本身来说，不一定把全部调查资料都用上，但要把最突出、著名、效果好的整理出来，以便利用。在分析资料时要着重考虑采用性质差异大的资料。

在基地的研究和分析中，必须记载和评估下列内容：a. 分类、定义和现状记录例如资料的收集分类，记录它们是什么，在什么地方；b. 对重要的情况作评估分析，得出判断，它是好还是坏、会如何影响设计、是否被代替、是否会限制基地某些特点的发挥等。

3.1.4 编制设计任务书

计划任务书是进行某项园林绿地规划设计的指示性文件。主要包括以下内容：a. 要明确规划设计的原则；b. 弄清该项规划在全市园林绿地系统中的地位和作用，以及地段特征、四周环境、面积大小和游人容纳量；c. 设计功能分区和活动项目；d. 确定建筑物的项目、容人量、面积、高度建筑结构和材料的要求；e. 拟定规划布置在艺术、风格上的要求，园内公用设备和卫生要求；f. 做出近期、远期的投资以及单位面积造价的定额；g. 制定地形、地貌的图表，水系处理的工程；h. 拟出该园分期实施的程序。

3.2 总体规划阶段

任务书经上级同意后，根据规划设计任务书的要求进行总体规划。总体规划设计阶段的工作内容主要包括以下组成部分。

3.2.1 图纸部分

（1）主要设计图纸内容

1）位置图　属于示意性图纸，表示该园林绿地在城市区域内的位置，要求简洁明了。

2）现状图　根据已经掌握的全部资料，经分析、整理、归纳后分成若干空间，对现状做综合评述。可以用圆形圈或抽象图形将其概括地表示出来。例如：经过对四周道路的分析，根据主次城市道路的情况，确定出入口的大体位置和范围。同时，在现状图上，可分析基地设计中有利和不利因素，以便为功能分区提供参考依据。

3）分区图　根据总体设计的原则、现状图分析，根据不同年龄阶段游人活动规划、不同兴趣爱好游人的需要确定不同的分区，划出不同的空间，使不同空间和区域满足不同的功能要求，并使功能与形式尽可能统一。另外，分区图可以反映不同空间、分区之间的关系。

4）总体设计方案图　根据总体设计原则、目标，总体设计方案图应包括以下诸方面内容。第一，与周围环境的关系：主要、次要、专用出口与市政关系，即面临街道的名称、宽度；周围主要单位名称，或居民区等。第二，主要、次要、专用出入口的位置、面积，规划形式，主要出入口的内、外广场，停车场、大门等布局。第三，地形总体规划，道路系统规划。第四，全园建筑物、构筑物等布局情况，建筑物平面要反映总体设计意图。第五，全园植物设计图，图上反映疏林、树丛、草坪、花坛、专类花园等植物景观。此外，总体设计应准确标明指北针、比例尺、图例等内容。

总体设计图，面积 $100hm^2$ 以上，比例尺多采用（1∶2000）～（1∶5000）；面积在10～$50hm^2$ 之间，比例尺用1∶1000；面积 $8hm^2$ 以下，比例尺可用1∶500。

5）地形设计图　地形是全园的骨架，要求能反映出设计基地的地形结构。

以自然山水园而论，要求表达山体、水系的内在有机联系。根据分区需要进行空间组织；根据造景需要，确定山体、水系的形体造型。

6）道路总体设计图　首先，在图上确定园林绿地的主要出入口，次要出入口与专用出入口。还有主要广场的位置及主要环路的位置，以及作为消防的通道。同时确定主干道、次干道等的位置以及各种路面的宽度、排水纵坡。并初步确定主要道路的路面材料，铺装形式等。

7）种植设计图　根据总体设计图的布局，设计的原则，以及苗木的情况，确定全园的总构思。种植总体设计内容主要包括不同种植类型的安排，如密林、草坪、树丛、花坛等内容。确定全园的基调树种、骨干造景树种等。种植设计图上，乔木树冠以中、壮年树冠的冠幅，一般以5～6m树冠为制图标准。

8）管线总体设计图　根据总体规划要求，解决全园水、暖管网的大致分布、管径大小等，以及雨水、污水的水量、排放方式。

9）电气规划图　为解决总用电量、用电利用系数、分区供电设施、配电方式、电缆的敷设以及各区各点的照明方式及广播、通信等的位置。

10）园林建筑布局图　要求在平面上反映基地总体设计中建筑在全园的布局。

（2）表现图

表现图有全园或局部中心主要地段的断面图或主要景点鸟瞰图，以表现构图中心、景点、风景视线、竖向规划、土方平衡和全园的鸟瞰景观，以便检验或修改竖向规划、道路规划、功能分区图中各因素间是否矛盾，与景点有无重复等。

3.2.2　方案的文字内容

（1）总体设计说明书

总体设计说明书用来全面地介绍设计者的构思、设计要点等内容，具体包括以下几个方面。

① 位置、现状、范围、面积、游人量。

② 工程性质、设计原则。

③ 功能分区（各区内容）。

④ 设计主要内容，包括山体地形、空间围合，湖池、堤岛、水系网络，出入口、道路系统、建筑布局、种植规划、园林小品等。

⑤ 管线、电讯规划说明。

⑥ 管理机构。

（2）工程总匡算

在规划方案阶段，可按面积（hm^2、m^2），根据设计内容，工程复杂程度，结合常规经验匡算；或按工程项目、工程量分项估算再汇总。

3.2.3 总体规划方案的编排格式

总体规划方案的编排格式包括总体规划方案的封面、总体规划方案的目录、说明书、总图与分图、概算。

3.2.4 总体规划的步骤

（1）初步的总体构思

在着手进行总体规划构思之前，必须认真阅读业主提供的“设计任务书”（或“设计招标书”）。在设计任务书中详细列出了业主对建设项目的各方面要求：总体定位性质、内容、投资规模，技术经济相符控制及设计周期等。要特别重视对设计任务书的阅读和理解，“吃透”设计任务书最基本的“精髓”。

在进行总体规划构思时，要将业主提出的项目总体定位做一个构想，并与抽象的文化内涵以及深层的警世寓意相结合，同时必须考虑将设计任务书中的规划内容融合到有形的规划构图中去。

构思草图只是一个初步的规划轮廓，接下去要将草图结合收集到的原始资料进行补充，修改。经过修改，会使整个规划在功能上趋于合理，在构图形式上符合园林景观设计的基本原则：美观、舒适。

（2）方案的第二次修改

经过了初次修改后的规划构思还不是一个完全成熟的方案。设计人员此时应该虚心好学、集思广益，多渠道、多层次、多次听取各方面的建议，并与之交流、沟通，更能提高整个方案的新意与活力。

（3）文本的制作包装

整个方案全都定下来后，图文的包装必不可少。现在，它正越来越受到业主与设计单位的重视。

最后，将规划方案的说明、投资匡（估）算、水电设计的一些主要节点，汇编成文字部分；将规划平面图、功能分区图、绿化种植图、小品设计图，全景透视图、局部景点透视图，汇编成图纸部分。文字部分与图纸部分的结合，就形成一套完整的规划方案文本。

（4）业主的信息反馈

业主拿到方案文本后，一般会在较短时间内给予答复。答复中会提出一些调整意见：包括修改、添删项目内容，投资规模的增减，用地范围的变动等。针对这些反馈信息，设计人员要在短时间内对方案进行调整、修改和补充。

（5）方案设计评审会

由有关部门组织的专家评审组会集中一天或几天时间进行一个专家评审（论证）会。出席会议的人员，除了各方面专家外，还有建设方领导，市、区有关部门的领导，以及项目设计负责人和主要设计人员。

作为设计方，项目负责人一定要结合项目的总体设计情况，在有限的一段时间内，将项目概况、总体设计定位、设计原则、设计内容、技术经济指标、总投资估算等诸多方面内容向领导和专家们做一个全方位汇报。汇报人必须清楚了解的项目情况，专家们不一定都了解，因而在某些环节上要尽量介绍得透彻一点、直观化一点，并且一定要具有针对性。在方案评审会上，宜先将设计指导思想和设计原则阐述清楚，然后再介绍设计布局和内容。设计内容的介绍，必须紧密结合先前阐述的设计原则，将设计指导思想及原则作为设计布局和内容的理论基础，而后者又是前者的具体化体现。两者应相辅相成，缺一不可，切不可造成设计原则和设计内容南辕北辙。

方案评审会结束后几天，设计方会收到打印成文的专家组评审意见。设计负责人必须认真阅读，对每条意见都应该有一个明确答复，对于特别有意义的专家意见要积极听取，立即落实到方案修改稿中。

(6) 扩初设计评审会

设计者结合专家组方案评审意见，进行深入一步的扩大初步设计（简称“扩初设计”）。在扩初文本中，应该有更详细、更深入的总体规划平面、总体竖向设计平面、总体绿化设计平面、建筑小品的平、立、剖面（标注主要尺寸）。在地形特别复杂的地段，应该绘制详细的剖面图。在剖面图中，必须标明几个主要空间地面的标高（路面标高、地坪标高、室内地坪标高）、湖面标高（水面标高、池底标高）。

在扩初文本中，还应该有详细的水、电气设计说明，如有较大用电、用水设施，要绘制给排水、电气设计平面图。

扩初设计评审会上，专家们的意见不会像方案评审会那样分散，而是比较集中，也更有针对性。设计负责人的发言要言简意赅，对症下药。根据方案评审会上专家们的意见，介绍扩初文本中修改过的内容和措施。未能修改的意见，要充分说明理由，争取能得到专家评委们的理解。

一般情况下，经过方案设计评审会和扩初设计评审会后，总体规划平面和具体设计内容都能顺利通过评审，这就为施工图设计打下了良好的基础。总的来说，扩初设计越详细施工图设计越省力。

3.3 局部详细设计阶段

局部详细设计阶段需要根据已批准的规划设计文件以及技术设计资料和要求进行设计。本阶段主要工作内容包括施工设计图、编制预算、施工设计说明书。

3.3.1 施工设计图

在施工设计阶段要做出施工总平面图、竖向设计图、园林建筑设计图、道路广场设计图、种植设计图、水系设计图、各种管线设计图，以及假山、雕塑、栏杆、标牌等小品设计详图。另外，做出苗木统计表、工程量统计表、工程预算等。

(1) 施工总平面图（放线图）

表明各种设计因素的平面关系和它们的准确位置；放线坐标网、基点、基线的位置。其作用之一是作为施工的依据，其二是绘制平面施工图的依据。

施工总平面图图纸内容包括如下：保留的现有地下管线（红色线表示）、建筑物、构筑物、主要现场树木等（用细线表示）。设计的地形等高线（细墨虚线表示）、高程数字、山石和水体（用粗墨线外加细线表示）、园林建筑和构筑物的位置（用黑线表示）、道路广场、园椅等（中粗黑线表示）放线坐标网。

（2）竖向设计图（高程图）

用以表明各设计因素间的高差关系。

1）平面图　根据初步设计的竖向设计，在施工总平面图的基础上标示出现状等高线，坡坎（用细红实线表示）；设计等高线、坡坎（用黑实线表示）、高程（用黑色数字表示），通过红、黑线区分现状的还是设计的。

2）剖面图　主要部位山形，丘陵、谷地的坡势轮廓线（用黑粗实线表示）及高度、平面距（用黑细实线表示）等。剖面地起讫点、剖切位置编号必须与竖向设计平面图上地符号一致。

（3）道路广场设计图

道路广场设计图主要标明园内各种道路、广场的具体位置、宽度、高程、纵横坡度、排水方向，及道路平曲线、纵曲线设计要素，以及路面结构、做法、路牙的安排，以及道路广场的交接、交叉口组织、不同等级道路连接、铺装大样、回车道、停车场等。图纸内容包括如下几点。

1）平面图　根据道路系统图，在施工总平面的基础上，用粗细不同的线条画出各种道路广场、台阶山路的位置，在转弯处主要道路注明平曲线半径，每段的高程、纵坡坡向（用黑细箭头表示）等。

2）剖面图　剖面图比例一般为 1∶20。在画剖面图之前，先绘出一段路面（或广场）的平面大样图，表示路面的尺寸和材料铺设法。在其下面作剖面图，表示路面的宽度及具体材料的构造（面层、垫层、基层等厚度、做法）。

另外，还应该作路口交接示意图，用细黑实线画出坐标网，用粗黑实线画路边线，用中粗实线画出路面铺装材料及构造图案。

（4）种植设计图（植物配置图）

种植设计图主要表现树木花草的种植位置、种类、种植方式、种植距离等。图纸内容如下。

1）种植设计平面图　根据树木种植设计，在施工总平面图基础上用设计图例绘出常绿阔叶乔木、落叶阔叶乔木、落叶针叶乔木、常绿针叶乔木、落叶灌木、常绿灌木、整形绿篱、自然形绿篱、花卉、草地等。具体位置和种类、数量、种植方式，株行距等如何搭配，如图 3-1 所示。

2）大样图　对于重点树群、树丛、林缘、绿立、花坛、花卉及专类园等，可附种植大样图（1∶100 的比例）。要将群植和丛植的各种树木位置画准，注明种类数量，用细实线画出坐标网，注明树木间距。并作出立面图，以便施工参考。

（5）水景设计图

水景设计图标明水体的平面位置、水体形状、深浅及工程做法。它包括如下内容。

1）平面位置图　依据竖向设计和施工总平面图，画出河、湖、溪、泉等水体及其附属物的平面位置。用细线画出坐标网，按水体形状画出各种水景的驳岸线、水地、山石、汀

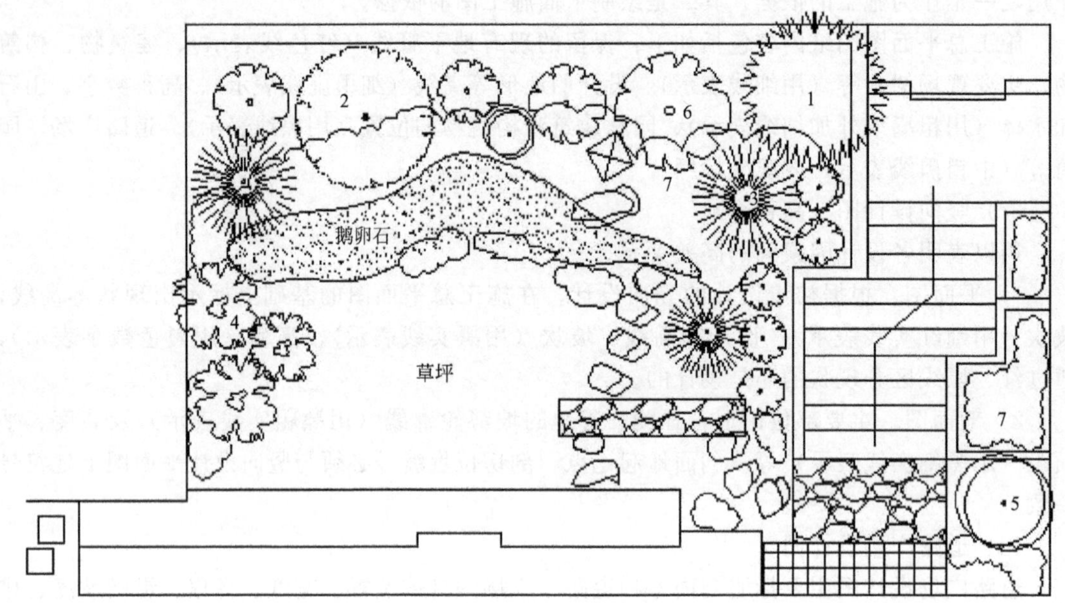

图 3-1　某庭院植物种植设计平面图

1—黑松；2—岁汉松；3—青枫；4—印度紫檀；5—层榕；6—山茶；7—花灌木

步、小桥等位置，并分段注明岸边及池底的设计标高。最后用粗线将岸边曲线花成近似折线，作为湖岸的施工线，用粗实线加深山石等。

2）纵横剖面图　水体平面及高程有变化的地方要画出剖面图。通过这些图表示出水体的驳岸、池底、山石、汀步及岸边的处理关系。

（6）园林建筑设计图

园林建筑设计图表现各景区园林建筑的位置及建筑本身的组合、选用的建材、尺寸、造型、高低、色彩、做法等。如一个单体建筑，必须画出建筑施工图（建筑平面位置图、建筑各层平面图、屋顶平面图、各个方向立面图、剖面图、建筑节点详图、建筑说明等）、建筑结构施工图（基础平面图、楼层结构平面图、基础详图、构件线图等）、设备施工图，以及庭院的活动设施工程、装饰设计。

（7）管线设计图

在管线设计的基础上，表现出上水（生活、消防、绿化、市政用水）、下水（雨水、污水）、暖气、煤气、电力、电信等各种管网的位置、规格、埋深等。

（8）假山、雕塑等小品设计图

小品设计图必须先做出山、石等施工模型，以便施工是掌握设计意图。参照施工总平面图及竖向设计画出山石平面图、立面图、剖面图，注明高度及要求。

（9）电气设计图

在电气初步设计的基础上标明园林用电设备、灯具等的位置及电缆走向等。

（10）苗木表及工程量统计表

苗木表包括序号名称、数量、规格、图例、备注等，工程量包括分部分项工程、工程量、单位、单价等。如表 3-1、表 3-2 所列。

表 3-1 苗木表

序号	图例	名称	规格	数量	备　注
1		花石榴	H0.6m,50cm×50cm		意寓旺家春秋开花观果
2		蜡梅	H0.4～0.6m		冬天开花
3		红枫	H1.2～1.8m		叶色火红,观叶树种
4		罗汉松	H0.5～0.6m		观姿树种
5		龙爪槐	H1.6m,90cm×90cm		观姿树种,枝条婀娜
6		茶花	H0.3～0.45m		春天开花
7		紫薇	H0.5m,35cm×35cm		夏秋开花,秋冬枝干秀美
8		桂花	H0.6～0.8m		秋天开花,花香
9		牡丹	H0.3m		冬春开花
10		南天竹	H0.4～0.5m		观姿,叶色丰富

表 3-2 工程量统计表

分部分项工程		工程量	单位	单价/元	金额/元	品牌（不超过 2 种）
一、桩基工程	混凝土灌注桩		m^3			
	挖土方		m^3			
	钢筋笼		m^3			
	破桩头		根			
	小计		m^3			
二、道路工程	土方回填(场地土方)		m^3			
	水泥混凝土		m^3			
	路牙		m			
	小计		m^2			

续表

分部分项工程		工程量	单位	单价/元	金额/元	品牌（不超过2种）
三、围墙工程	土(石)方回填		m^3			
	砖基础		m^3			
	垫层		m^3			
	其他构件		m^3			
	块料墙面		m^3			
	现浇混凝土钢筋		m^3			
	预埋铁件		t			
	小计		m			
合计						

3.3.2 编制预算

园林工程预算是园林工程招标和工程管理的需求。编制预算的作用在于对任何一项园林工程，都可以根据设计图纸在施工前确定工程所需要的人工、机械和材料的数量、规格和费用，预先计算出该项工程的全部造价的系统性的理论，又兼顾了实用性的要求。

园林建设工程概、预算按不同的设计阶段和所起的作用不同及不同的编制依据可分为设计概算、施工图预算和施工预算3种。

（1）设计概算

设计概算是由设计单位在初步设计或扩大初步设计阶段时，根据图纸，按照各类工程概算定额和有关的费用定额等资料进行编制的。设计概算有项目总概算、单项工程概算和单位工程概算之分。

① 项目总概算包括工程建设费用和工程建设其他费用，如土地补偿费、单位管理费、勘察设计费等。

② 单项工程概算包括园林建筑概算（万元/m^2）；园林绿化概算（元/m^2）；园林工程概算，如水体、道路、假山等（万元/m^2 或万元/m^3）等。

③ 单位工程概算包括工程直接费、间接费、计划利润、税金等。

（2）施工图预算

施工图预算是指在施工图设计阶段，当工程设计完成后，在工程开工之前，由施工单位根据施工图纸计算的工程量、施工组织设计、现行预算定额（单位估价表)、各项费用定额（或取费标准）等有关资料，预先计算确定工程造价的文件。

（3）施工预算

施工预算是施工单位内部编制的一种预算。在施工图预算的控制下，结合施工组织设计中的平面布置、施工方法、技术组织措施以及现场施工条件等因素编制而成的。施工预算用来计算各个分部工程项目的用工数和各种材料的用量，以此来确定工料计划，下达生产任务书。

预算包括直接费用和间接费用：直接费用包括人工、材料、机械、运输等费用，计算方法与概算相同；间接费用按直接费用的百分比计算，其中包括设计费用和管理费。

3.3.3 施工设计说明书

说明书的内容是初步设计说明书的进一步深化。说明书应写明设计的依据、设计对象的地理位置及自然条件，园林绿地设计的基本情况，各种园林工程的论证叙述，园林绿地建成后的效果分析等。

以某绿化施工设计说明为例。

（1）工程概况

本绿化工程位于××市站前西路（人民西路至解放路），内容包括人行道行道树及机动车道与非机动车道隔离带绿化的设计。树种均采用本土植物，乔木采用樟树、凤凰木、大叶紫薇、大花紫荆、广玉兰、细叶榄仁、高山榕、木棉、鸡蛋花；灌木采用红绒球、四季桂、海桐球；地被采用龙船花、海棠花、台湾草等。运用乔木、灌木的层次及颜色上的搭配，营造出一条高低错落、简洁、优美的道路景观带。绿化总面积 7200m^2。

（2）设计依据

① 中华人民共和国道路《城市道路绿化条例》。

②《公园设计规范（GB 51192—2016）》。

③ 交通部公路发包（1995）1036 号文《公路工程基本建设项目设计文件编制办法》。

④ 交通部发《公路环境保护设计规范》（JTG B04—2010）。

⑤《交通建设项目环境保护管理办法》。

⑥ 海南省园林绿化有关规定。

⑦ 现场勘察测绘资料。

（3）设计原则

1）协调性原则　协调生态效益、社会效益、经济效益的关系，保证生态效益的充分发挥。协调保护与开发、景观与生态、投入和产出、建设与养护的多重关系，保证道路绿化体系的可持续发展。协调道路沿线功能地块的总体景观建设，保证开发区绿化体系结构得以良性的整体发展。

2）服务性原则　服务对象主要为区域居民，应体现以人为本的设计原则，使道路绿化体系更好地服务于开发区社会、文化、经济的发展。

（4）种植要求

1）绿化灌溉采用机动车浇灌。绿化养护期为 1 年。

2）行道树株距 5m，行到树下设树穴 1.0m×1.0m，树穴覆盖树穴砖。

3）植物选型同一种类树种高度、大小要相同，误差不应大于 5%。

4）植株质量要求

① 乔木：无病虫害；土球完整，无破裂或松散；最低分枝点至地面的树干通直，树干垂直偏差度不能超过 10°。定干高度（主干与枝的分界点）为 2.5m。

② 灌木：无病虫害；土球完整，无破裂或松散；树冠要完整和均匀、有脚叶。

5）种植要求

① 所有成片种植的植物，要树形丰满，花叶茂盛；总的原则是种植要紧凑，表面要平坦，在正常视距内俯视不应看见地表土。

② 除非另有规定应依乔木、灌木、地被植物及草花之顺序栽植，最后铺植草皮。树穴按标准套扩大穴处理。栽植穴上的杂草，石块必须清除，保持干净。

③ 乔木种植须先平整挖坑，填腐殖土 30cm，经验收后方准植树。树苗必须带土球，稻绳绑扎运输。种植灌木必须先平整然后挖坑。验收合格后填 20cm 腐殖土。植株定位后，先在坑内用预填土填周边，踩紧后再用不带石块的土回填拍紧，周边围留 3～4cm 的土堰后，余料清理干净，不得污染四周路面。种植完后，自测高度，不达标的自行换植，种后即灌养根水。

④ 种植土要求 pH 值为 5.5～7.5 的土壤，疏松、不含建筑和生活垃圾。种植土深要求：草地大于 30cm；花灌木要求大于 50cm；乔木则要求在种植土球周围有大于 80cm 的合格土层。种植层需与地下土层连接，无水泥板、沥青、石层等隔断，以保持土壤毛细管、液体、气体的上下贯通。草地要求土深 15cm 内的土中含任何方向上大于 1cm 的杂物石块少于 3%，乔灌木要求土深 30cm 内的土中含任何方向上大于 3cm 的杂物石块少于 5%。在耕翻中，若发现土质不合要求，必须换合格土。换土后应压实，使密实度达 80%以上。

⑤ 针对土质的实际情况，要求施工时对各种花草树木均应施足基肥。

⑥ 所有苗木移植时对根部枝叶及树皮均应妥善保护避免遭受损害及阳光直接暴晒。

⑦ 苗木由苗圃掘起至种植完毕，不得超过 2 日。成列的乔木应成一条直线。种植时，种植土应击碎分层捣实使根系与土充分接触，最后用木棍插实，起土圈，淋定根水，扶固树木，并立支撑，胸径 12cm 以上的大乔木按四脚桩固定，胸径 12cm 以下的乔木按扁担桩固定。

⑧ 采用机动车浇水灌溉方式。植物需要早、晚或傍晚浇水，浇水量应控制在渗透到土层 80～100cm 深处。

⑨ 施工种植时应依设计认真配植；对自然丛植树，应高低搭配有致，反映树丛的自然生长景观；对密植花木应小心冠冠之间的连接、错落和裸土的覆盖，显示群落的最佳绿化效果。

⑩ 对于设计方，施工阶段的主要工作内容包括施工图的交底和施工配合。

3.4 施工阶段

3.4.1 施工图的交底

施工图交底也叫施工图技术交底，甲方、施工方和设计方三方人员就施工图中的相关情况进行解答与说明。

施工图技术交底一般包括设计依据、设计范围、设计所采用的新技术、新工法、设计原理及设计意图，执行的设计规范、施工应遵守的规范、与其他配合施工要注意的事项等。

在施工图设计技术交底的同时，监理部、设计单位、建设单位、施工单位及其他有关单位需对设计图纸在自审的基础上进行会审。

设计交底与图纸会审是保证工程质量的重要环节，是保证工程质量的前提，也是保证工程顺利施工的主要步骤。

3.4.2 设计方的施工配合

“三分设计，七分施工”，设计方和施工方加强交流沟通，将设计融入到施工过程中，才能高效完成项目。施工过程中，设计人员应经常踏勘工地，及时发现现场实际情况及现场实际与设计图纸不相符的地方，做好设计图纸的变更。由于某些绿化形式很难在图纸上进行表现，设计人员进入施工现场，感受实际施工空间，然后和施工方交流，能够更直接、快捷地提出建议。另外，设计人员参加部分关键工序的检查验收，有利于检查的全面性和工程的实施。

4　公园规划设计

公园是城市园林绿地系统的重要组成部分，它不仅要有大片的种植绿地，还要有游憩活动的设施，是群众性文化教育、娱乐、休息的场所，对城市面貌、环境保护、人民的文化生活都起着重要作用。在城市化程度日益提高、城市生活节奏日益加快的今天，城市公园作为城市生态基础设施的重要组成部分，扮演着越来越重要的角色。城市公园的数量与质量既可以体现国家或者地区的园林建设水平和艺术水平，同时也是反映当地社会物质生活水平的窗口。

4.1　公园规划设计概述

4.1.1　公园规划设计的依据

公园的规划设计以国家、省、市（区）有关城市园林绿化方针政策、国土规划、区域规划、相应的城市规划和绿地系统作为依据；其中由政府出台的一系列政策、规划统称为政策规划。政策规划是城市公园规划中最重要的一个层面，它是政府执行部门的战略管理工具，也是政府立法机构的具体指导原则。

通过政策规划，可以确立一个城市或一个社区内公园的各项标准，即公园体系的定量指标，如土地规模、大小、比率、服务半径、服务人口等，从而转化为对土地和水等风景资源的需求量。经由预算、市政法令以及各种公共机构与半公共机构的影响和共同作用，这些政策与标准转化成了一种对城市公园与游憩资源的土地征求、资金筹集、开发、运营及管理体系，进而指导城市公园的具体规划设计。

4.1.2　公园规划设计的原则

在进行公园的设计时，应依据下列几项原则。

① 积极贯彻执行园林绿化建设方面的方针政策。充分认识到环境建设的重要性，要认识到公园建设是面向群众、服务群众的。

② 继承和发扬我国造园艺术的传统，吸取国外先进经验，创造我国社会主义的新园林。我国的古典园林艺术博大精深，造园手法灵巧含蓄，深值我们继承和发扬。规划设计时，要

在公园中体现我国古典园林追求自然、讲究含蓄、蕴藏意境的特点，充分运用“小中见大”“园中有园”等造园手法，创造出独特的古典园林空间。同时，还要积极吸取国外园林建设中的一些先进经验，在设计进程中力求做到借古建今、中西结合。

③ 表现地方特点和风格。我国有名的公园很多，各有特色。在设计中，我们要有选择地吸取名园在设计上的经验，但不可全套照搬。在景点处理、树种选择等方面要根据当地实际情况进行，突出地方特点和风格。

④ 依据城市园林绿地系统规划的要求，尽可能满足游览活动的需要。公园，是城市绿地的组成部分，公园规划设计要依据城市园林绿地系统规划的要求进行。注意与周围环境配合，与邻近的建筑群、道路网、绿地等取得密切联系，使公园自然地融合在城市之中。在设景分区时要充分考虑公园的功能要求，设置人们喜爱的各种内容。一个完整的居住区公园，应全面设置下列内容：观赏游览、安静活动、儿童活动、文娱活动、体育活动、政治文化和科普教育、服务设施及园务管理等。

⑤ 充分利用现状及自然地形，有机地组织公园不同功能分区。在公园地形地貌的艺术处理中，要注意因地制宜，利用为主，改造为辅，就地挖池，因势掇山，力求达到园内填挖土方量平衡；地形设计要充分考虑园林使用功能、园林景观、园林工程、园林植物生长等诸方面的要求，合理开掘布局。在公园各景点的组织上，可采用以两三处主景为构园重心，利用园路、溪水、山丘等造园要素连接各景区，使其前呼后应，过渡自然，构成协调的园林空间序列。

⑥ 规划设计要切合实际，便于分期建设及经常的经营管理。设计要立足于本地区的经济社会发展现状，充分考虑人们的生活水平和接受能力，特别注意设计区域的地形、土壤等自然条件，设计出经济条件允许的、人们喜爱的、符合本地自然条件和地形特点的公园。设计中还要考虑各景区景点建设的先后次序及景点的日常管理，做到建设中不杂乱，建设后有管理。

4.1.3 公园规划设计的手法

公园的规划设计的手法多种多样主要是经典形式美与空间美法则的使用，在公园设计中除了有一个准确合理的定位，还应保持公共空间的私密性，尊重个人空间，在满足自我表现的同时注意对破坏性活动进行抑制和诱导，设置安全点等。

(1) 经典形式美与空间美法则的使用

经典形式美和空间美法则是指在园林诞生、形成、发展、成熟的过程中发现和积累起来的，其中经典的形式美法则主要包括主从与重点、均衡与稳定、对比与微差、节奏与韵律、比例与尺度5方面，而经典的空间美处理法则是指围合与渗透、序列等。

(2) 准确合理的定位

在立意与构思的过程中，一个不可避免的内容就是为设计项目恰当定位。

不同性质的园林必然有相对应的不同的园林形式；形式服从于园林的内容，体现园林的特性，表达园林的主题。在设计一个公园时，该公园在城市规划中已有基本定性，是属于纪念性公园、植物园、动物园、儿童公园，或是开敞性的市民公园等，由于各自的性质不同，决定了各自与其性质相对应的园林形式。例如纪念性公园，为了纪念著名人物或著名事件，布局形式多采用轴线对称、规整严谨、尺度雄伟，从而创造出雄伟崇高、庄严肃穆的气氛，如南京的中山陵。

(3) 公共空间中的私密性

“个人私密是指人们心理上的一种自由境界，当处于这种心境时，人们对于自己与外界在视觉上、语言上、精神上以及肉体上的联系，都能够随心所欲的自由开敞或关闭。”当外部势力阻碍了某人驾驭自己私密行为时，那么就侵犯了他的尊严，从某种意义上讲也就是贬低了该人的价值。公共空间尽管是公共的，但它还经常容纳私密性的活动。例如夜幕降临时，20 世纪 80 年代上海黄浦江畔的“情人墙”就是公共活动变为私密性活动的典型地点。城市公园用作休息的部分，往往在适宜的情况下被用作密切交谈。从人的这种需要出发，城市公园中的某些部分应当提供保证私密性的区域，在这些区域内人可以集中精力，不受干扰。分隔的手段却未必采用封闭式，也可以采取半封闭式和开敞式。半封闭式的优点是与外界有视线交流，而空间形式仍较封闭，既不致有别人贸然闯入的尴尬，又有较强的限定感。开敞式是指视线通透，限定感小的处理手法，例如可以利用高差甚至地面材料划分的来限定空间，但应当至少有一面（最好是背后）做封闭处理，使人不至于过分分散精力。

(4) 尊重个人空间

人类学家艾德华・T・荷尔（Edward T Hall）指出，“我们每个人都被一个看不见的个人空间气泡所包围，当我们的‘气泡’与他人的‘气泡’相遇重叠时，就会尽量避免由于这种重叠所产生的不舒适。”所谓“气泡”是随人而动的个人空间，如同人理所当然的领地。空间“气泡”遭受到侵犯时，人会做出各种无言的反应，如烦躁不安、斜扭身子、屈起腿或翻阅杂志等行为，此时人的心情由轻松变得紧张起来。空间“气泡”在人静止时作用最明显，而人一旦行动起来它的作用似乎就不那么强烈了。基于此，在公园服务类小品设计中，特别是休息设施，要避免空间的浪费，例如坐椅，过长的坐椅往往难以得到充分的利用，以坐一两个人的长度为宜。另外，由于“气泡”效应的存在，休息设施的浪费是不可避免的，这就需要一种设施的多种利用，就是所谓的“辅助座佑”，将花坛边缘、大台阶、小品基座设计得高度适合、整洁、美观，提示其可坐性。

(5) 满足自我表现

人有炫耀自我的天性。炫耀自我作为精神调节，它并无害处。然而，人往往又不愿意让别人看出自己在有意炫耀，因此他可能以某种行动加以掩饰。

在城市公园中这种表现自我的活动更易发生，因为它不像繁华吵闹的市中心那样有许多有趣的景象，空间也不那么拥挤。针对这种情况，设计者应当提供人们能以最自然的方式表现自己的活动空间。在公共活动车间，仍然要提供各种“逞强”的场所供人表演，要让“表演者”有充足的时间消磨在公众可见视域内（如放风筝等)。生活就是他人表演与自我表演的交替。

(6) 破坏性活动的抑制与诱导

破坏性活动的发生，可能是由于某种心理失衡，也可能是由于精力过多，它是逃脱社会公德约束的活动，活动的发生从一个侧面说明人们在其他方面的不满足。制止破坏性活动需要各方面的共同努力，其中包括环境本身的改良。

首先应当更加周密地在某些地点提供种种使人们感到满足的选择机会。如果人们在这些地点能够得到满足的话，就不会再发泄心中的不平衡，从而消除破坏性活动产生的动机。

然而这样做仍然没有直接面对行为本身。对付这类行为最直接最有效的办法是“诱导”。关键在于场所转换和目标转换。例如在北方的学校中，大雪之后经常会看到小学生们在投掷雪球，有时还会将玻璃打碎，既然小学生们有投掷雪球的偏好，不妨在无关紧要的实墙面上画上几个靶子，将乱投乱掷转化有方向性的比赛活动，使环境中的其他部分免遭破坏。

人的破坏性行为虽然也是人的“本性”，但它是妨碍别人的行为，只有将其消解于无形之中才能保证大家共同的愉悦。

(7) 设置安全点

人既会在某些时候表现自我，也会在另些时候保护自我，特别是那些孤僻内向的人，保护自我的意识更强。表现在行动上就是远离活动人群，独自坐在一边。这与私密性有所不同，私密性是维护自尊，保护自我则是自信心不足的表现。室外环境中有一些“安全点”就是适合自我保护的空间；在“安全点”中，人们既能观看他人的活动，又与他人保持一定距离，观看者没有心理上的紧张感。“安全点”的创造依靠空间的多层次性，在某个开放室间周围通过遮挡、转折等手段，形成一个便于人们隐藏自己、又与外界有充分视线交流的空间。

4.1.4 公园布局的基本形式

公园的布局多种多样，但总的来说同其他园林一样归结为规则式、自然式与混合式 3 种形式。

(1) 规则式

它有明显的对称轴线，具有庄严、雄伟、自豪、肃静、整齐、人工美的特点。例如意大利台地建造式园林，17 世纪法国勒诺特平面图案式花园。图 4-1 为法国凡尔赛宫的布置。

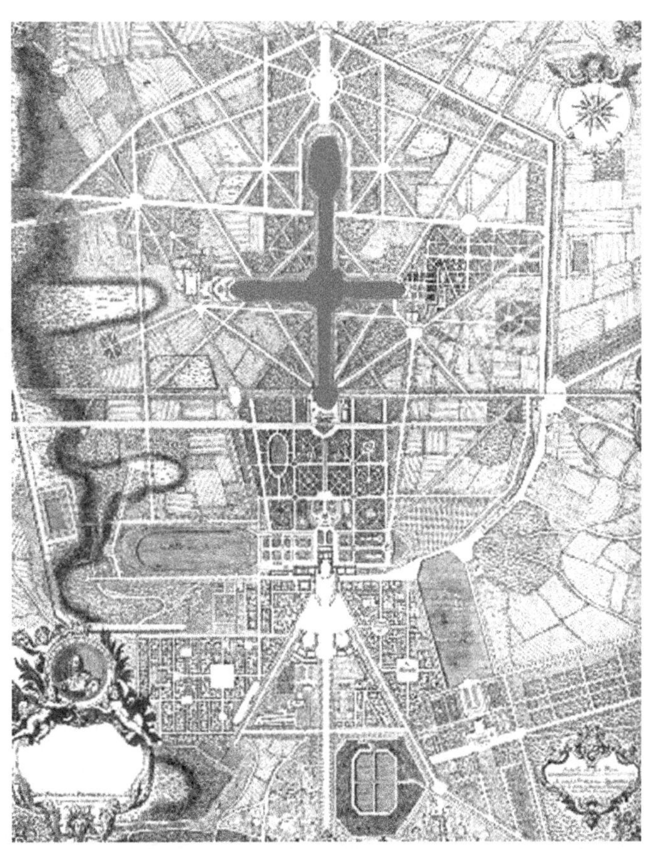

图 4-1 法国凡尔赛宫

(2) 自然式

这种园林形式无明显的对称轴线，各种要素自然布置，创造手法是效法自然，服从自然，但是高于自然，具有灵活、幽雅的自然美，如我国苏州古典园林、北京颐和园（图 4-2）、河北承德避暑山庄。

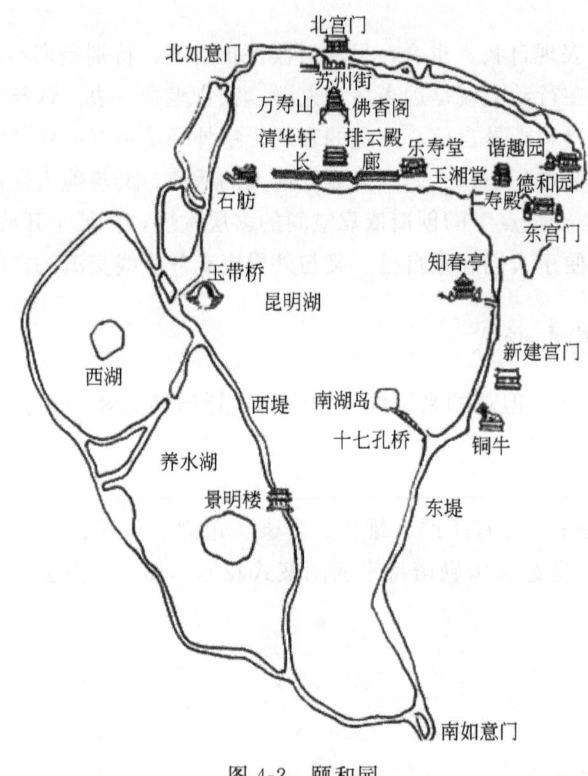

图 4-2　颐和园

(3) 混合式

混合式是把规则式和自然式的特点融为一体，而且这两种形式与内容在比例上相近。

总之，由于地形、水体、土壤、气候的变化，环境不一，公园规划实施中很难做到绝对规则式和绝对自然式。往往对建筑群附近及要求较高的园林种植类型采用规则式进行布置，而在远离建筑群的地区则以自然式布置较为经济和美观，如北京中山公园和广东新会城镇文化公园。

4.1.5　公园的类型

中国城市公园分综合性公园（市、区、居住区 3 级）、专类公园（动物园、植物园、儿童公园等）和花园（综合性花园、专类花园）3 种类型。

(1) 综合性公园

1) 市级综合性公园　服务对象是全市居民，是全市公园绿地中面积较大、活动内容丰富和设施最完善的园地。用地面积随全市居民总人数的多少而不同，在中、小城市设 1～2 处，其服务半径 2～3km，步行 30～50min 可达，乘坐公共交通工具 10～20min 可达。

2) 区级综合性公园　在较大的城市中，服务对象是一个行政区的居民，其用地属全市性公园绿地的一部分。区级综合性公园的面积按该区居民的人数而定，园内应有较丰富的内容和设施。其服务半径 1～1.5km，步行 10～15min 可达，乘坐公共交通工具 10～15min 可达。

3）居住区级综合性公园　服务对象是居住区附近的居民，园内根据面积大小设置相应的内容和设施。其服务半径最远不超过 1km，步行 5～15min 可达。

（2）专类公园

指专门为某一类人群服务或专门为某一类事物而设置的公园。如动物园、植物园、儿童公园、文化公园、体育公园、交通公园、陵园等。

（3）花园

以观赏花卉为主的综合性花园、专类花园，如牡丹园、兰圃。需要特别指出的是，近年来公园的类型日趋多样化。国外城市除传统意义上的公园、花园以外，各种新颖、富有特色的公园也不断涌现。例如，美国的宾西法尼亚洲开辟了一个“知识公园”，园中利用茂密的树林和起伏的地形布置了多种多样的普及自然常识的“知识景点”，每个景点都配有讲解员为求知欲强的游客服务。此外，世界各国富有特色的公园还有丹麦的童话乐园、美国的迪士尼乐园、奥地利的音乐公园、澳大利亚的袋鼠公园等。

4.1.6　公园游人容量

公园设计必须确定公园的游人容量，作为计算各种设施的容量、个数、用地面积以及进行公园管理的依据。公园游人容量，即公园的游览旺季（节日）游人高峰每小时的在园人数。它是公园的功能分区、设施数量、内容和用地面积大小的依据。

公园的游人容量为服务区范围居民人数的 15%～20%，50 万人口的城市公园游人容量应为全市居民人数的 10%。市区级公园游人人均占有公园面积以 60m^2 为宜，居住区公园，带状公园和小区游园以 30m^2 为宜；近期公共绿地人均指标低的城市，游人人均占有公园面积可酌情降低，但最低游人人均占有公园的陆地面积不得低于 15m^2。风景名胜公园游人人均占有公园面积宜大于 100m^2。

公园游人容量应按式(4-1) 计算：

$$C=A/A_m \tag{4-1}$$

式中　C——公园游人容量，人；

A——公园总面积，m^2；

A_m——公园游人人均占有面积，m^2/人。

4.2　综合性公园规划设计

4.2.1　综合性公园的定义

综合性公园是城市公园系统的重要组成部分，是城市居民文化生活不可缺少的重要因素，它不仅为城市提供大面积的绿地，而且具有丰富的户外游憩活动内容，适合于各种年龄和职业的城市居民进行一日或半日的游赏活动。它是群众性的文化教育、娱乐、休息的场所，并对城市面貌、环境保护、社会生活起着重要的作用。

4.2.2 综合性公园的历史

真正按近代公园思路去构想并建筑的第一座综合性公园是美国纽约中央公园。它由美国著名的风景园林设计师沃姆斯特德于1853年设计而成，全园面积340hm^2，以田园风景、自然布置为特色，成为纽约市民游憩、娱乐的理想去所，也为近代公园绿地系统的发展奠定了基础。继纽约中央公园之后，世界各地的综合性公园在短短的一个多世纪里先后落成，如中国的陶然亭公园和越秀公园。

4.2.3 综合性公园的作用

综合性公园除具有绿地的一般作用外，对丰富城市居民的文化娱乐生活方面的作用更为突出。

（1）政治文化方面

宣传党的方针政策、介绍时事新闻，举办节日游园活动，为集体活动尤其少年、青年及老年人组织活动提供合适的场所。

（2）游乐休憩方面

全面照顾到各年龄段、职业、爱好、习惯等的不同要求，设置游览、娱乐、休息设施，适应人们的游乐、休憩需要。

（3）科普教育方面

宣传科学教育成果，普及生态知识及生物知识，通过公园中各组成要素潜移默化地影响游人，寓教于游，提高人们的科学文化水平。

4.2.4 综合性公园的面积与位置

（1）面积

按综合性公园的任务需要有较多的活动内容和设施，故用地需要有较大的面积，一般不少于10hm^2。在节日和假日里，游人的容量约为服务范围居民人数的15%～20%，每个游人在公园中的活动面积约为10～15m^2。

综合性公园的面积还和城市的规模、性质、用地条件、气候、绿化状况及公园在城市中的位置与作用等因素全面考虑来确定。

（2）位置

综合性公园在城市中的位置应在城市园林绿地系统规划中确定。在城市规划设计时，应结合河湖系统、道路系统及生活居住地的规划综合考虑。

4.2.5 综合性公园的功能分区

公园规划工作中，分区规划的目的是为了满足不同年龄、个性爱好游人的游憩和娱乐要求，合理、有序的组织游人在公园内开展各项游乐活动。同时，根据公园所在地的自然条件，如地形、土壤状况、水体、原有植物、已存在并要保留的建筑构成比或历史古迹、文物情况，尽可能地“因地、因时、因物”而“制宜”，结合各功能分区本身的特殊要求，以及各区之间的相互关系、公园与周围环境之间的关系来进行分区规划。根据公园规划中所要开展活动项目的服务对象，即游人的不同年龄特征，儿童、老人、年轻人等各自游园的目的和要求；不同游人的兴趣、爱好、习惯等游园活动规律来进行规划。综合性公园的功能分区一般有观赏游览区、科普及文化娱乐区、安静休息区、儿童活动区、老年活动区、体育活动区、公园管理区等。

(1) 观赏游览区

游人在城市公园中观赏山水风景，奇花异草，浏览名胜古迹，欣赏建筑雕刻、鱼虫鸟兽以及盆景假山等。

(2) 科普及文化娱乐区

包括露天剧场、展览厅、游艺室、音乐厅、画廊、棋艺、阅览室、演说、讲座厅等。

(3) 安静休息区

包括垂钓、品茗、博弈、书法绘画、划船、散步等。在环境优美、僻静处开展活动，深受老人、中年人及知识阶层人士的喜爱。

(4) 儿童活动区

公园的游人中儿童占很大比例，一些公园的统计数字表明：儿童约占游客总量的 1/3；一般考虑开辟学龄前儿童和学龄儿童的游戏娱乐，少年宫、迷宫、障碍游戏、小型趣味动物角、植物观赏角、少年体育运动场、少年阅览室、科普园地等。

(5) 老年活动区

随着社会发展，中国老人的比例不断增加，大多数退休老人身体健康、精力仍然充沛。因此在公园中规划老年人活动区是十分必要的。

(6) 体育活动区

不同季节，开展溜冰、游泳、旱冰等活动。条件好的体育活动区设有体育馆、游泳馆、足球场、篮排球场、乒乓球室，以及羽毛球、网球、武术、太极拳场等。

(7) 公园管理区

办公、花圃、苗圃、温室、阴棚、仓库、车库、变电站、水泵房以及食堂、宿舍、浴室等。

配合以上活动内容，综合性公园应配备以下活动设施，如餐厅、电话亭、摄影部、园椅、园灯、厕所、卫生箱等。

以上公园内的设置内容之间互有交叉、穿插，应结合公园的出入口、地形设计、建筑、道路布局、植物种植等内容，合理进行分区。

4.2.6 公园出入口的确定

公园出入口一般分主要出入口、次要出入口和专门出入口 3 种。主要出入口的确定，取决于公园和城市规划的关系、国内分区的要求，以及地形的特点等。全面衡量，综合确定。一般，主要出入口应与城市主要干道、游人主要来源以及公园用地的自然条件等诸因素协调后确定。合理的公园出入口，将使城市居民便捷地抵达公园。为了满足大量游人短时间内集散的功能要求，公园内的文娱设施如剧院、展览馆、体育运动等多分布在主入口附近，或在上述设施附设专用入口，以达到方便使用的目的。为了完善服务，方便管理和生产，多选择较偏僻处，将公园管理处设置在专用入口附近。为方便游人，一般在公园四周不同部位选定不同出入口。如公园附近的小巷或胡同可设立小门，以免除周围居民绕大圈才得入园的不方便。

《公园设计规范》条文说明第 2.1.4 条指出：市、区级公园各个方向出入口的游人流量与附近公交车设站点位置、附近人口密度及城市道路的客流量密切相关，所以公园出入位置的确定需要考虑这些条件；主要出入口前设置集散广场，是为了避免大量游人出入影响城市交通，并确保游人安全。

公园出入口的设计，首先应考虑它在城市景观中所起到的装饰市容的作用。也就是说，主要出入口的确定，一方面要满足功能上游人进、出公园在此交汇、等候的需求；另一方面要求公园主要出人口要有美丽的外观，成为城市园林绿化的橱窗。

公园主要出入口的设计内容：公园内、外集散广场，园门、停车场、售票处、围墙等。在内、外广场有时也设立一些纯装饰性的花坛、水池、喷泉、雕塑、宣传牌、广告牌、公园导游图等。入口前广场应退后于街道建筑红线以内，形式多种多样，广场大小取决于游人量，或因园林艺术构图的需要而定。前、后广场的设计是体现划设计中重要组成部分之一。

4.2.7 公园建筑布局

公园中建筑形式要与其性质、功能相协调。全园的建筑风格应保持统一，公园的建筑功能是开展文化娱乐活动，创造景观，防风避雨，甚至形成公园的中心、重心。管理和附属服务建筑设施在体量上应尽量小。位置要隐蔽，保证环境卫生，利于创造景观。

建筑布局要相对集中，组成群体，一房多用，有利管理。要有聚有散，形成中心，相互呼应。建筑本身要讲究造型艺术，要有统一风格，但不要千篇一律，个体之间要有一定的变化对比。

公园建筑要与自然景色高度统一，“高方欲就亭台，低凹可开池沼”。以植物陪衬的色、香、味、意来衬托建筑。要色彩明快，起到画龙点睛的作用，具有审美价值。另外，公园中的管理建筑，如变电室、泵房等既要隐蔽又要有明显的标志，以防发生危险事故。公园的其他工程设施，也要满足游览、赏景、管理的需要。

4.2.8 绿化种植设计

公园的绿化种植设计，是公园总体规划的组成部分。它指导局部种植设计，协调各期工程，使育苗和种植施工有计划地进行，创造最佳植物景观。

在统一规划的基础上，根据不同的自然条件，结合不同的自然分区，将公园出入口、园路、广场、建筑小品等设施环境与绿色植物合理配置形成景点，才能充分发挥其功能作用。

公园主要出入口，大都面向城市主干道，绿化时要注意丰富街景，并与大门建筑相协调，同时还要突出公园特色。停车场的种植要使树木间距满足停车、通道、转弯、回车半径的要求；场内种植池宽度应不少于 1.5m，并应设置保护设施；庇荫乔木枝下净空应满足大中型停车场＞4.0m、小汽车停车场＞2.5m、自行车停车场＞2m。

园路两侧的植物种植：通行机动车辆的园路，车辆通行范围内不得有低于 4.0m 高度的枝条；方便残疾人使用的园路不宜选用硬质叶片丛生的植物，路面范围内，乔、灌木枝下净空不得低于 2.2m；乔木种植点距路缘应大于 0.5m。

游人集中场所的植物选用应符合下列规定：严禁选用危及游人生命安全的有毒植物；不宜选用在游人正常活动范围内枝叶有硬刺或呈尖硬剑、刺状以及有浆果或分泌物坠地的种类；不宜选用有挥发物或花粉能引起过敏反应的种类。集散场地种植设计的布置方式，应考虑交通安全和人流通行；场地内的树木枝下的净空高度应大于 2.2m；露天演出场观众席范围内不应布置阻碍视线的植物；观众席铺栽草坪应选用耐践踏的种类；成人活动场的种植宜选用高大乔木，枝下净空高度不低于2.2m；夏季乔木庇荫面积宜大于活动范围的50%。

公园建筑小品附近，可设置花坛、花台、花境。展览室、游戏室内可设置庇荫花木，门前可种植浓荫大冠的落叶大乔木或布置花台等。沿墙可利用各种花境，成从布置花灌所有树木花草的布置，要和小品建筑协调统一、与周围环境相呼应，四季色彩变化要丰富，给游人以愉快之感。

4.3 专类公园规划设计

4.3.1 植物园

植物园是调查、采集、鉴定、引种、驯化、保存和推广利用植物的科研单位，以及普及植物科学知识，并供群众游憩的园地。

（1）植物园的性质与任务

植物园是植物科学研究机构，也是植物采集、鉴定、引种驯化、栽培实验的中心，可供人们游览的公园。其主要任务是发掘野生植物资源，引进国内外重要的经济植物，调查收集稀有珍贵和濒危植物的种类，以丰富栽培植物的种类或品种，为生产实践服务；研究植物的生长发育规律，植物引种后的适应性和经济性状及遗传变异的现象，总结和提高植物引种驯化的理论和方法，同时植物园还担负着向人民普及植物科学知识的任务。除此之外，还应为广大人民群众提供游览休息的场所。

（2）植物园的组成部分

1）科普展览区　目的在于把植物生长的自然规律以及人类利用植物、改造植物的知识陈列和展览出来供人们参观学习。主要有如下内容。

① 植物进化系统展览区。该区是按照植物进化系统分目、分科布置，反映出植物由低级到高级的进化过程，使参观者不仅能了解植物进化系统的概念，而且对植物的分类、各科属特征也有概括性了解。在植物配置上在反映植物分类系统的前提下，结合生态习性要求、园林艺术效果进行布置。

② 经济植物展览区。是展示经过搜集以后认为大有前途，经过栽培试验确属有用的经济植物，为农业医药、林业以及园林结合生产提供参考资料，并加以推广。

③ 抗性植物展览区。将对大气污染物质有较强抗性和吸收能力的树种，挑选出来，按其抗毒物质的类型强弱分组移植本区进行展览，为园林绿化选择抗性树种提供可靠的科学依据。

④ 专类园。把一些具有一定特色、栽培历史悠久、品种变种丰富、用途广泛和观赏价值很高的植物，加以搜集，辟为专区集中栽植。

⑤ 温室区。此区展出不能在本地区露地越冬但必须有温室设备才能正常生长发育的植物。

⑥ 树木区。展出本地区或从国内外引进的一些在当地能够露地生长的主要乔灌木树种。

⑦ 岩石植物区。

⑧ 水生植物区。

2）苗圃及试验区

① 温室区：主要用于引种驯化、杂交育种、植物栽种、贮藏不能越冬的植物以及其他科学实验。

② 苗圃区：植物园的苗圃包括实验苗圃、繁殖苗圃，移植苗圃、原始材料圃等，用途广泛，内容较多苗圃用地要求地势平坦、土壤深厚、水源充足，排灌方便。

(3) 植物园位置选择的要求

① 要有方便的交通。

② 为了满足植物对不同生态环境、生活因子的要求，园址应该具有较为复杂的地貌和不同的小气候条件。

③ 要有充足的水源，最好具有高低不同的地下水位，既方便灌溉又能解决引种驯化栽培的需要。

④ 要有不同的土壤条件、不同的土壤结构和不同的酸碱度。

⑤ 园址内最好具有丰富的天然植被，供建园时利用，这对加速实现植物园的建设是个有利条件。

(4) 植物园规划的原则要求

① 明确建园目的、性质、任务。

② 功能分区及用地平衡，展览区用地最大，可占全园总面积的40%～60%，苗圃及实验区占25%～35%，其他占25%～35%。

③ 展览区是为群众开放使用的，用地应选择地形富于变化交通联系方便，游人易到达为宜。

④ 苗圃是科研、生产场所，一般不向群众开放，应与展览区隔离。

⑤ 确定建筑数理及位置。植物园建筑有展览建筑、科学研究用建筑及服务性建筑3类。

⑥ 道路系统。主干道对坡度应有一定的控制，而其他两级道路都应充分利用原有地形，形成路随势转又一景的错综多变格局。

⑦ 排灌工程。一般利用地势起伏的自然坡度或暗沟，将雨水排入附近的水体中为主，但是在距离水体较远或者排水不顺的地段，必须铺设雨水管，辅助排出。

(5) 植物园的绿化设计

植物园的绿化设计，应在满足其性质和功能需要的前提下，讲究园林艺术构图，使全园具有绿色覆盖，形成较稳定的植物群落。在形式上，以自然式为主，创造各种密林，疏林、树丛、孤植树、草地、花丛等景观。注意设置乔、灌、草相结合的立体、混交绿地。

4.3.2 动物园

向游人宣传普及动物知识、进行科普教育的单位，同时也是供游人休息、游览、观赏的城市公园绿地。

(1) 动物园的性质与任务

动物园是集中饲养、展览和研究野生动物及少量优良品种家禽、家畜的可供人们游览的公园。其主要任务是普及动物科学知识、宣传动物与人的利害关系及经济价值等，用作中小学生动物知识直观教材、大专院校实习基地。

(2) 动物园规划的原则要求

① 有明确功能分区。

② 动物的笼舍和服务建筑应与出入口、广场、导游线相协调，形成串联、并联、放射、

混合等方式，以方便游人全面或重点参观。

③ 游览路线一般逆时针右转，主要道路和专用道路要求能通行汽车，以便管理使用。

④ 主体建筑设在主要出入口的开阔地上、全园主要轴线上或全园制高点上。

⑤ 外围应围墙、隔离沟和林地，设置方便的出入口、专用出入口，以防动物出园伤害人畜。

（3）动物园的功能分区

① 宣传教育、科学研究区，是科普、科研活动中心，由动物科普馆组成，设在动物出入口附近。

② 动物展览区，由各种动物的笼舍组成，占用最大面积。

③ 服务休息区，为游人设置的休息亭廊、接待室、饭馆、小卖部等，便于游人使用。

④ 经营管理区，行政办公室、饲料站、兽医站、检疫站应设在隐蔽处，用绿化与展区、科普区相隔离，但又要联系方便。

⑤ 职工生活区，为了避免干扰和保持环境卫生，一般设在园外。

（4）动物园中的设施内容

① 动物的笼舍建筑，包括动物活动区、游人参观部分及管理设备部分。

② 科普教育设施。

（5）动物园的绿化设计

动物园的绿化首先要维护动物生活，结合动物生态习性和生活环境，创造自然的生态模式。其绿化应适当结合动物饲料的需要、结合生产节省开支。在园的外围应设置宽 30m 的防风、防尘、杀菌林带。在陈列区，特别是兽舍旁，应结合动物的生态习性，表现动物原产地的景观，既不能阻挡游人的视线又要满足游人夏季遮阳的需要。在休息游览区，可结合干道、广场，种植林荫树、花坛、花架。在大面积的生产区，可结合生产种植果木、生产饲料。

4.3.3 儿童公园

儿童公园是以儿童为主要服务对象的市政公园，是城市儿童增长自然知识、聚集低龄儿童、开发儿童智力、体能，增进儿童身心健康和生活情趣的最主要的场所，是大中城市必备的市政公益设施。

（1）儿童公园的性质与任务

使儿童在活动中锻炼身体，增长知识，热爱自然，热爱科学，热爱祖国等，培养优良的社会风尚。

（2）儿童公园规划的原则要求

① 按不同年龄儿童使用比例，心理及活动来划分空间。

② 创造优良的自然环境，绿化用地占全园用地的 50%以上，保持全园绿化覆盖率在 70%以上，并注意通风、日照。

③ 大门设置道路网、雕塑等，要简明、醒目，以便幼儿寻找。

④ 建筑等小品设施要求形象生动，色彩鲜明，主题突出，比例尺度小，易为儿童接受。

（3）主要设施

主要设施包括：a. 幼儿活动区；b. 幼年儿童区；c. 少年活动区；d. 活动区；e. 管理区。

（4）儿童公园的绿化设计

外围环境用树林、树丛绿化和周围环境相隔离。园内用高大的林荫树绿化以利夏季遮阳。各分区可用花灌木隔离，忌用有毒、有刺激性臭味或使人过敏的花木。

4.3.4 纪念性公园

纪念性公园是人类纪念情节物化于园林的一种形式。它不同于纪念性建筑和纪念性雕塑，是一个更大的尺度概念，其中包含了建筑、雕塑等人工因素和山水、植物等自然因素，并且功能也较复杂，更加需要强调整体统一和有机组合。纪念性公园不同于普通的公园，它把精神功能放在首位，要求有较高的艺术表现力，因而在规划设计上有一定的挑战性。

（1）纪念性公园的性质与任务

1）纪念性公园的性质　纪念性公园是为当地的历史人物、革命活动发生地、革命伟人及有重大历史意义的事件而设置的公园。另外，还有些纪念公园是以纪念馆、陵墓等形式建造的，如南京中山陵、鲁迅纪念馆等。

2）纪念性公园的任务　为颂扬具有纪念意义的著名历史事件—重大革命运动或纪念杰出的科学文化名人而建造的公园，其任务就是供后人瞻仰、怀念、学习等；另外，还可供游览、休息和观赏。

（2）纪念性公园的规划原则

布局形式应采用规划式布局，特别是在纪念区，在总体规划图中应有明显的轴线和干道。地形处理，在纪念区应为规则式的平地或台地，主体建筑应安排在园内最高点处。在建筑的布局上，以中轴对称的布局方式为原则，主体建筑应在中轴的终点或轴线上，在轴线两侧，可以适当布置一些配体建筑，主体建筑可以是纪念碑、纪念馆、墓地、雕塑等。在纪念区，为方便群众的纪念活动，应在纪念主体建筑前方，安排有规则式的广场，广场的中轴线应与主体建筑轴线在同一条直线上。除纪念区外，还应有一般园林所应有的园林区，但要求两区之间必须建筑、山体或树木分开，二者互不通视为好。在树种规划上，纪念区以具有某些象征意义的树种为主，如松柏等，而在休息区则营造一种轻松的环境。

（3）纪念性公园功能分区与设施

1）纪念区　位于大门的正前方，从公园大门进入园区后，直接进入视线的就是纪念区。在纪念区由于游人较多，因此应有一个集散广场，此广场与纪念物周围的广场可以用规划的树木、绿篱或其他建筑分隔开。在纪念区，一般根据其纪念性内容不同而有不同的建筑和设施。

2）园林区　布局上以自然式布局为主，不管在种植还是在地形处理上。在地形处理上要因地制宜，自然布局，一些在综合性公园内的设施均可以此区设置，如果条件许可还应设置一些水景、座椅等。

（4）纪念性公园的绿化种植设计

1）出入口　纪念性公园的大门一般位于城市主干道的一侧，因此在地理位置上特别醒目，同时为突出纪念性公园的特殊性，一般在门口两侧用规则式的种植方式对植一些常绿树种。大门内外可设置大小型广场，为疏散人流之用。

2）纪念区　在布局上，以规则的平台式建筑为主，纪念碑一般位于纪念性广场的几何中心，所以在绿化种植上应与纪念碑相协调，为使主体建筑具有高大雄伟之感，在种植设计上，纪念碑周围以草坪为主，可以适当种植一些具有规则形状的常绿树种。纪念馆一般位于广场的一侧，建筑本身应采用中轴对称的布局方法，周围其他建筑与主体建筑相协调，起陪衬作用；在纪念馆前，用常绿树按规则式种植，以达到与主体建筑相协调的目的。

3）园林区　园林区在种植上应结合地形条件，按自然式布局，特别是一些树丛、灌木丛，是最常用的自然式种植方式。另外，植物的选择上应注意与纪念区有所区别。

（5）纪念性公园的道路系统规划

1）纪念区　纪念区在道路布置上，一般所占比例相对较小，因为纪念区常把宽大的广场作为道路的一部分，在此区，结合规则式的总体布局，道路也应该以直线形道路为主，特别是在出入口处、其主路轴线应与纪念区的中轴线在同一条直线上，在道路两侧应采用规则式种植方式，常以绿篱、常绿行道树为主，使游人的视线集中在纪念碑、雕塑上。道路宽度应为 7～10m。

2）园林区　园林区的绿化常以自然式种植，因此道路也应为自然式布置，但关键是园林区与纪念区的道路连接处的位置选择，应选择在纪念区的后方或在纪念区与出入口之间的某一位置，最好不要选择在纪念区的纪念广场边缘处。

4.3.5 主题公园

主题公园也称为主题游乐园或主题乐园，是在城市游乐园的基础上发展起来，它是以一个特定的内容为主题，人为建造出与其氛围相应的民俗、历史、文化和游乐空间，使游人能切身感受、亲自参与一个特定内容的主题游乐场地；是集特定的文化主题内容和相应的游乐设施为一体的游览空间，其内容给人以知识性和趣味性；结合相应的园林环境，使得特色突出、个性鲜明，使游人得到美的感受，较一般游乐园更加丰富多彩，更具有吸引力。

（1）主题的选择

主题的种类包括有历史类、异国他乡类、文学类、影视类、科学技术类、自然生态类等。确定主题可从以下几个方面考虑：a. 主题公园所在城市的地位和性质；b. 主题公园所在城市的历史与人文风情；c. 主题公园所在城市特有的文化；d. 从人们的心理游赏要求出发，结合具体条件选择主题；e. 注重参与性内容。

（2）公园的规划设计要素

主题公园在规划设计中应充分考虑围绕特色、强化特征，结合生态环境和园林艺术，因地制宜，重视绿地建设，高度人情化，体现多样性和变异性。主题公园规划设计要素主要包括 3 个方面。

1）空间　公园空间的层次、序列和节点对游人的影响至关重要。空间的起始、展开、收放、收尾，各分区内部和外部的造型，区域的围护，各区的景观组织等，与公园景观的连续性和整体风格的塑造密切相关。

2）表现技术手段　公园的主题内容必须通过一定的表现技术手段来体现。先进的声、光、电等高科技手段的应用使公园充满生动的主题环境，是现代乐园中不可缺少的要素。

3）游览交通　一般主题公园的面积都比较大，而且景点多，如何利用交通手段将这些分布于全园的景点有机的串连起来，使游人可以方便、有序地进行游览和参与是公园交通处理需重点解决的问题。

(3) 主题公园游览区规划设计

1) 各景区的独立性　即各景区应有中心内涵，有一个围绕展开景区核心，在内容与其他景区有所不同，在环境上各区之间有相应的造景要素隔开；保持各景区的独立性有助于突出各主题环境的个性，增强整个乐园环境组成结构逻辑。

2) 景区的连贯性　作为整体环境的组成部分，各个景区是互尊的、共享的。各景区环境应注意连贯性和协调性，游人从一个景区转到另一个景区仍能感到不突兀、不冲突，这有赖于整体规划尺度的统一和富于趣味的空间序列组织。

3) 景区的主次关系　几个景区共同构成公园游览区，必有1～2个景区作为公园的中心主景区，起到公园的代用。主景区要有一定的统帅力，从空间规模上、景观构成上、游览组织上起到主景的作用；其他几个景区或大或小与之相得益彰地进行组织布局。

4) 过渡区的布置　过渡区是指从主题公园的入口到主体游乐区之间的空间区域，是游乐活动的过渡区域，起到承先启后的作用。渡区一般采用以下3种形式。

① 广场：多种形式，有的以主体雕塑为主；有的以喷泉为主；有的以露天剧场为主；有的以园林、绿地为主；有的以建筑为主。

② 街：由景观性或功能性的要素围合而成的形式，游人通过街进入主体游乐区。景观性的街如林荫道、滨湖道；功能性的有食街、商业街。

③ 广场与街相结合。

5) 游览区的节点设计　游览区的节点是各游览区之间的连接点或转折点，精心设计的节点可以"激活"周围的空间环境，使整个空间序列起承转合、变化丰富。

① 控制性节点：主要指有独特代表性的标志，一般设于中央广场或主要道路的尽端、交点、地形制高点或水面中央。

② 连接性节点：连接性节点主要作用是提供导向信息，连接和过渡不同的游览空间以及活跃区域空间的环境气氛。连接性节点主要有雕塑、小型游乐机械、一定面积绿地等。一般分布在道路的转折处、交叉点、小片开阔地等处。

(4) 主题公园植物景观规划

主题公园与城市公园的植物景观规划有许多互通之处，其首要之处是创造出一个绿色氛围，主题公园的绿地率一般都应在70%以上，这样才能形成一个良好的适于游客参观、游览、活动的生态环境。世界成功的主题公园，也是绿地最美的地方，使游人不但体会主题内容给予的乐趣，而且可以在林下、花丛边、草坪上享受植物给予的清新和美感。植物景观规划可以从以下几个方面重点考虑。

① 绿地形式采用现代园林艺术手法，成片、成丛、成林，讲究群体色彩效应，乔、灌、草相结合，形成复合式绿化层次，利用纯林、混交林、疏林草地等结构形式组合不同风格的绿地空间。

② 各游览区的过渡都结合自然植物群落进行，使每一个游览区都掩映在绿树丛中，增强自然气息，突出生态造园。

③ 采用多种植物配置形式与各区呼应，如规则式场景布局则采用规则式绿地形式，自由组合的区域布局则用自然种植形式与之协调，使绿地与各区域形成一个统一和谐的整体。

④ 植物选择上立足于乡土树种，合理引进优良品系，形成主体公园的绿地特色。

⑤ 充分利用植物的季相变化来增加公园的色彩和时空的变幻，做到四季景致鲜明；常

绿树和落叶树、秋色叶树的灵活运用，以及观花、观叶、观干树种的协调搭配，可以使植物景观更加绚丽多彩，效果更加丰富多样。

4.4 案例分析

4.4.1 第四届山东省园博园

(1) 临沂园

第四届山东省城市园林绿化博览会园博园中临沂园总面积超过 4800m²，是本届园博会面积最大的展园，整体采用中国古典园林的布局方式，主要由象征“蒙山沂水”的一座石堆山和环绕水系构成，水系周边由书法文化、算圣文化展示区组成。展园内以临沂当地树种银杏为主，共采用了千头椿、紫薇、女贞、黄栌 40 余种植物进行绿化配置，将历史文化寄情于山水之间，以展示沂蒙山水的秀美和深厚的文化底蕴。

临沂园（见图 4-3）分为算圣文化展示区和书法文化展示区。中国有著名的“四大发明”，即造纸术、指南针、火药、活字印刷术，也有人说中国有“五大发明”，除了上述四种外，另一种是算盘，发明人是刘洪。刘洪（约 130～196 年），字元卓，今蒙阴县人，著名的天文历算学家。有人说，蒙阴是珠算的故乡，刘洪是珠算之父，这不无道理。算圣文化展示区由算珠景墙和算珠坐凳组成，表现了以算圣刘洪为代表的临沂古代科技成就。

图 4-3　临沂园

书法文化展示区是整个临沂园的核心展区。书法是中国特有的一种传统文化及艺术，表现着独特的民族艺术精神，显示了我们民族立足于世界艺术之林的尊严以及高度民族文明的生命力，也被称之为“国粹”。临沂是书圣王羲之的故乡，也是唐代书法家颜真卿、颜杲卿的故乡，因而书法文化展示区就具有了独特的内涵。书法文化展示区包括主体建筑圣贤轩和水书园两部分，其中，圣贤轩采用仿汉新中式建筑造型，在保留古典山水园林韵味的同时体现出时代气息。水书园中设字帖壁刻墙、笔架照壁景墙及砚台小品，可供游客与书法爱好者在此写水书，增加参观者与展园的互动，使参观者切身感受到临沂书法名城的魅力。

（2）济南园

济南园（见图4-4）占地面积1500多平方米，以“泉韵·街巷”为主题，突出济南的城市韵味和举世闻名的泉文化，突出柳、水、荷、情。整个园区分泉韵和街巷两部分，其中泉韵包括泉景墙、韵景墙、松石景观、牌坊等景点。

图4-4 济南园

“泉韵”二字用红色：一是红色代表喜庆；二是寓意济南人民的生活红红火火；三是寓意欢迎大家游览济南园。

泉景墙前侧的两个清泉，在阳光下，水波如珍珠一般，就像济南这座古城几千年的文化凝聚成璀璨的珍珠。街巷区包括曲折街巷、闻泉亭、跌水池、涌泉景墙、奇石藏幽等景点，这体现了济南的街头巷里、温馨和谐的泉水街巷文化。

济南园的绿化设计体现生态型与植物的多样性。植物种植层次丰富，体现季相变化，栽植垂柳、五角枫等乔木，紫薇、榆叶梅等花灌木，同时搭配荷花、黄菖蒲、再力花、鸢尾等水生植物，体现出植物造景、生态园林的景观效果。

（3）青岛园

青岛是花园生态城市，青岛园（见图4-5）占地面积3500m^2，以“山·海·城”为主题，体现“与自然共生、新型海滨花园城市、可持续发展”的理念。“红瓦绿树·碧海蓝天”浓缩了青岛的城市色彩，瓦顶的“红”、植物的“绿”、大海的“蓝”，同时栽植了青岛特色树种黑松、樱花、崂山金桂、胡枝子、野百合、月季等，处处是郁郁葱葱的树木，突出城市景观特色，展示了绿色青岛。

青岛还是人文青岛。中国传统文化与历史遗留的欧式产物，使人领略到青岛厚重的历史。如具有浓郁八大关特色的围墙，结合乡土植物配置将园区分为不同的院落空间，通过中西结合的特色门洞，将游客引入各个庭院，看到承载青岛城市老记忆的观海亭、崂山特色石等，老青岛文化的积淀，迅猛发展的国际化大都市，展现出多元化的人文青岛。

青岛园利用砾石与铁丝网等废旧材料做铺装，体现出废旧材料的再利用，突出了环保、

图 4-5 青岛园

可持续的理念。园区采用透水砖，嵌草砖等形式，增加了绿量，突出了生态的理念。马牙石代表着青岛波螺油子的特色铺装，具有浓郁的老青岛特色。入口以标志青岛海洋文化的浪花构架为标志性景观，在构架顶部铺植植物，将景观与低碳相结合，实现了立体绿化的效果。

（4）枣庄园

园博会枣庄园（见图 4-6）占地约 1100m^2，通过规划布局和现场改造，利用原区域的水系将枣庄园划分为“好客鲁南”、“古运情怀”和“枣庄史话”三处景观组，景观组之间相互连接，相辅相成。

图 4-6 枣庄园

“好客鲁南”景观组以具有浓郁地方特色的鲁南民居为蓝本，原比例 1∶1修建而成，做工精细，堪称上品。院内摆放以“鲁南花鼓”为原型制作的石桌石凳，桌上摆放茶具果盘，意指枣庄人民开门迎宾，奉茶迎客；栽植的枣树和石榴树，寓意早生贵子、多子多福，寄托人们美好的愿望。

穿过院落后，映入眼帘的就是“古运情怀”景观组。台儿庄作为京杭运河南北交融的重要码头，曾有“商贾迤逦，一河渔火，歌声十里，夜不罢市”之说。多种文化交融，建筑风格多样，据统计，台儿庄融合了我国八种建筑风格（北方大院、鲁南民居、徽派建筑、水乡建筑、闽南建筑、欧式建筑、宗教建筑、客家建筑），在本景观组，我们以墙体与亭廊相结合，以此呈现古运河两岸水道纵横、商铺林立、建筑多样的历史景象，给人回归历史的感觉。

最后是“枣庄史话”景观组，枣庄历史文化悠久，人才辈出，象造车鼻祖奚仲、木工祖师鲁班、西汉丞相匡衡、歌剧《白毛女》作者贺敬之等都是枣庄人。以单廊景墙为载体，以浮雕的形式表现枣庄的历史传承，给游客们留下深刻的印象。

4.4.2 纽约泪珠公园

(1) 项目概况

位于下曼哈顿地区的面积仅 1.8acre（1acre≈4046.86m^2，下同）的社区小公园，位置居中，面积不大，处于高层建筑（高 210～235ft，即 64～71.6m）的包围之中。基地为 1980 年对哈德逊河部分岸线围填造陆形成。光照不好，通过大胆的地形设计、复杂的不规则空间的营造和乡土植物的运用，泪珠公园与其四周高耸的公寓楼相得益彰（见图 4-7）。美国景观设计协会（ASLA）评价“它是一个真正的都市绿洲。景观设计师在一个几乎不可能的场地上采取了大胆的举措。它提供了私密性的场所，这对公园绿地来说是比较难做到的；它让人忘记了身处的城市和周边的建筑，老少皆宜”。

图 4-7 基地现状图

(2) 基地分析

① 基地异常局促（不足 7300m^2），自然条件也较恶劣，存在地下水位较高、土质不佳、来自哈德逊河的干冷风猛烈等众多限制因素。

② 太阳光照分析表明，由于坐落在公园角落的公寓纵向长度过长，从 65m 到 72m 不等，造成大面积的阴影（见图 4-8）。

(3) 解决办法

① 基于场地北半部享有最长日照时间的现状，设置了两块隔路相对的草坪作草地滚球场，并特意稍向南倾斜以利于接受阳光（见图 4-9）。

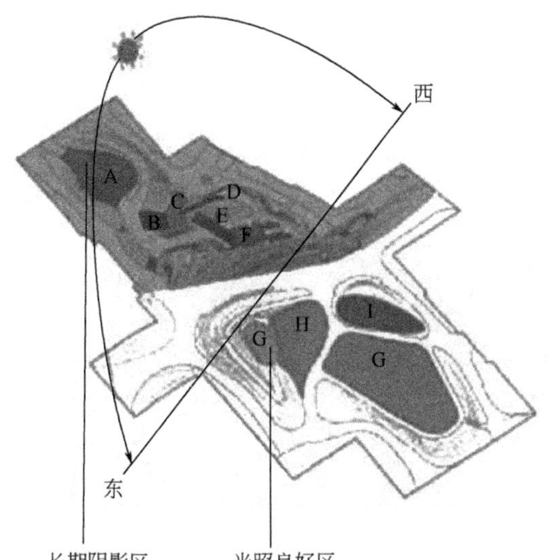

图 4-8 基地光照分析图

图 4-9 隔路相对草坪

图 4-10 游戏区

② 在南区虽然有很大比例的阴影区，但高墙、小丘和建筑屏蔽了来自哈德逊河的强干冷风，更适合户外活动，所以设置了玩沙、戏水、滑梯等多种游戏区。水景和地形变化给场地带来巨大活力（见图 4-10）。

③ 阅读角兼具坐憩功能的散置石、半月形矮墙（见图 4-11）以及名为“冰与水”的高墙均采用蓝灰砂岩，由此取得了材质上的统一，同时也是被社区道路分割的南北两区的一种呼应。

图 4-11　半月形矮墙

（4）结构分析

这块平坦、毫无特色可言的场地是 20 世纪 80 年代通过堆填哈德逊河形成的填海区，自然条件比较恶劣，由于坐落在公园角落的公寓纵向长度过长，所以造成了大面积的阴影。日照时间比较短。

由两幅对于场地整体结构的分析图（见图 4-12）中可以看出，设计师在处理场地整体的结构分布的时候显得十分的干练和果断，对于自然环境的择优运用以最大化的方式来处理，而其间的过渡则非常直接地用高墙加以隔断，整个场地的结构功能配置也因此被相当直观地划分出来。

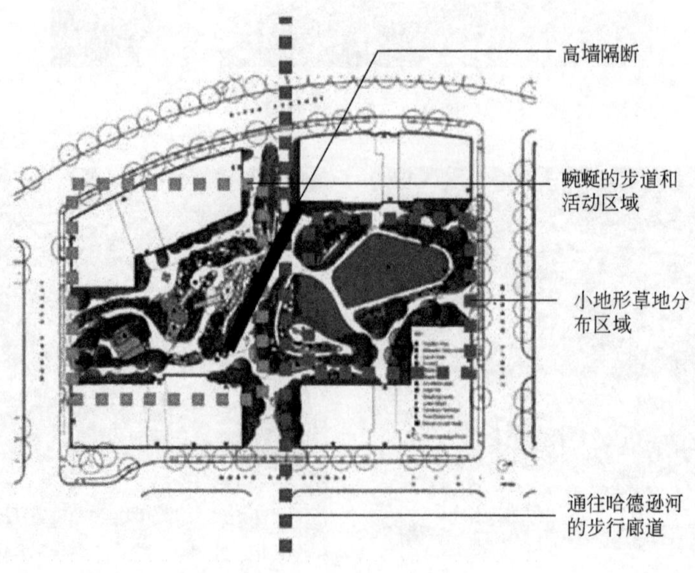

图 4-12　结构功能配置

(5) 功能分布

场地南侧，也就是被周围公寓遮挡长期无法照射到的区域，用各色的沙地、岩丘和蜿蜒的道路加以布置，此处作为场地的绝大部分的使用者——儿童，变成了十分适宜的玩耍、探险的场所。由于周围的高楼和隔墙的作用，挡住了来自哈德逊河的干冷风，此处成为一个适宜户外活动的区域（见图 4-13）。

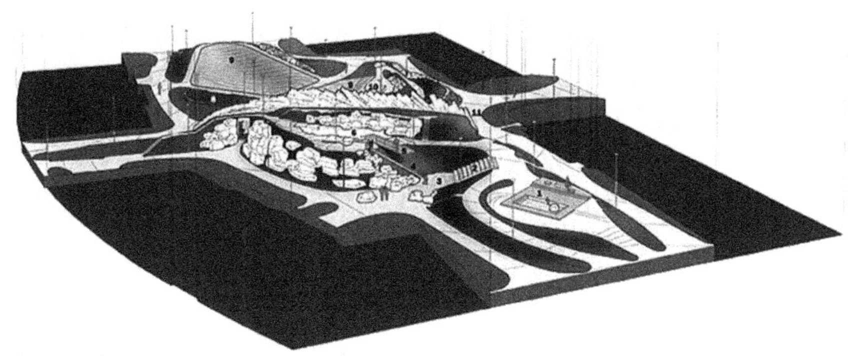

图 4-13 场地南侧

场地北侧，透过公寓照射到地表的阳光非常难得，这里也自然而然地成为布置草地的好地方。正如之前所说，设计者将场地本不够出众的自然条件做最大化的择优，这里和墙的另一侧不同，以舒缓的草坡和曲线的道路划成简单的地块，主要适应的群体则是居住或者经过附近的中老年群体（见图 4-14）。

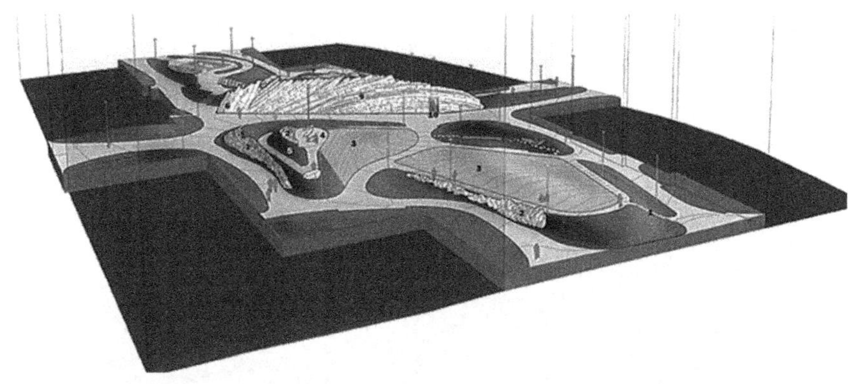

图 4-14 场地北侧

作为区域的主要针对群体，儿童的活动场所需要更加刻意地去营造，而此处整个泪珠公园的人性化的主题也浮现出来：着重于城市儿童缺失的对于自然的体验，提供一处冒险和找寻自然的场地，同时进行身心的锻炼。场地的地形、特色的水景、自然的山石和繁茂的植物营造了一个拥有自然的质地、巨大反差的尺度和粗犷却不失考究的风景的兴趣世界。在高楼林立的环境中，公园本身也凭借其本身的自然属性吸引着人们的视线，使更多的人乐于徘徊在公园中享受自然带来的片刻惬意。

公园中最为核心的大片冰水墙，它能让人联想到纽约州的地质情况。每个蓝灰砂岩石都保持了它们原有的天然形状、颜色和不规则表面。再看其场地间的植物配置，大多数的植物都随着季节性的变化而变化，与巨大的岩壁两者相互映衬，造就四季不同的自然风貌，这一切的意旨也是在于还原自然景观，使整个公园的主题和功能价值更为彰显。

最后来关注一下设计者或有意或无意设置但都给公园增色的视觉构成。首先从形体上来讲，无论是小的个体之间或者大的场域之间都存在着对比或者大小变化，这些细节上的形态构成同时顾及到了行至其间的游人和住在公寓中的居民，公园在微观和宏观上都不乏一定的变化和跳跃，这也使其更能抓住人的眼球，实现一个景观节点应有的功能。

泪珠公园在材质和色调的匹配上相比其形态在视觉上来讲显得更为显著，整个场地主要由大块的岩石和各色的植物再加以平整的铺地构成，各元素之间因其截然不同的特质形成不同的对比，而一些少量的金属、木质、沙地掺杂其中也是十分的协调，时而带来喜人的视觉韵律。尽管石壁两侧形成强烈的对比，公园又与周围的水泥建筑产生很大的反差，而在整体上，公园也不脱离其自然、野性的主题，全局处理不失水准。

泪珠公园的关键词在于自然主义、空间个性和人性场所，而它也正是凭借其成熟的手法和得到的良好的环境效应而荣获了 2009 年美国景观设计协会专业设计奖——综合设计类荣誉奖。

4.4.3 上海辰山植物园

(1) 项目概况

总占地面积 $200hm^2$，其中植被区 $123hm^2$，水体区域 $34hm^2$，铺装区 $36hm^2$，建筑区 $5hm^2$，是一座集科研、科普和观赏游览于一体的综合性植物园，为华东地区规模最大的植物园，同时也是上海市第 2 座植物园（见图 4-15）。

图 4-15 上海辰山植物园鸟瞰图

(2) 设计理念

其整体理念为“华东植物、江南山水、精美沉园”。该园的建设原则为“景观是根本、科研是基础、特色是关键、文化是灵魂”。它源于一种乌托邦式的理想，全世界的植物聚集生长在一个特定的空间里具有科学的内涵和艺术的外貌。本园设计思想借助于中国传统的园林艺术底蕴以及丰富的植物种质资源，使辰山植物园具有无与伦比的特质。在满足教学、科研、保护等植物园基本功能的基础上，将园区因地制宜地融入现有的山水环境中，保护、保持和恢复场地的自然特性和文脉，强调可持续地利用自然资源和为人服务的宗旨。既尊重了中国传统的园林艺术理念，又具有时代特征兼顾公园的游览功能，满足上海大都市城市居民休闲活动的需求，为人们提供一处科普启智、科学研究、人与自然和谐共生的理想栖息地。

(3) 场地总体布局规划

在植物园的设计中，克里斯多夫·瓦伦丁教授与其设计团队因地制宜，并将植物园布局成中国传统篆书中的“园”字，极富中国特色。

植物园的空间构成简单，3个主要空间构成要素——绿环、山体以及具有江南水乡特质的中心植物专类园区，反映辰山植物园场所精神。绿环内的山峦以及倒映着蓝天的湖泊展示了江南水乡特质的景观空间。这些充满活力的空间与周边环境融为一体，尽现自然之美。

主入口综合建筑、展览温室和植物研究中心等最重要的建筑全部融合在这个大型的绿环中，丰富的竖向变化形成具有雕塑感的大地艺术景观。

通过绿环上下起伏的地形塑造，为植物的生长创造了丰富多样的生境，形成乔木林、林荫道、疏林草地、孤赏树、林下灌丛以及花境等多层次的植物生长空间，具有较高生态效益。绿环上的各段将按照与上海相似的气候和地理环境，分别配植欧洲、美洲及亚洲等不同地理分区具代表性的引种植物。植物园的中心是一个大湖区，展示自然和人工环境中的水生植物。

湖区还分布着超过35个专类园，它们宛若独立的小岛与一个连续的基础结构相连接。这些专类园的标高高于潮湿的底土层1m，被统一的护坡包围着，并设有天然石材铺装，在小岛四周的软土中形成坚实的重复图案。这些小岛颇具个性，凸显植物园特色，展示了几百年来人们对植物引种栽培的成果。每个小岛展示着一个独特的植物世界。小岛的设计初衷是构成能反映江南水乡景观特质的岛屿状植物专类园，突显浓郁的地域风貌。小岛分别是玫瑰园、木樨园、植物造型园和水花园等。游客在欣赏美景的同时，还可以学习到有用的知识。毗邻沼气植物的一个花园展示了生物能源作物的重要性。另一个花园展示了那些能够用于生产纤维的植物，如椰子树、剑麻和棉花等。一个种有橄榄树的小岛展示了不同的油料作物，另一个小岛则展示了不同颜色图案的染料植物。

(4) 功能分区

上海辰山植物园分中心展示区、植物保育区、五大洲植物区和外围缓冲区辰山等几大功能区。中心展示区建造了矿坑花园、岩石和药用植物园等26个专类园。中心展示区与辰山植物保育区的外围为全长4500m的绿环，展示了欧洲、非洲、美洲和大洋洲的代表性适生植物。中心展示区的展览温室是整个植物园的重要组成部分。

外围缓冲区主要是一些田地或者自然地林地，包围在整个植物园的最外侧，把植物园和失去的喧嚣隔断开来，让整个园子更具有意境，且区域性界限性更加明显，同时外围缓冲区的绿地和林带和绿环上上的植物带相连接，更加是一个自然又平稳的过渡，也使植物园与周围完美地融合到一起。

五大洲植物区实际上就是外围的一圈绿环，通过绿环上下起伏的地形塑造，形成平均高度约6m、宽度为40～200m不等的环形带状地形，改变原场地多为平地，仅有一处独立山体辰山的地貌特征，构筑延绵的大尺度山水格局，为植物的生长创造了丰富多样的生境，形成乔木林、林荫道、疏林草地、孤赏树、林下灌丛以及花境等多层次的植物生长空间，具有较高的生态效益，为植物园引种驯化奠定了良好的立地基础基本解决了园区地形缺乏变化、生境过于单调的矛盾。绿环上的各段，按照与上海相似的气候和地理环境分别配置欧洲、美洲及亚洲等不同地理分区具代表性的引种植物。

辰山区主要是一座天然小山和若干因挖矿而堆积而成的小山包，以及矿物开采所留下的大大小小的矿坑，地形较为丰富；同时因人为活动干预较大，其天然植被覆盖较少。其主要规划就以地形的绿化为主，面积约 16hm^2 的辰山山体则运用生态恢复手法进行处理，作为现有乡土植物的保育区，保护好现有的地带性植被，强调植物园的生态保护功能。依山势构筑安全便捷的道路系统，在顶峰构建观景平台俯瞰全园，引导游人参观考察辰山的地理条件和植被演替的互动过程。对山体的东西两侧采石场遗址进行改造，形成独具魅力的岩石草药专类园和沉床式花园，使其重新焕发生机。主要景点就是著名的矿坑花园。

矿坑花园位于辰山植物园的西北角，邻近西北入口，由清华大学教授朱育帆设计。矿坑原址属百年人工采矿遗迹，作者根据矿坑围护避险、生态修复要求，结合中国古代“桃花源”隐逸思想，利用现有的山水条件，设计瀑布、天堑、栈道、水帘洞等与自然地形密切结合的内容，深化人对自然的体悟。利用现状山体的皴纹，深度刻化，使其具有中国山水画的形态和意境。矿坑花园突出修复式花园主题，是国内首屈一指的园艺花园。

中心展示区面积约 63.5hm^2，被绿环围抱，由西区植物专类园区、水生植物展示区以及东区华东植物收集展示区等构成。和绿环大尺度的地形塑造不同，该区基本保持原有农田、水网的度和肌理，仅通过微地形处理，专类园相对高程控制在 0.8～1.2m 左右，改善地下水位偏高的立地条件，西区专类园边缘由块石垒砌而成，构成能反映江南水乡景观特质的岛屿状植物专类园，具有浓郁的地域风貌。并且专类园内外空间的植物景观形成精致与粗放，多样与简单的强烈对比。

辰山植物园共设置约 35 个植物专类园，分四种类型：第一类是世界各地植物园普遍设置的，按照植物季节特性和观赏类别集中布置展示区，如月季园、春花园、秋色园、观赏草园等；第二类是为增加植物园游园的趣味性，吸引某类特殊人群或为游客科普活动设置的园区，如儿童植物园、能源植物专类园以及染料植物专类园等；第三类是结合植物园的研究方向和生物多样性保护，以专类植物收集和引进植物新品种展示区为主，如配合桂花品种国际登录，建设桂花种质资源展示区，收集华东区系植物，建设华东植物收集展示区等；第四类是根据辰山植物园场地特征营建的特色专类园区，如水生植物专类园、沉床花园和岩石草药专类园等。最著名的就是水生植物专类园。

水生植物专类园位于整个园区的东南角，主要收集展示不同类群的水生植物品种，着重表现典型的江南水乡风貌，同时强调科普性，展示丰富多样的水生植物景观，主要通过 5 个不同主题的专类园系列表现。

① 鸢尾园位于整个水生植物专类园的东南侧，东高西低，成为国内收集鸢尾种类最多的鸢尾专类园。南侧及东侧设置小码头广场和木栈桥，满足游客集散、休憩的需求，加强亲水性。

② 蕨类专类园由富有变化的 3 个起伏的土丘围合成谷地地形，种植高大乔木，形成郁闭小岛，与对面的鸢尾园开敞空间形成对比，在林下结合造雾系统种植各种蕨类植物如树形蕨、荚果蕨等。

③ 睡莲与王莲园池位于水生植物专类园的中心，通过木栈桥与蕨类专类园及特殊水生专类园相连，荷叶状游步道漂浮水上环绕成种植池，睡莲、王莲等沉水植物生长其间。

④ 湿生植物专类园3条平行水渠有效构建水生、湿生旱生生境展示自然水体沿岸植被分布模式，即形成挺水植物、浮水植物、沉水植物及深水区无植物的梯度变化特点。

⑤ 特殊水生植物专类园收集所有能在上海生长的水生植物品种，作为科普科研的场所，29种水生植物类型在这里充分展示，提供了探索科学的物质基础，清晰地表现了沉水植物、浮叶植物、挺水植物及沼生植物4大类型水生植物它们的生态群落特征、系统进化进程及不同生境对植物分布的影响。

科研中心是以植物科技研究为主的多功能建筑，建筑面积达15780m^2，可以直接通往研究场地。建筑与地形的轮廓线互相交错而生，整个建筑物沿着环形走势横向延伸了300m，它的最高点绝对标高达18.6m。三层高的建筑体量由三组平行带状结构组成，即北带、南带和中间带具有南北朝向的办公室和实验室的立面是由实体外墙和透明的水平窗带构成。实体外墙为清水混凝土墙体，建筑的东面和西面的端部以及中部的入口区域则为玻璃幕墙体系。立面上纵横交错的装饰性钢构架，辅以钢绳，在上面种植不同攀爬植物，起到高效遮阳和丰富立面景观的双重作用。

植物保育区位于全园东北角，主要由一系列现代化的温室构成，作用于对大部分引种植物的前期保育，以及一些珍稀植物的保护、培育、繁殖等。还有一些较为特别的针对特殊人群的专类公园，是一座除科研中心外的高科技园区。其中著名的有展览温室和具有代表性的盲人花园。

展览温室是整个植物园的亮点和标志，也是技术难点，是目前亚洲最大的展览温室建筑群。建筑面积约21613m^2，由3个独立的温室组成，高度分别为20m、19m、16m，建筑面积分别为5500m^2、4500m^2、2800m^2。展览温室的建筑形态独特，采用弧形的大跨度铝合金空间结构形式，三角形单元的双层夹胶玻璃覆盖外表，轻盈通透。3个温室利用可再生的能源，采用独立分区的智能环境控制系统，突出各自温室的环境条件，内部形成8个气候区域，种植来自世界各地的奇花异草。除3个温室外，一个半开敞的共享空间，北侧为办公区，东侧的能源中心共同组成展览温室建筑群。

盲人植物园位于辰山植物园的辰山塘以东部位、华东植物区系内，四周为华东植物区内的道路。由于靠近管理区、植物园大温室区和辰山植物园东北出入口，地位优势明显。盲人植物园是以盲人为主要服务对象，配备以安全的辅助设施，可进行触觉感知、听觉感知和嗅觉感知等活动。该园是上海市第一个面对公众开放的盲人植物园，也是辰山植物园建设方在初步设计之后增加的一个重点专类园。该园基地南北长93m、东西宽19～27m，呈细长的米粒形。用地红线范围内基地面积为1965m^2。盲人植物园以主路为线索，串联了视觉体验区、嗅觉体验区、叶的触摸区、枝条触摸区、花果触摸区、水生植物触摸区、科普触摸区7个体验区域，以触摸体验为主要体验方式。

(5) 植物规划

作为最新筹建的专类园，辰山植物园植物系统园设计有别于上海植物园系统园和其他同类专类园，舍弃营造大面积的树木园，旨在相对集中地展示，突出展示的全面性和科学性，不刻意强调乔木、灌木、藤本和草本。除了规划布局上有独到之处，其品类之多实属罕见。2010年4月，园内已收集植物约9000种，其中最多的属华东地区的植物，共有1500余种。上海辰山植物园也由此成为拥有华东区系植物最多的植物园。2010年12月，辰山植物园收集的珍稀濒危活植物（即国家一、二级保护植物）达到107种，其中包括羊角槭、普陀鹅耳枥、夏蜡梅、伯乐树等品种。这些植物中，部分为野外仅存若干株的珍贵物种，有的则具有极强观赏性，还有不少是价值很高的药用植物和野生水果植物。植物园的长远目标是搜集全球3万种植物。

4.4.4 北京动物园

（1）项目概况

北京动物园位于西城区展览路街道西直门外大街号。东邻北京展览馆，西邻首都体育馆，长河下游的一段经园内流过。长河为西城区和海淀区的南北分界线。因而，园内游览地域大部分在西城地界，小部分属于海淀区地界。全园占地面积86.54hm^2，现开放56.25hm^2，内有水面积5.6hm^2。开放展览区在长河以南。其他30.29hm^{2}在长河以北，此区域内一部分为待开发区，一部分为花卉温室、材料厂、检疫昌、曹库、孵化室、养貂场、苗木种植区、职工宿舍区。长河以北的周边单位及包含单位众多，如首体速滑馆、中苑宾馆等。还与两个居民生活小区及东太平庄河头堆村相邻。长河以北的园界极不规整。

（2）总体布局

根据1990年的规划设计，根据使用性质的不同，调整了部分功能分区。从动物园的具体情况出发，通过合理调整做到了功能分区的布局基本合理，共分7个区动物展区、科普科研区、饲养管理服务区、商业服务区、行政办公区、饲料种植区、职工生活区（见图4-16）。其中最重要的是理顺了动物展览布局，按动物的食性和种类布局。

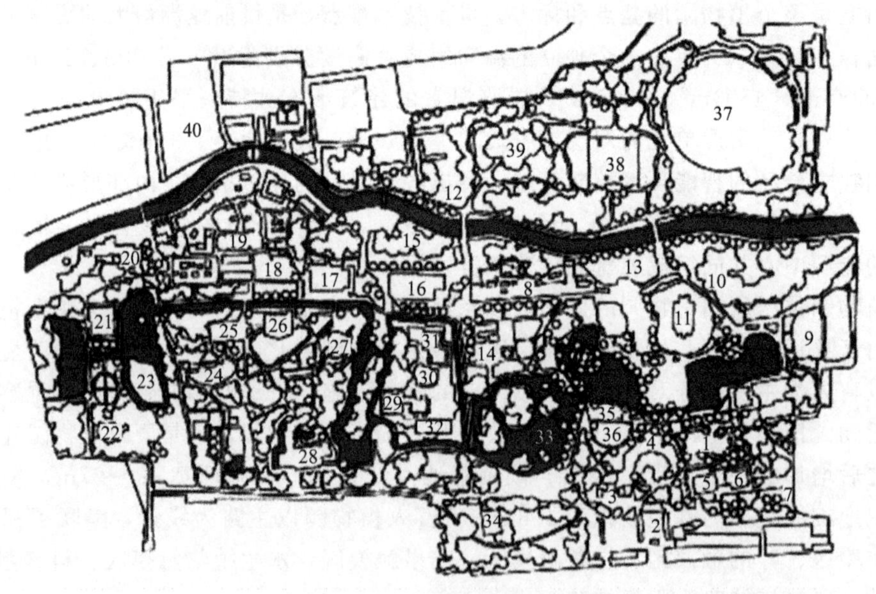

图4-16 北京动物园总平面图

1—长河；2—游客服务中心；3—小型杂食动物区；4—大熊猫馆；5—雉鸡苑；6—育幼室；7—夜行动物馆；8—南美动物区；9—熊山；10—狼山；11—狮虎山；12—鹰山；13—澳洲动物区；14—貘馆；15—非洲动物区；16—科普馆；17—长颈鹿馆；18—小动物俱乐部；19—食草动物区；20—动物园管理处；21—畅观楼；22—畅春堂；23—西鹤岛；24—山魁馆；25—叶猴馆；26—猩猩馆；27—金丝猴馆；28—两栖动物馆；29—鸣禽馆；30—鸟类生态厅；31—鹦鹉馆；32—火烈鸟馆；33—水禽湖；34—动物园派出所；35—荟芳轩；36—四烈士墓；37—海洋馆；38—象馆；39—犀牛河马馆；40—西郊宠物医院

（3）功能分区

规划将园区分为7个动物展览区。

① 小哺乳兽区在园的东南侧，包括小哺乳兽馆、犬科动物舍和袋鼠舍等。

② 食肉动物区在园的东部中间地带，包括狮虎山、中型猛兽馆、熊猫馆、熊山等。

③ 鸟禽区在园的南部中间地带，包括水禽湖、猛禽栏、鸣禽馆、鹦鹉馆、鸟类大罩棚、走禽舍、火烈鸟、朱鹃馆等。

④ 食草动物区位于园的西北大部地区，包括象馆、犀牛河马馆、羚羊馆、鹿苑、长颈鹿馆、高山动物、非洲草原动物区等。

⑤ 灵长动物区在园的西部中间地带，包括猩猩馆、大猩猩馆、金丝猴馆、猿猴馆等。

⑥ 两栖爬行区在灵长类展区东南侧，包括两栖爬行馆、鳄鱼池等。

⑦ 繁殖区在园的西部安排了珍稀动物的繁殖区，有鹤类、大熊猫、金丝猴、小熊猫等。

4.4.5 北京奥林匹克森林公园儿童乐园

(1) 项目概况

奥林匹克森林公园设计方案命名为“通往自然的轴线”。根据需要，分别在奥林匹克森林公园南区和北区设置两个游戏场地。南部游戏场主要服务于年龄较小的幼儿，场地位于白庙村路进入森林公园人口处，面积 $23hm^2$。其中南为国际区，北为临时赛场，北部游戏场主要服务于年龄稍大儿童，位于安立路进入森林公园两入口公园交汇处。四周环绕小山，占地 $6hm^2$。游戏场整体呈带状分布。

(2) 方案构思

1) 设计理念　“通往自然的轴线”。孩童是人类的延续，从诞生开始接触自然，在对自然的种种感受、感应和领悟中开始自我体验与成长。

“人与自然”不可分。把时间、空间、场地相融合，突破功能和表面形式的层面，利用林中高低起伏的空间理念与儿童成长的时间理念融合交织，进行空间、环境、景观各个层面的设计，突出“自然乐园”的主题。

2) 方案特色

① 以“成长的不同阶段性”来划分空间，从幼稚至成熟，不同的活动空间服务于不同年龄层次的儿童，突出“以儿童为本”。

② 在儿童游戏场的设计中引入生态概念，在游戏中培育儿童的环保观念，使环保的观念从小就根植于儿童的心中。

(3) 功能分区

奥林匹克森林公园有两个儿童游戏场地，分别为南区儿童游戏场和北区儿童游戏场。

1) 南区儿童游戏场　从地段上看，南区儿童游乐场处于一个带状地形。方案利用围台山体，创造个山谷的环境，通过道路将山体与场地划分，整个活动区形成由一圈外围步行线路围绕中间的主题活动区的布局形式。

从功能分区来说，为了达到形式和内容上的完整与统一，以花坛休闲广场为中心，将不同活动主题的场地联系到一起，各场地按儿童的各年龄段划为不同的功能区（见图 4-17）。

2) 北区儿童游戏场　北区游戏场的主体呈狭长状，根据周围山体地形的特点，营造一动一静两个区域，两区之间以植被和地形进行分隔（见图 4-18）。

① 动区：位于场地南侧，安排了 4 个主要活动带．从北到南分别有植物山体带、碎木屑铺装带、塑胶铺装带及沙地铺装带。

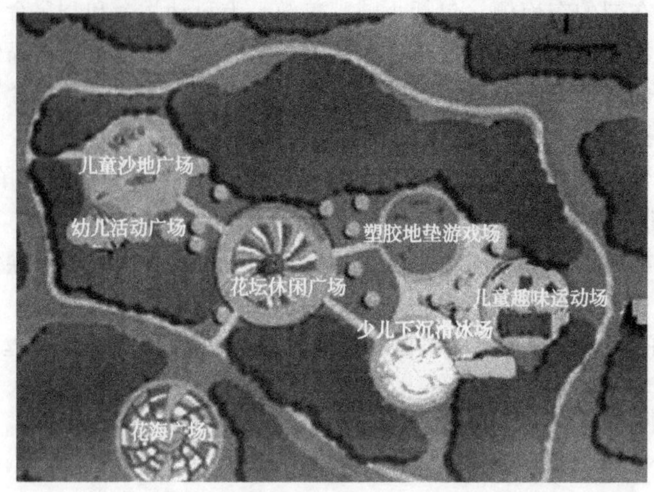

图 4-17 奥林匹克森林公园南区平面图

图 4-18 奥林匹克森林公园北区鸟瞰图

② 静区：位于场地北侧，山丘地形种植花草树木将动区的喧闹隔离，营造一片安静的氛围，有代表神秘艺术的小型迷宫，还有结合音乐石、音乐架形成的听觉感受区（见图 4-19）。

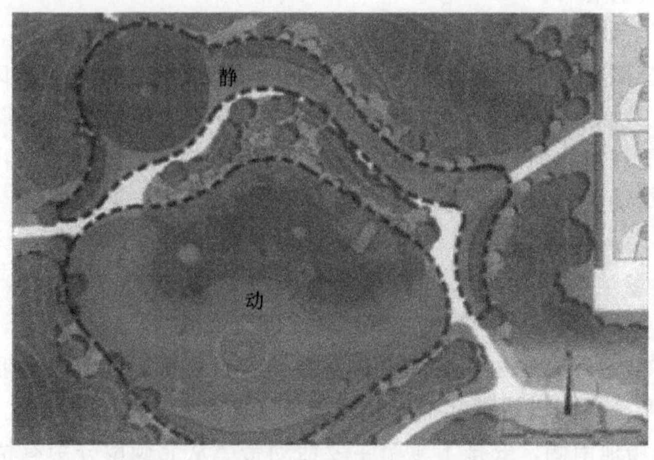

图 4-19 北区动静分区

（4）专项设计

1）南区乐园竖向设计　从地段上看，南区儿童游乐场处于一个带状地形。方案利用围台山体，创造个山谷的环境，通过道路将山体与场地划分，同时山体地形穿越游戏场地，内外联系。

2）道路交通　游戏场主要步行线路运用自然流畅的曲线，给儿童以轻松自然、有张有弛的感觉，不同场地得以自然衔接，不同铺装区域引导不同年龄喜好各异的儿童。

3）种植设计　在植物配置上，结合用地现状最大限度地保留原有的林木，尽量让林木呈现原生的自然状态，减少人为的痕迹，让儿童认识自然，亲近自然。种植设计考虑到儿童活动的安全和培养儿童热爱自然的性情，选择高大荫浓的树种作为庭荫树，分枝点不低于1.8m。

4.4.6 长沙烈士公园

（1）项目概况

长沙烈士公园（见图4-20、图4-21）位于长沙市中心城区的湖南烈士公园，总用地142.2hm^2（包括新增动物园用地），是一个以纪念湖南革命先烈为主题，以自然山水风光为特色，集纪念、游玩、休闲于一体，富含地域文化特色的综合性开敞式现代公园。

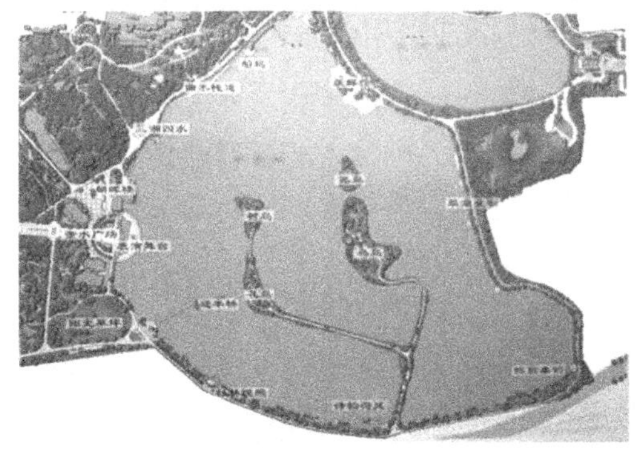

图4-20　长沙烈士公园平面图

图4-21　长沙烈士公园鸟瞰图

（2）总体规划

根据"开放式的纪念文化型休闲公园"的公园定位，总体规划方案在公园现有"一塔一水"总体结构上提出"二区（纪念区、游览区）六园"的功能分区；其中六园分别为烈士纪念园、百姓文化园、山水休闲园、水域风光园、民俗风情园、主题娱乐园。

（3）布局特点

公园以纪念性活动和游憩性活动并列布局，充分结合自然地形特点，分区明确。纪念区坐落在高岗上，采用轴线对称的规则式构图，庄重严整，突出纪念塔主体。游憩区以水域为主体，采用自然式构图，活泼自然，突出山水相依的秀丽景色。

（4）功能分区

1）烈士纪念园　主要为烈士塔、十字景观轴及其相邻地段所构成的区域，定位于"纪念"，以纪念湖湘烈士、弘扬革命传统为主要内容。它是整个公园的核心和灵魂，空间结构及其景观序列营造效果很好，轴线景观优美。

2）山水休闲园　位于烈士公园中部，主要以自然的山林、坡地为主，以突出"休闲"和"山林野趣"的主题，为人们提供亲近自然、回归山林的场所，促进人与自然的交流。

3）水域风光园　以年嘉湖、湖心岛及沿岸周边一线为主，以“亲水”为主题，营造水域景观，为人们提供亲水、戏水、玩水的滨水空间。整个水域风光园分环湖和湖心岛两大部分，并规划水中十景。

4）民俗风情园　从民族剧院起，沿公园西北部山林一直到现公园北大门的东部，包括民俗村建成区、东大门区、东部半岛区，它以展现湖南少数民族“民俗风情”为主题，功能定位于“民俗风情”的挖掘与展示。

4.4.7　湖北金港汽车公园

（1）项目概况

湖北金港汽车公园作为武穴市未来核心区的重要组成部分，承担了汽车集中展示和销售、文化旅游的报告功能，作为华中地区唯一的汽车文化公园，集汽车运动、教学培训、文化交流、观光旅游、贸易服务等多功能于一体，拥有该地区第一条方程式赛道，是旅游时尚的新产品；随着人们不断提高的物质精神文化水平、以及快速发展的城市化进程应运而生，贴合“低碳生活、绿化环保、生态宜居、回归自然”的理念，具有强烈的时代感。

（2）设计构思

湖北金港汽车公园在保留地域特色、延续文化传承的同时，通过国内外汽车文化的展示与交融来体现汽车主题公园形象特色，将国外先进的设计理念与中国传统文化及所在地的地域特色相结合，紧密围绕“汽车文化”这一主题，以依山傍水的自然环境、人工创造的园林景观，来化解人们在享受汽车带来愉悦感的同时所承受的现代工业带来的心理冲击，创造出具有中国特色的汽车主题公园，符合汽车主题公园形象定位的客观要求。

（3）总体规划

该项目的汽车文化公园核心游览区体现了空间序列原则，由特色风情街串联入口广场、国际赛事区、挂玉湖观赏区等功能体，形成丰富有趣的空间序列。场地内考虑到灾害气候的影响，充分利用山体、水体，解决场地的排水问题。在游览路线上优先布置极具特色的活动项目或功能区如码头、赛道、赛事看台等，并配备次要活动项目及配套服务设施，重点优先，让游客能够自主选择参观路线。

（4）景观节点分析

湖北金港汽车公园具有得天独厚的外部自然环境，园内的建筑景观符合满足建筑功能需要、主次分明、空间穿插和渗透的规划设计原则，以富有个性的地景设计和无边界设计为切入点，在一定程度上打破建筑与景观的界限，使两者高度统一，相得益彰，创建整体的生态园林景观。公园的景观简洁、大气，将人的活动纳入景观中，造型新颖，并充分考虑到人群的参与性和体验性。从考虑景观与文化的结合出发，具有地域特色，体现文化内涵，如楚文化街采用地方文化建筑材料中的青砖铺设，而景观河等设施也体现了楚文化的传统特色（见图 4-22）。

1）汽车文化广场景观节点　汽车文化广场作为公园与汽车商贸区的衔接节点，是园视线走廊的重要组成部分。汽车文化广场以汽车元素为切入点、通过具有雕塑感的观赏塔和绿植传航车文化中动感、技术含量较高的特点，通过高大乔木的种植排列，限定空间，将商贸区热闹嘈杂的环境与公园清醒优雅的环境相区别，并有意地打开临湖一面的视野，引导游客进入看台观赏赛事。

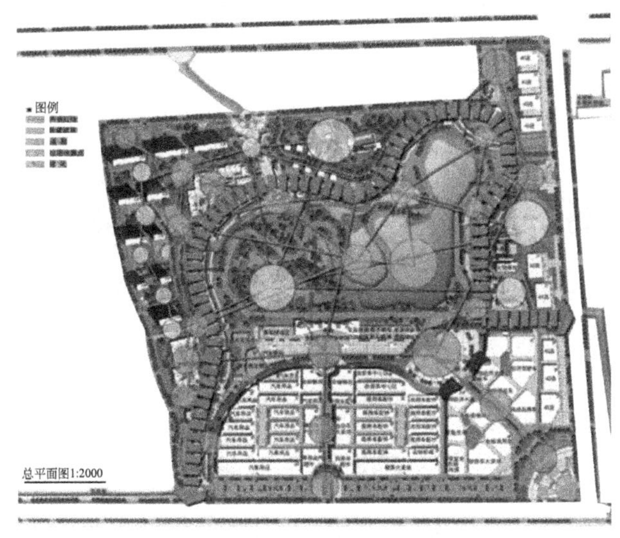

图 4-22 湖北金港汽车公园景观节点分析图

2）汽车露营区景观节点 汽车露营区是湖北金港汽车公园自驾游主题特色的组成部分，设置在公园北部的山坡上，风景秀美，贴近自然，提供给人们自由、随意、放松、不同于城市快节奏的娱乐休闲生活体验。汽车露营区采用植草砖、植草格中百慕大草和黑麦草混播，独立区域采用洒金珊瑚、大叶黄杨等作为绿篱隔断，保证空间的半私密性。在露营区的公共配套区布置观赏性较佳的植物如金桂、日本晚樱等，塑造怡人的休闲氛围。

3）滨水特色风情街景观节点 特色风景街环绕国际赛道衔接各公园入口，以武穴当地文脉与汽车文化相交融为设计思想，将传统建筑与现代建筑相结合来打造具有水乡文化特色及汽车文化推广平台。在景观设计上，通过水系的贯穿与步行体系相结合，引导流线，在流线交互处局部放大空间，引入公共文化小广场，布置戏台等观演设施，来展示地域特色文化元素。

4）小品设计分析 湖北金港汽车公园中的小品设计风格统一，将人的生活和汽车文化相结合，围绕汽车文化这一主题活跃空间气氛，给人以强烈的视觉冲击和心灵震撼。例如，处于轴线上的标志塔、汽车文化广场上的标志性雕塑等，均通过体量的变化和强调，暗喻汽车文化、汽车工业和人文之间的多重关系，体现汽车文化在历史进程中对人的生活产生的影响，发挥了其美化环境和展示汽车文化魅力的作用。

（5）低碳设计研究

引入先进的低碳设计理念，研究分析项目的光环境、风环境等要素，结合项目的特性，采用多种节能技术，如单体建筑的绿化屋面与垂直绿化体系，风能利用、太阳能、雨水回用、建筑的拔风中庭、室外透水地面，可回收的建筑材料，智能管理系统等，以最小的投资获取最大的回报，全方位打造绿色环保、生态智能的现代化主题公园和地标性建筑物，创造无形的社会效益。

5 居住区绿地规划设计

居住环境是由自然环境、社会环境以及居住者构成的一个系统整体，也是人类生存活动的基本场所。随着社会的发展，人们对居住环境的要求也日益提高，现代居住区绿地规划设计成为满足人们多元化的需求，创造可持续发展的人居环境的重要途径。

5.1 居住区绿地规划设计概述

居住区绿地是居民区绿地是居民日常休闲和交往的重要场所，也是城市绿地系统的重要组成部分。它对于改善居住区小气候和环境卫生条件、美化居住区环境、防灾避难等都有显著的作用。

5.1.1 居住区绿地类型

我国城市居住区规划设计规范规定，居住区绿地应包括公共绿地、宅旁绿地、公共设施绿地和道路绿地等。其中包括了满足当地植树绿化覆土要求，方便居民出入的地上或半地下建筑的屋顶绿地。

（1）公共绿地

公共绿地是为全区居民公共使用的绿地。根据居住区不同的规划组织、结构、类型，设置相应的中心公共绿地，包括居住区公园（居住区级）、小游园（小区级）和组团绿地（组团级）。

① 居住区公园为居住区配套建设的集中绿地，服务于全居住区的居民。面积较大，相当于城市小型公园。绿地内的设施比较丰富，常与居住中心结合布置。服务半径以800～1000m为宜。

② 居住小区游园主要供居住小区内居民就近使用。面积相对较小，功能亦较简单，设置一定的文化体育设施，游憩场地。服务半径以400～500m为宜。

③ 居住生活单元组团绿地是最接近居民的公共绿地，面积不大，但靠近住宅以住宅组团内居民为服务对象，特别要设置老年人和儿童休息活动场所，往往结合组团布置，服务半径为60～200m。

（2）宅旁绿地

宅旁绿地是居住区绿地中属于居住建筑用地的一部分。它包括宅前、宅后，住宅之间及建筑本身的绿化用地，最为接近居民。在居住小区总用地中，宅旁绿地面积最大、分布最广、使用率最高。

（3）公共设施绿地

居住区内各类公共建筑和公用设施周围的环境绿地。例如，商店、俱乐部、会所、活动中心等周围的绿地，其绿化布置要满足公共建筑和公共设施的功能要求，并考虑与周围环境的关系。

（4）道路绿地

居住区内的道路绿地是居住区内道路红线以内的绿地，其主要功能是美化环境、遮阴、减少噪声、防尘、通风、保护路面等。

5.1.2 居住区绿地的重要指标

居住区绿地的重要经济技术指标，是反映一个居住区绿地数量的多少和质量的好坏及居住区规划设计的合理程度，也是评价城市环境质量的标准和城市居民精神文明的标志之一。居住区绿地的重要经济技术指标有居住区人均公共绿地面积、居住区绿地率、居住区绿化覆盖率。

① 居住区人均公共绿地面积＝居住区公共绿地面积/居住区总人口。居住区公共绿地包括居住区公园、小区游园、组团绿地、小广场绿地等。居住区内公共绿地的总指标，应根据居住人口规模分别达到：组团不少于0.5m^2/人，小区（含组团）不少于1m^2/人，居住区（含小区与组团）不少于1.5m^2/人，并应根据居住区规划布局形式统一安排、灵活使用。旧区改建可酌情降低，但不得低于相应指标的70%。

② 居住区绿地率＝居住区内绿地的总和/居住区用地总面积×100%。居住区绿地应包括公共绿地、宅旁绿地、公共服务设施所属绿地和道路绿地（即道路红线内的绿地），其中包括满足当地植树绿化覆土要求、方便居民出入的地下或半地下建筑的屋顶绿地，不应包括屋顶、晒台的人工绿地。2002年国家颁布的《城市居住区规划设计规范》中明确指出：新区建设绿地率不应低于30%；旧区改造不宜低于25%。

③ 居住区绿地覆盖率＝(全部乔、灌木的垂直投影面积及花卉、草坪等地被植物的覆盖面积/居住区总用地面积)×100%

5.1.3 居住区绿地设计的基本原则

居住区的绿地要根据居住区的规划结构模式，合理组织，精心规划，依据园林规划设计的基本原理，将居住区构建成一个具有归属感的家园。

（1）整体性原则

从整体上确定居住区绿地的特色是设计的基础。居住区绿地规划应与居住区总体体规划紧密结合，要做到统一规划，合理组织布局，集中与分散，重点与一般相结合，形成以中心公共绿地为核心，道路绿地为网络，庭院与空间绿化为基础，集点、线、面为一体的绿地系统，使绿地指标、功能得到平衡，布局合理，方便居民使用。

（2）生态性原则

回归自然、亲近自然是人的本性，也是居住区绿地设计的基本原则。创造出一种整体有序、协调共生的良性生态系统，为居民的生存和发展提供适宜的环境。居住区绿地设计就要融入生态与可持续发展思想，将人工环境与自然环境有机结合，充分利用区内的地形地貌，着重营造体现自然生态环境和植物群落景观的空间，一方面满足人类接近自然、回归自然的情感需求；另一方面促进自然环境系统的平衡发展，使人与自然高度和谐。

（3）人性化原则

人是居住区的主体，因此居住区绿地设计要体现人性化的原则。居住区绿地设计的舒适性着重体现在感受上，让居民体验轻松、安逸的居住生活，并针对不同人群的需求特点进行环境设计，体现空间的适用性和多样性，从而为住户提供多样化的室外休闲公共活动空间。

（4）塑造场所精神的原则

场所精神从广义方面可理解为所在地方的地理、气候、风土等自然精神和它所孕育的人文精神；狭义方面则是指景观所在基地的地形地貌等自然条件和历史文化条件的利用及表现。在居住区绿化设计中，场所精神作为一种含义符号，要充分体现地方特征和所在地的自然特色，不但使居住的传统意义得到延续，使居住在空间形态上表现出历史的统一性和稳定性，同时人的精神在传统的再现中找到寄托，让居民对家园产生认同感与归属感。

5.2 居住区绿地规划设计

5.2.1 居住区各类绿地设计

居住区园林绿地是整个居住区的重要组成部分，是城市居民使用最多的室外活动空间，对居住水平有重要影响。我国城市居住区正面临从单一小区模式向多样化模式转变的状态，除了对空间的功能性需求之外，人们对空间文化性和地域性特色的要求也越来越高，这就要求我们在绿地设计中，融功能、意境、艺术于一体，最大限度地提高城市住区的生态环境质量。

（1）公共绿地设计

1）居住区公园设计　居住区公园为整个居住区的居民服务，具有重要的景观、生态和供居民游憩的功能。通常布置在居住区中心位置，一般结合居住区的商业、会所布置，以方便居民使用。居民步行到居住区公园约 10min 的路程，服务半径以 800～1000m 为宜。

从功能角度，最接近于居民的生活环境，游人成分单一，主要是本居住区的居民。游园时间集中，多在一早一晚，特别是夏季晚上是游园的高峰。因此，适合活动的广场、充满情趣的雕塑、园林小品、疏林草地、儿童活动场所、停坐休息设施是应该重点考虑的对象；还应加强照明设施。灯具造型、夜香植物的布置，成为居住区公园布局的特色。

从生态角度，有较充裕的空间模拟自然生态环境，进行生态栽植后，成为整个居住区的绿肺，对居住区环境有直接影响。在设计时，可以将原有地形、植被和水体的保留与居住区公园结合起来，最大限度地减少对原自然环境的破坏。

从景观角度，自然开敞的居住区公园中心绿地，是小区中面积较大的集中绿地，也是整个小区视线的焦点。为了在密集的楼宇间营造一块视觉开阔的构图空间，与小区游园、组团绿地相比，在处理时更自然一些，尽量满足居民回归自然的需求。

2）居住小区游园设计

① 选址适当。居住小区游园绿地的设置多与小区的公共中心结合，方便居民使用。也可以设置在街道一侧，创造一个市民与小区居民共享的公共绿化空间。

② 布置合理。小游园绿地多采用自然式布置形式，自由、活泼、易创造出自然而别致

的环境，当然，根据需要也可采用规则式或混合式。居住小区游园应按主要服务对象布置。儿童活动区与成人活动区应当分开布置，避免干扰；中间可用植物分隔。在游园内以林木、花卉、草坪、水面为主，但应有充足的活动广场，便于集聚晨练和居民交往。

③ 设施美观。造景贵在自然，配置力求齐全。亭、廊、桥、榭等各类设施应美观协调，兼具审美和使用需求。

④ 配植得当。植物配置，应以当地适生植物为主，确保成活率和养护合理性。植物配置，避免单调，应多品种，有高低变化，有四季景观。宜孤植，对植、丛植，除行道树、绿篱外，一般避免行列、等距规则种植。花卉配置，应首选当地适生而又著名的“市花”品种。各地市花，都是经过多年培植、观察、研究评选的。有一定的美学和生态学的价值，有代表性，利于城市风貌特色的形成。

3）居住区组团绿地设计　根据组团绿地服务对象及其使用功能需要，组团绿地布设内容大体上包括绿化种植、安静休息和游戏活动 3 个部分。一个居住小区往往有多个组团绿地，这些组团绿地从布局、内容及植物配置要各有特色，或形成景观序列。

根据建筑组合的不同形式，组团绿地的位置选择可归纳为以下几种方式，如图 5-1 所示。

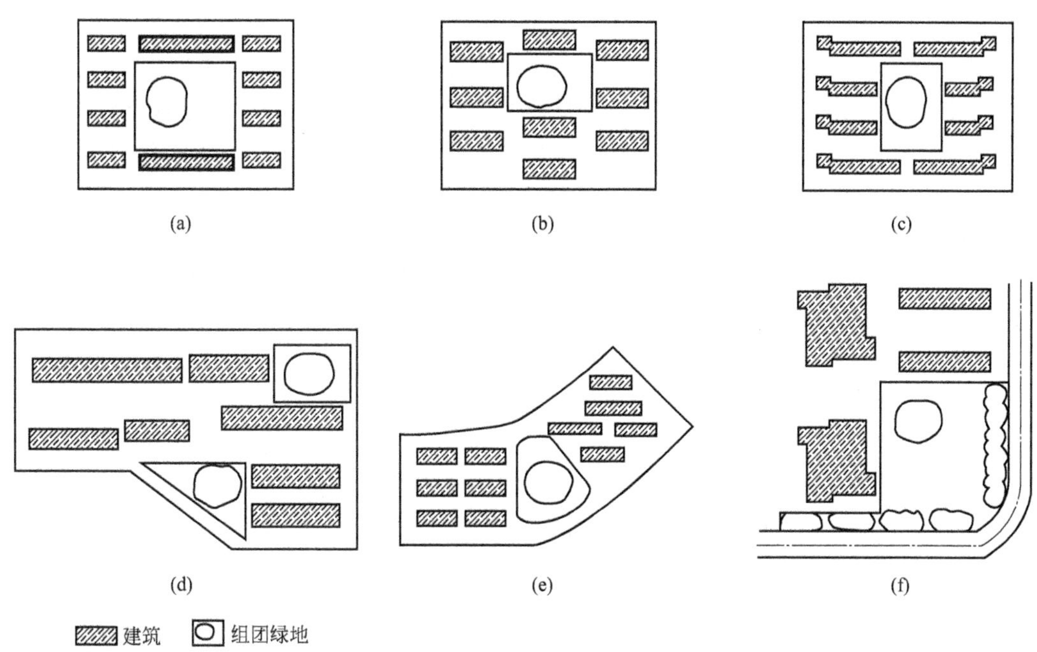

图 5-1　组团绿地的位置

① 周边式住宅中间布置绿地［图 5-1(a)］。由周边住宅围合而成的庭院绿地集中组成，不受外界道路、行人及车辆的影响，环境安静，有较强的封闭感，在同等建筑的密度下可获得较大的绿地面积。

② 扩大住宅间距布置绿地［图 5-1(b)］。在行列式布置中，将适当位置的住宅间距扩大到原间距的 1.5～2 倍，在扩大的住宅间距中布置组团绿地，可使连续单调的行列式狭长空间产生变化，也有利于避开住宅阴影对绿化的影响。

③ 行列式住宅山墙布置绿地［图 5-1(c)］。加大行列式住宅山墙间的距离，在山墙间开辟组团绿地，打破了行列式山墙间形成的狭长胡同的感觉，又可以与房前屋后的绿地空间相互渗透，增加绿化空间变化。

④ 居住组团的一角布置绿地［图 5-1(d)］。在不规则的地段，利用不便于布置住宅建筑的角隅空地布置组团绿地，避免土地浪费。

⑤ 两组团之间布置绿地［图 5-1(e)］。在住宅组团用地布局受到限制时，可在两组团之间布置绿地。这种既布置有利于组团间的联系和统一，又可以争取到较大的绿地面积。

⑥ 临街开辟绿地［图 5-1(f)］。将绿地临街布置，既可以为居民使用，又可以向市民开放，使绿化和建筑互相映衬，丰富了街道景观，成为城市空间的组成部分。

组团绿地布置的基本方式一般有开敞式、半封闭式、封闭式 3 种。

① 开敞式。也称为开放式，居民可以自由进入绿地内休息活动，不用分隔物，实用性较强，是组团绿地中采用较多的形式。

② 半封闭式。是以绿篱或栏杆与周围分隔，但留有若干出入口供居民进出。绿地中活动场地设置较少，而禁止人们入内的装饰性地带较多，常在紧临城市干道，为追求街景效果时使用。

③ 封闭式。是绿地为绿篱、栏杆所隔离，其中主要以观赏性草坪、模纹花坛为主，不设活动场地，居民不能进入绿地。

(2) 宅旁绿地规划设计

宅旁绿地即位于住宅四周或两幢住宅之间的绿地，是居住区绿地的最基本单元。宅旁绿化在居住区绿化中占地比例较大，约占小区绿化总用地面积的 50%，其布置直接影响到室内通风、采光和卫生。宅旁绿地的布局由住宅平面布置、建筑高低、组合形式、间距、地形起伏情况决定。

宅旁绿地设计应把握以下几点。

1) 入口处理　绿地出入口使用频繁，常拓宽形成局部休息空间，或者设花池、常绿树等重点点缀，诱导游人进入绿地。

2) 场地设置　注意将绿地内部分游道拓宽成局部休憩空间，或布置游戏场地，便于居民活动，切忌内部拥挤封闭，使人无处停留，导致破坏绿地。

3) 小品点缀　宅旁绿地内小品主要以花坛、花池、树池、座椅、园灯为主，重点处设小型雕塑，小型亭、廊、花架等。所有小品均应体量适宜，经济、实用、美观。

4) 设施利用　宅旁绿地入口处及游览道应注意少设台阶，减少障碍。道路设计应避免分割绿地，出现锐角构图，多设舒适座椅；桌凳，晒衣架、果皮箱、自行车棚等设计也应讲究造型，并与整体环境景观协调。

植物配置方面如下。

① 各行列、各单元的住宅树种选择要在基调统一的前提下，各具特色，成为识别的标志。

② 宅旁绿地树木、花草的选择应注意居民的喜好、禁忌和风俗习惯。

③ 住宅四周植物的选择和配置。一般在住宅南侧，应配置落叶乔木；在住宅北侧，应选择耐阴花灌和草坪配置，若面积较大，可采用常绿乔灌木及花草配置，既能起分隔观赏作用，又能抵御冬季西北寒风的袭击；在住宅东、西两侧，可栽植落叶大乔木或利用攀缘植物进行垂直绿化，有效防止夏季西、东晒，以降低室内气温，美化装饰墙面。

④ 窗前绿化要综合考虑室内采光、通风、减少噪声、视线干扰等因素，一般在近窗种植低矮花灌或设置花坛；通常在离住宅窗前 5～8m 之外，才能分布高大乔木。

⑤ 在高层住宅的迎风面及风口应选择深根性树种。

⑥ 绿化布置应注意空间尺度感。

(3) 公共设施绿地、道路绿地设计

居住区公共设施指居住区内除居住建筑之外的其他建筑设施，主要是指居民生活配套的服务性建筑，涉及居民生活的各个领域，种类繁多，各自使用功能、性质、特点及对环境的要求也不尽相同；不同分级的道路绿化要求涉及内容也较复杂。这两部分的绿地应根据实际情况，结合居住区绿地的总体规划设计要求进行设计。

5.2.2 居住区绿地的植物配置

园林植物配置是将园林植物等绿地材料进行有机的结合，以满足不同功能和艺术要求，创造丰富的园林景观。城市居住区绿地设计是以植物为主要材料的生态园林绿化工程，其目的是将生态效益、社会效益和经济效益融为一体，以丰富的植物景观为主体，兼具文化休憩的功能，为居民创造最佳、整洁、舒适、优美的生活环境。

(1) 植物配置的原则

1) 功能上的综合性　保证植物生态功能和造景功能的充分发挥，要做到两者兼顾、平衡，不能因此失彼。

2) 生态上的科学性　在植物群落的组成中，必须遵循科学性原则。丰富植物种类，最大限度地发挥其使用功能。充分考虑植物的生物学特性，适地适树和选用乡土植物；并做到软质景观为基础，硬质景观为辅。

3) 风格上的文化性　植物景观一样具有文化内涵，应根据小区的文化内涵选择相应的植物种类，发挥不同种类在文化气氛营造上的作用。如梅兰竹菊、玉堂富贵就是有代表性的树种。并在景观营造上，使各地段有所差异区别营造不同特征、不同文化的小区绿化。

4) 配植上的艺术性　利用不同植物的姿、色、香、韵，运用艺术的手法进行景观的营造，如“强调和对比”原则在植物色彩搭配上的运用，“韵律和节奏”原则在植物平面和立面景观营造上的应用，“多样统一”原则在植物同属不同种上的应用。

5) 经济上的合理性　在植物种类选择和景观营造上，也要考虑经济效益。在保证景观效果、生态效益的前提下尽可能降低建设及后期管理成本。

(2) 植物选择

目前居住区一般人口集中，住房拥挤，绿地缺乏，环境条件比较差，植树造林人为损害较大，所以在居住区绿化中，除了要符合总的规划和统一的风格外还要充分考虑选用具有以下特点的树种。

1) 以乡土植物为主，适当选用驯化的外来及野生植物　乡土植物千百年来在这里茁壮生长，是最能适应本地区的自然条件、最能抵御灾难性气候、最能适应居住区环境条件的种类，乡土植物的合理栽植，还体现了当地的地方风格。

为了丰富植物种类，弥补当地乡土植物的不足，也不应排除优良的外来及野生种类，但它们必须是经过长期引种驯化，证明已经适应当地自然条件的种类，如广玉兰已成为深受欢迎、广泛使用的外来树种。

2) 乔灌木为主，草本花卉点缀，重视草坪地被、攀缘植物的应用　冠大荫浓，枝叶茂密的落叶、阔叶乔木，在酷热的夏季，可使居住区有大面积的遮阴，而且枝叶繁茂，能吸附灰尘，减少噪声，如北方的槐、椿、杨树、南方的榉、悬铃木、樟树等。一个优美的植物景观，不仅需要高大雄伟的乔木，还要有多种多样的灌木、花卉、地被。乔木是绿色的主体，而丰富的色彩则来自于灌木及花卉。通过乔、灌、花、草的合理搭配，才能组成平面上成丛成群，立面上层次丰富的、季相多变，色彩绚丽的植物栽培群落。

3）速生树种与慢生树种相结合　新建居住区，为了尽早发挥绿化效益，一般多栽植速生树，近期能鲜花盛开，绿树成荫。但是速生树虽然生长快、见效早，但寿命短，易衰老。因此，从长远的观点看，绿化树种应选择、发展慢生树，虽说慢生树见效慢，但寿命较长，避免了经常更新树种所造成的诸多不利，使园林绿化各类效益有一个相对稳定的时期。因此，在树种选择时就必须合理地搭配速生树与慢生树，才能达到近期与远期相结合，做到有计划地、分期分批地使慢生树取代速生树。

5.3 案例分析（银杏苑小区景观设计）

5.3.1 项目概况

绍兴市位于浙江省中北部、杭州湾南岸。东连宁波市，南临台州市和金华市，西接杭州市，北隔钱塘江与嘉兴市相望，属于亚热带季风气候，温暖湿润，四季分明。

银杏苑小区位于绍兴市东南锦屏新区。北、南、东方向靠城市干道；西临城市河流，河两岸为城市滨河绿带。小区基地形状类似矩形，地势平坦，占地约 4.4hm^2。

5.3.2 设计理念

在满足人们社会交往、休闲娱乐的同时，有效控制和布置绿化空间，让绿化环境成为居住空间真正的主题，为居民创造优美舒适安全的“绿色住宅”环境。

该小区设计以自然、文化、发展为主导思想，以建设生态型、人性化居住空间环境为规划目标，创造一个富有人情味，布局合理，功能完善，交通便捷，绿色环绕、安全、舒适方便的人性化居住环境。使绿化和建筑相互融合，相辅相成，让环境成为当地文化的延续。中心景观区构成了整个小区绿化的主景，宅旁绿地多设置一些休息休闲小广场，并融入当地特色小品。根据小区名“银杏苑”，乔木配置主要以银杏等秋叶树种为主，适当配置一些常绿乔木。灌木多以常绿和观花为主，使植物景观四季常绿，三季有花。

5.3.3 功能分区

结合实际使用人群和休闲娱乐的需要，将小区分为主景观区、老年活动区、运动健身区、运动健身区、儿童游乐区、娱乐休闲区、休息区六大部分（见图 5-2、图 5-3），各部分通过绿地和道路进行有机联系。

（1）主景观区

空间开阔，位于居住区景观中心，设有中心水景广场、樱花林、紫藤花架及其他绿地空间。主景观区包括“动”，“静”两大功能，中心水景广场是“动”，樱花林等是“静”。两者依靠水体连接，相互协调，提升小区环境的整体质量。适当地布置一些小品，如亭廊，坐凳，石桥，增加情趣。居民既可以在此处游玩聊天和赏景，也可进行垂钓、遛鸟等活动。

（2）老年活动区

老年人大多喜欢安静，私密的休憩空间，他们需要有接近自然的环境，这样不仅能有好

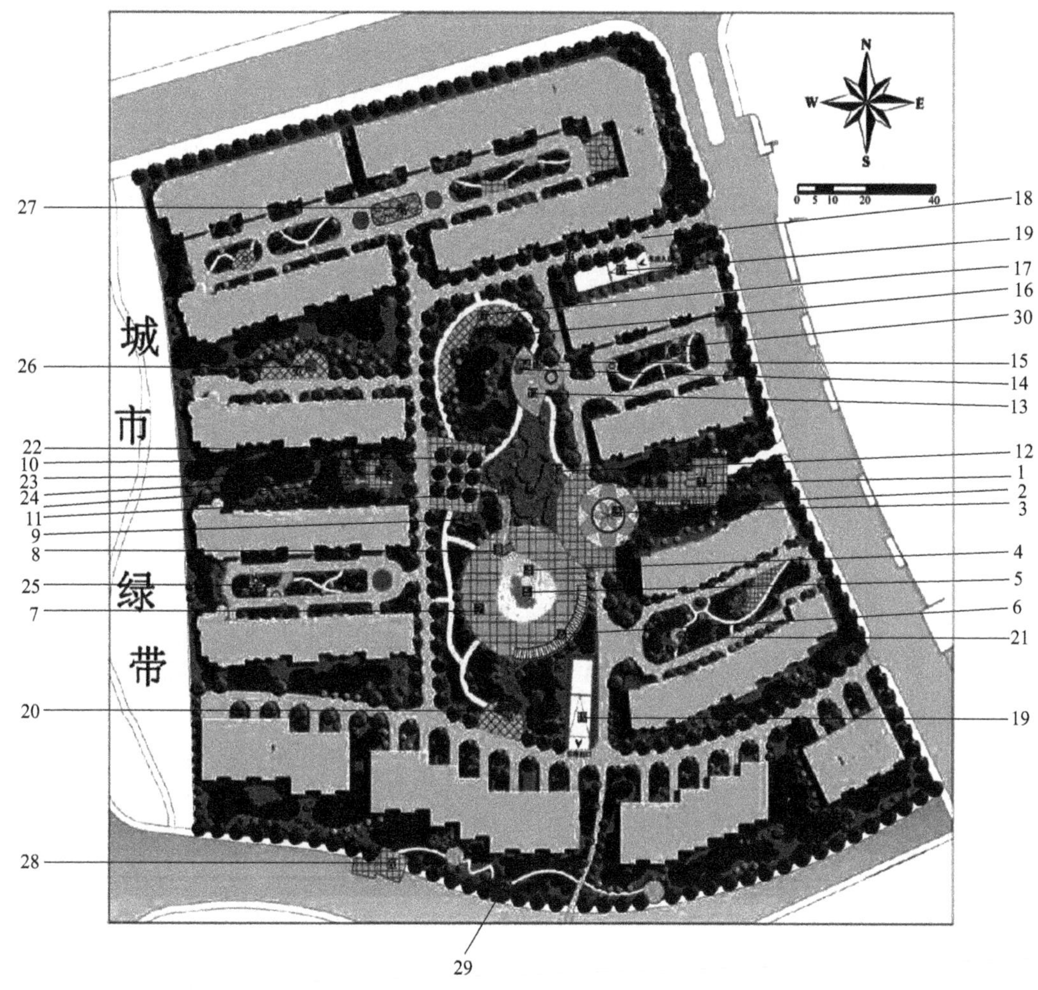

图 5-2　银杏苑小区总平面图

1—人行入口花坛；2—单面休息围架；3—舞蹈广场；4—水景喷泉；5—假山置石；6—弧形花架；7—中心广场；8—石桥；9—剪纸屏风景墙；10—树阵广场；11—溢香亭；12—樱花林；13—运动器材；14—沙坑；15—软质铺装；16—灌木丛；17—休闲广场；18—银杏道；19—地下车库；20—亲子亭；21—涌泉水景；22—文化景墙；23—涵碧亭；24—特色小品；25—葡萄架；26—儿童活动场；27—特色花坛；28—亲水平台；29—锦屏亭；30—休息小站

的空气，也可让人放松心情。很多老年人有早晨在小区中晨练，白天在小区中活动，晚上和家人、朋友在小区散步、谈心的习惯，因此老年人活动区的设置是不可忽视的。在设计中考虑分为动态活动区和静态活动区。因小区场地有限，此处的老年活动区主要以动态活动区为主，主要供老年人晨练和舞蹈健身，适当设置一些坐凳，供老年人休息聊天；而供老年人下棋、遛鸟等场所设置在其他功能分区中，其间通过步道、广场、汀步等将它们连接起来，老年人可以很方便地在各个活动区中来回走动。

（3）运动健身区

位于小区景观中心东北方向，南部是观赏樱花区，西南向是娱乐休闲广场。场地成扇形，区内主要配有健身运动器材，为居民休闲健身提供便利。场地周围避免栽植大量落果、落花的树木，以减少对运动场地的不利影响以及场地的清扫工作。

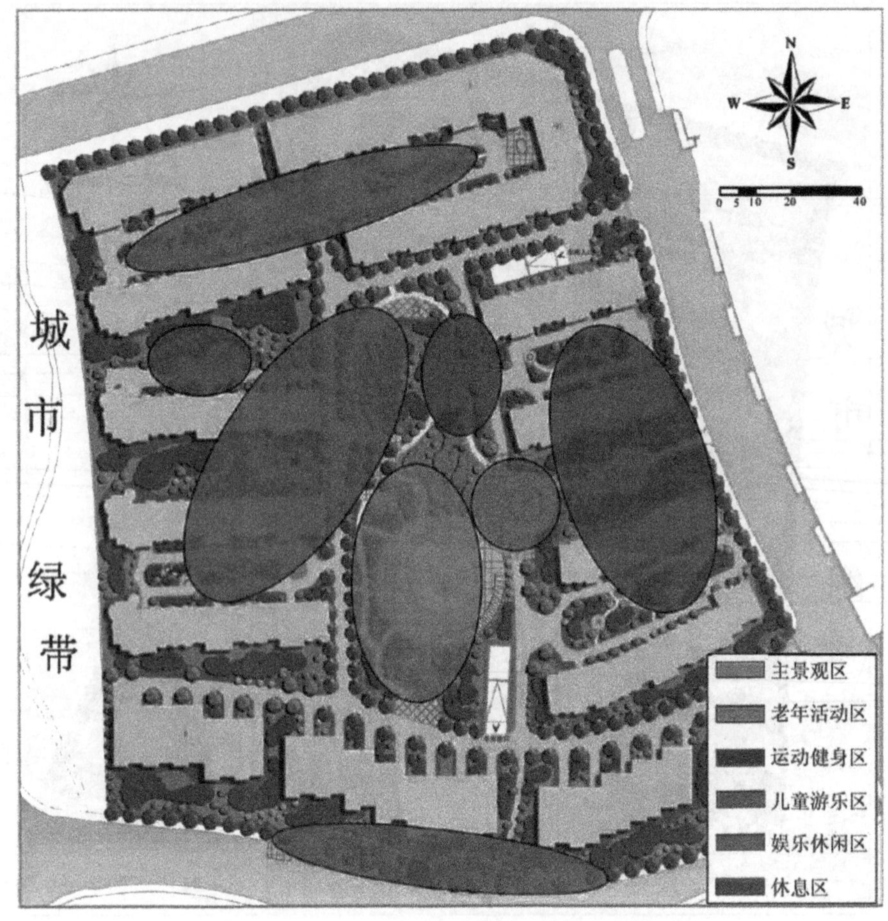

图 5-3　银杏苑小区功能分区图

（4）儿童游乐区

主要功能是作为儿童休闲、娱乐的场所，内部配有儿童游乐设施。周围绿树环绕，外界干扰较小，形成了一个半围合的小空间。为丰富色彩，吸引儿童前来游玩，铺装材料选用淡红色和白色两种颜色的广场砖。儿童游乐区的设计注重安全，避免宠物等进出，并且要远离主干道。还为家长提供休闲座椅等进行看护。还应重视儿童游乐区形象设计和整体场景营造，让孩子得到视、听、触、嗅等全方位的刺激，释放孩子的想象力和创造力，寓教于乐。

（5）娱乐休闲区

小区中设有多处娱乐休闲广场，供不同年龄层次的居民游玩休闲。小区景观中心设有娱乐休闲广场和树阵广场，既起到了娱乐休闲的作用，又可作为人流的集散地。沿着河道支流设有几处小型广场、平台，并设有休息亭廊。宅间绿地中也有设置少量小型休闲广场，使人们一出家门就有供其休闲娱乐的场地，方便居民生活娱乐。四周配置各类植物，与居住区主干道分离，给人们一个安全休闲环境，可供游人做长时间的停留。

（6）休息区

主要设置在宅旁绿地中，该片区域远离中心广场和主要道路，外界影响最小，形成宁谧悠闲的静区。该区设有多处休息坐凳、长廊等，最适合居民休息。并且该片区域中还设有一些特色小品、文化景墙、花坛等，让人们在休息的同时也能放松心情，舒缓疲劳。

5.3.4 主要景观节点分析

银杏苑小区道路系统和景观节点如图 5-4、图 5-5 所示。

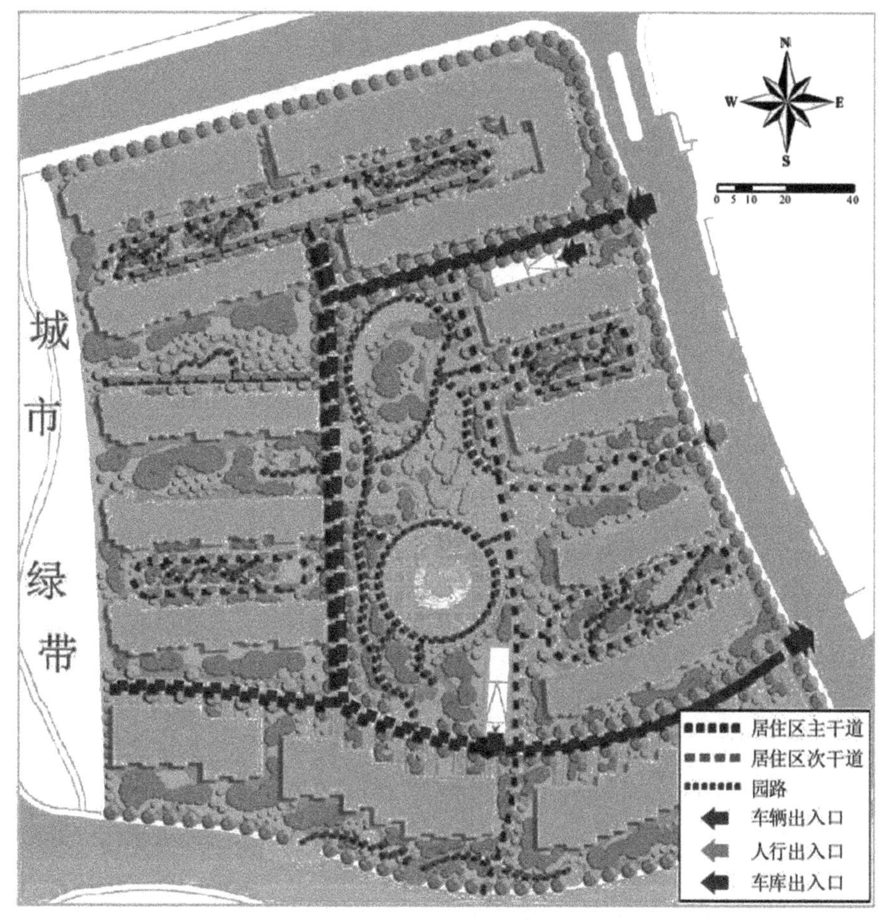

图 5-4 银杏苑小区道路系统图

(1) 出入口景观

银杏大道位于居住区主干道两旁，路宽 5m，围绕小区一周。以银杏为行道树，春夏可观银杏的葱绿，秋天树叶变黄脱落，满地的金黄，四季景观变化分明，有华贵典雅的质感。并且银杏树干挺直，给人一种雄伟大方的感觉，为小区增添了些许古韵味。路边绿化带由色彩绚丽的花灌木组成优美的街道景观，使车辆和行人的进出能有良好的视觉和心理感受。

人行入口广场主要是行人进出小区的出入口，不通车。广场呈“L”形，可做人流集散地，设有入口花坛和单面休息长廊。休息长廊是木材和石材的结合，体现了时代感，并且运用了当地的资源。休息长廊可供进入小区的居民休息和交谈。植物配置体现层次感。设计简单大方，不浮夸，给人一种舒适的感觉，让人觉得一进到小区就有种回家的感觉。

(2) 中心景观

中心水景广场为直径 40m 的圆形广场，是小区主要的人流集散地，也是居民主要的活动广场。中心为水景假山石，湖水经过樱花林，延伸到树阵广场边。模拟自然山水，加入喷泉，既体现了自然风光也表现出了时代感。广场边缘设有弧形紫藤休息花架，居民在观赏水

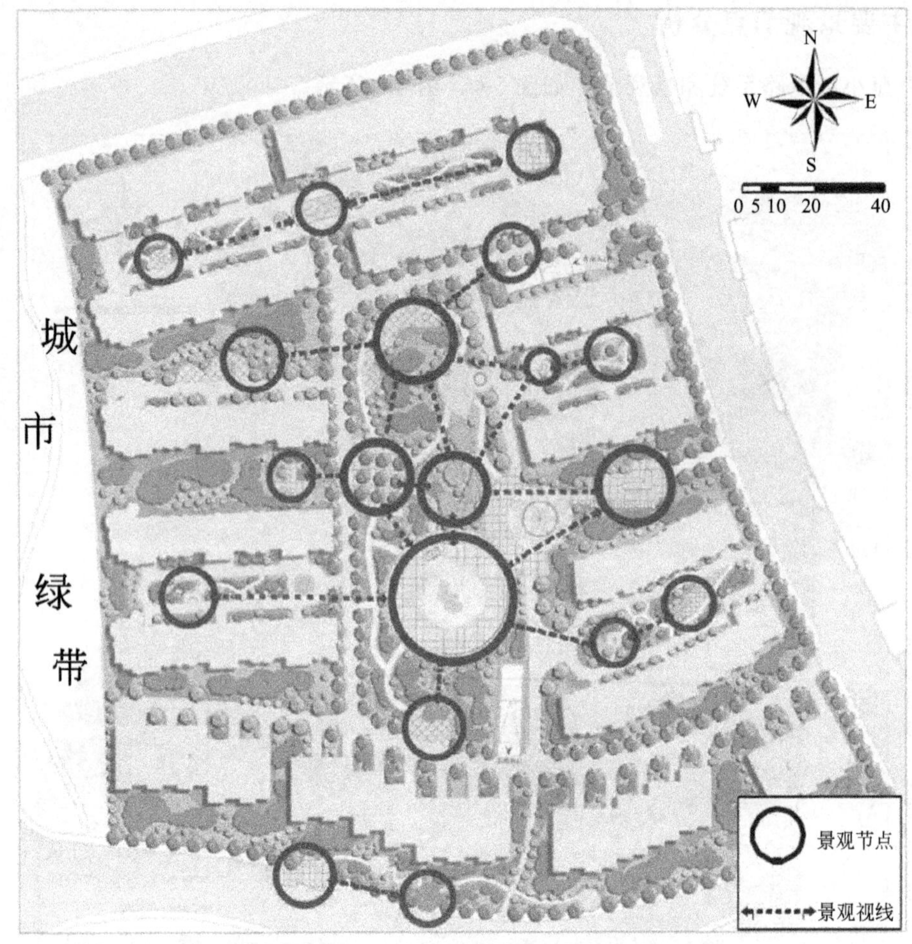

图 5-5 银杏苑小区景观节点图

景假山和紫藤花的同时也可在此嬉戏游玩和聊天休息，还可供老年人进行垂钓、遛鸟等活动。使人与人之间、人与自然之间更好地交流，增进彼此之间的感情。

樱花林位于中心绿地东侧，通过湖水与中心广场相连。樱花林中设有芳菲亭，既可以供居民休憩闲聊，又可观赏樱花的灿烂和湖水的荡漾。溢香亭通过卵石连接园路。春天樱花盛开时，花繁艳丽，满树灿漫，如云似霞，很是壮观，为居住区增添了色彩，使人们在观赏的同时能够放松心情、消除疲劳。

树阵广场位于中心绿地西侧，与居住区主干道相接，选用的树种是朴树，因为朴树树冠圆满宽广，树荫浓郁，可供人们乘凉蔽日，可形成很好的景观效果。并且树阵广场设有石桌凳，可供老年人下棋打牌等娱乐活动。树阵广场旁设有剪纸屏风景墙，体现剪纸文化。剪纸屏风景墙还可达到漏景的效果，通过景墙缝隙人们可以看到后面的景观。

休闲广场位于中心绿地北边，广场似波浪状，线条自然，广场中设有休息坐凳，供人们休息交谈，增进彼此感情。休闲广场既可以供居民娱乐休闲，它也作为居住区的主要人流集散地之一。广场靠主干道周围种有高大乔木和低矮灌木，与主干道分隔开，让人们放心安全地在此游玩。

舞蹈广场位于中心绿地东侧，左与樱花林、中心广场相连，右与人行出入口相连。铺装采用了特色铺装，形似银杏叶，与小区名称相呼应。广场主要供老年人晨练、舞蹈等活动，内设有休息坐凳，供老年人休息。老年人在休息的同时既可以聊聊天，也可以观赏水景和樱花，丰富了老年人的生活。

运动健身广场主要供居民健身娱乐，内设有健身器材、沙坑等。采用塑胶铺地，给居民提供一个安全的健身场所。

(3) 宅旁绿地

特色花坛设置在宅旁绿地中，因为绍兴是水乡，所以特色花坛以“鱼”为形，体现特色，也增加居住区的趣味性。主要以观赏花卉为主，如一串红、万寿菊、报春花等。

小涌泉是直径为 1m 的圆形小涌泉，增加情趣和时代感。旁边设有以社戏为主题的小雕塑，增加趣味感。

绍兴盛产葡萄，为体现当地特色，在宅旁绿地中设置小型葡萄架，葡萄架为“S”形，葡萄架连接小广场，广场中设有休息坐凳，人们可以在休息闲聊的同时观赏葡萄。

文化景墙以石材为主，景墙上刻有绍兴历史人物事迹和书法、越剧等地域文化，让人们在休息的同时能够了解当地的文化。

6 单位附属绿地规划设计

单位附属绿地指在某一单位或部门内，由该部门或单位投资、建设、管理和使用的绿地。单位附属绿地的服务对象主要是本单位的员工，一般不对外开放，因此单位附属绿地也称为专用绿地，这些绿地在丰富人们的工作、生活，改善城市生态环境等方面起着重要的作用。常见的单位附属绿地主要包括机关团体、部队、学校、医院、工厂等单位内部的附属绿地，也包括宾馆、饭店的附属绿地。

6.1 学校绿地规划设计

校园是学校精神、学术和文化的物质载体。校园绿地设计应体现学校特点和校园文化特色，形成充满生机和活力的现代校园环境。校园绿地可具体分为幼儿园绿地、中小学绿地和高等学校绿地。其中以高等学校功能最为完善，其绿地规划设计最有代表性。

6.1.1 校园绿地设计原则

(1) 整体性原则

从整体上确立大学校园景观的特色是设计的基础，这种特色来自于对大学校园所处的气候、环境、地理、自然条件、历史、文化、艺术的尊重与发掘。校园绿地设计是在学校的建筑群中展开的，应使小布局的设计既有“一楼一景”的多样性，又围绕校园文化主题，从整体上和谐统一。

(2) 以人为本的原则

学校的主体是教师和学生，这就要求充分把握其时间性、群体性的行为规律，如大礼堂、食堂等人流较多的地方，绿地应多设捷径，园路也适当宽些。空间的组织与划分应依据不同层次需要，组织不同活动空间各种设施设置、材料的选择、景观的创造要充分考虑师生的心理需求。

(3) 突出校园文化特色原则

充分挖掘校园环境特色和文化内涵，运用雕塑、廊柱、浮雕、标牌等环境小品，结合富有特色的植物来强化校园的文化气息。

(4) 景观生态规划原则

景观生态规划是指应用景观生态学原理，以区域景观生态系统整体优化为目标，在景观生态分析、综合和评价的基础上建立区域景观生态系统优化利用的空间结构和模式。以植物造景为主，尽可能进行乔、灌、草多层次复式绿化，增加单位面积上的绿量，以有利于人与自然的和谐，使其可持续发展。

6.1.2 高等学校校园绿地分区设计

按照高等学校校园的功能，一般将整个校园划分为入口区、教学区、体育运动区、学生生活区、教工生活区、后勤服务区和集中绿化区等。设计中应当充分考虑校园的自然条件、学科特点、学校历史等因素，在整体一致性的前提下应各有区域特点。

(1) 入口区绿化设计

校园大门、出入口是学校对外展示和充满活力的绿化空间。它应展现学校的人文底蕴和精神面貌，是全校重点绿化美化地区之一。

入口区绿化布局以规则式为主，在大门和出入口选用美丽的常绿乔灌木和开花植物在其周围进行装饰，以形成生动、活泼、开朗的景色。可在入口和大门内设置广场、花坛、喷水池、雕塑等，或栽植美丽的孤立树，或在入口处与主要建筑物的正面组成完整的空间，或在入口处主要干道两侧布置带状绿地。干道两侧可种植一些树冠高大、树阴浓密的观赏树。如图 6-1 所示。

图 6-1　清华大学入口区绿化

(2) 教学区绿化设计

教学区包括该区是学校的主体建筑群区，集中了图书馆、教学大楼、实验大楼等主要建筑，是整个校园的主体部分。

教学区绿化设计强调宁静、严肃的气氛。绿化应从其功能要求出发，形成一个宁静整洁的环境，为教学和办公创造良好的条件。因而该区可采用规则式园林布局手法，树木采用对植或列植。主入口两侧常配以整形的绿篱或高大的乔木，增强透景视觉效果；干道两侧种植树冠高大和树阴浓密的行道树；路缘可点缀花坛、花钵等小品丰富景观。教学区建筑周围绿化应保证其采光和通风，常用低矮的灌木和小乔木，如要种植大乔木，必须离建筑有 5m 以上的距离。教学楼南侧可以多种植落叶大乔木，夏日遮阴；北侧则选择具有一定耐阴性的常绿树种，冬季挡风。如图 6-2 所示。

图 6-2　厦门大学翔安校区内的国际学院教学楼周边绿化

教学区不同院系、学科的专用建筑和庭院等环境绿化可采用不同的造景形式和植物种类，形成各自的特点。

不同性质的实验室对于绿化有不同的特殊要求，如防火、防尘、采光、通风等方面，要根据实际情况选择合适的树种，进行绿化设计。例如，精密仪器实验室周围不能种植有飞絮的植物，如悬铃木、垂柳；有防火要求的实验室周围不能种易燃树种，如槲树、橡树等。具体可参见工矿企业有特殊要求的车间设计。

礼堂建筑周围应有基础栽植（紧贴建筑的绿化带，一般宽 2～5m）。基础栽植以规则式绿篱为多，常用龙柏、金叶女贞、大花栀子等。礼堂外围种植纯林为多。在保证交通功能的前提下，在礼堂正面可种植树形优美的大常绿树，大树周围种植草花或摆设盆花。在礼堂前面的集散广场，可以临时摆设盆花花坛，广场两侧宜种植大乔木。

教学区与运动区之间应设置 5m 以上的乔木和灌木组成的绿化隔离带，并选用吸音、吸尘能力强的树种，如朴树、梧桐、悬铃木、女贞、广玉兰、桑树等，达到隔离噪声、降低粉尘的作用。

（3）体育运动区绿化设计

体育运动区包括大型室外体育场、体育馆或游泳池、球类运动场、器械运动场等。该区是学生进行体育活动的场所，绿化形式以规则和简洁为主，最好选择具有较强抗尘和抗机械破坏性能的植物。运动场附近宜布置一定面积耐践踏草坪和成片树林，为学生运动之后休息提供方便。运动场周围设置 5m 以上的绿化隔离带，上层配置高大乔木，下层配置耐阴灌木，形成绿墙，以有效地发挥滞尘和隔声的作用，减少运动对外界的干扰。

（4）学生生活区绿化设计

学生生活区是学生生活的主要场所，该区宿舍楼宇密集，人口集中，而且学生常常在宿舍附近进行一些小型的体育活动。因此，该区的绿化设计要充分考虑学生的需要，既保证合理的绿化率，又要留出具有文化沉淀的适宜学习交往和公共活动的场地。由于学生生活区的活动场地多面积小而零散，布局多采用自然式或混合式手法，采用装饰性强的花木布置环境。绿化以建筑和道路周围的基础绿化为主，常选用花灌木和小乔木。宿舍区绿化面积相对较大的地方可布置小游园，开辟休闲活动场地，也可采用不同种类的植物形成专类园，创造丰富多彩、生动活泼的学生生活区环境，如武汉大学学生生活区已形成樱园、梅园、枫园、桂园等，各有特色和情趣。

（5）教工生活区绿化设计

该区主要有教工宿舍、商店等建筑及教工生活设施。该区相对独立，建筑密度较大，是教工及其家属的生活场所，其绿地设计与居住区绿地相类似。该区景观绿化设计应和他们的生活特点相适应，并尽量营造高雅的文化氛围，为教工休闲锻炼提供良好的绿化环境。绿地面积较大的地方可布置小游园和健身场。植物种类上应丰富，可选择部分有文化内涵、寓意的植物，如松、竹、梅、桂、桃、李等，体现高雅的情趣。

（6）后勤服务区的绿化设计

该区绿化常以常绿乔灌木为主，见缝插“绿”，增加绿地率，改善环境。对一些有特殊功能的建筑，如配电房、动力站和泵房等，应保证绿化与管线在水平和竖直方向都应保持一定的安全距离，以保证建筑和设施的安全。

（7）集中绿化区（景区）的绿化设计

在高校校园中，面积较大且绿化相对集中的区域，称为集中绿化区或景区。该区是校园绿化的重点部分，应结合所处位置，运用造景手法，形成校园主景或布置成游园，为师生晨读、交流、健身、举办集体活动等创造户外空间。如大门前广场设计一般以雕塑、喷泉或标志性建筑小品等为主，绿化处于附属位置，适合选取常绿乔灌木和开花植物在周围进行装饰。校园中心绿地是整个校园中面积最大也是功能最全的一个绿地区，多采取自然式布局形式，为学生提供了一个充满自然气息、安静的课外游憩和学习的优美环境。

6.2 医疗机构绿地园林景观设计

医疗机构主要是指各种综合医院、专科医院以及其他有属于门诊性质的门诊部、防治所以及较长时期医疗的疗养院等用于治疗、防疫、保健、疗养等各种机构的总称。医院绿地是医院外环境的重要组成部分，绿地面积是衡量医院环境质量的重要指标。国家规定新建医疗机构规划绿地面积应占建设用地面积的35%以上。医院在规划建设时应将绿地建设纳入总体规划中统一规划合理布局，充分发挥绿地的生态环境效益。

6.2.1 医疗机构绿地设计要点

医疗机构的园林绿化的设计的主要思想是以人为本，创造良好的休养环境。

1）要符合相应的绿化指标　医疗机构中的园林绿化用地应占总用地面积的35%以上，绿化覆盖率应达45%以上，疗养院的绿地面积应该参照风景区的绿地指标（65%以上）。在医疗机构的布局中，要合理地按照医疗程序组织和当地的绿地建设的用地标准进行绿地设计和建设。

2）要创造相对安静的空间，满足使用者不同的活动需求　医院病人的行为模式以静态为主，如散步、静坐、观赏、交谈、阅读等。不同的活动对空间各方面的要求也就不同，如散步在道路中进行，空间是完全开敞的，交谈或静坐的活动则更喜欢在半开敞或私密的空间中进行。在进行医院绿地景观设计时要注意为病人及其家属尽可能多地创造可以逗留和休息的空间，以促进病人与病人以及病人与家属、医护人员的交往。如在一定的空间中设置一处中心景观，座椅围绕处在中心位置的景观环绕布置，病人及使用者可一边欣赏景观一边休息或进行交谈。

3）植物配置要求充分发挥保健型植物群落的作用　科学研究证明，有些植物散发出的有益气体通过人的呼吸系统或皮肤毛孔进入人体，而把这种有益健康的园林保健植物应用到医院绿化中，并进行合理而科学搭配，就能起到很好的治疗、保健以及精神安慰等作用。如天竺葵，可防止儿童染上疾病或中毒；樟树散发出的芳香型挥发油，能帮助老年人祛风湿、止痛；菊花、金银花的香味，可降低高血压；松柏类分泌挥发物质具有杀死结核菌的作用；茉莉等芳香植物可种植在医院的生活区，但并不适合种植在肺结核病人区域。20 世纪末在一些发达国家如美国等就出现了森林医院。

4）要注重无障碍设计，体现人文关怀　医院的绿地景观有促进身体健康的特殊功能，人性化医院绿地的引入，在增强医院医疗功能的同时，还可以更好地服务于人。因此，它比其他任何公共绿地空间都应更加重视无障碍设计。如木质座椅的使用可以避免因过多石材带来的“冰凉”感；道路的缓坡和盲道设计等。

6.2.2　综合性医院绿地设计

综合医院按功能可以分为门诊部，住院部，辅助医疗部，行政管理及其他部门。具体的园林绿化要依据不同的分区和功能进行设计，要考虑美学原则，又要讲究生态保健功能，以及与医疗场所的环境条件的适应性。如图 6-3 所示。

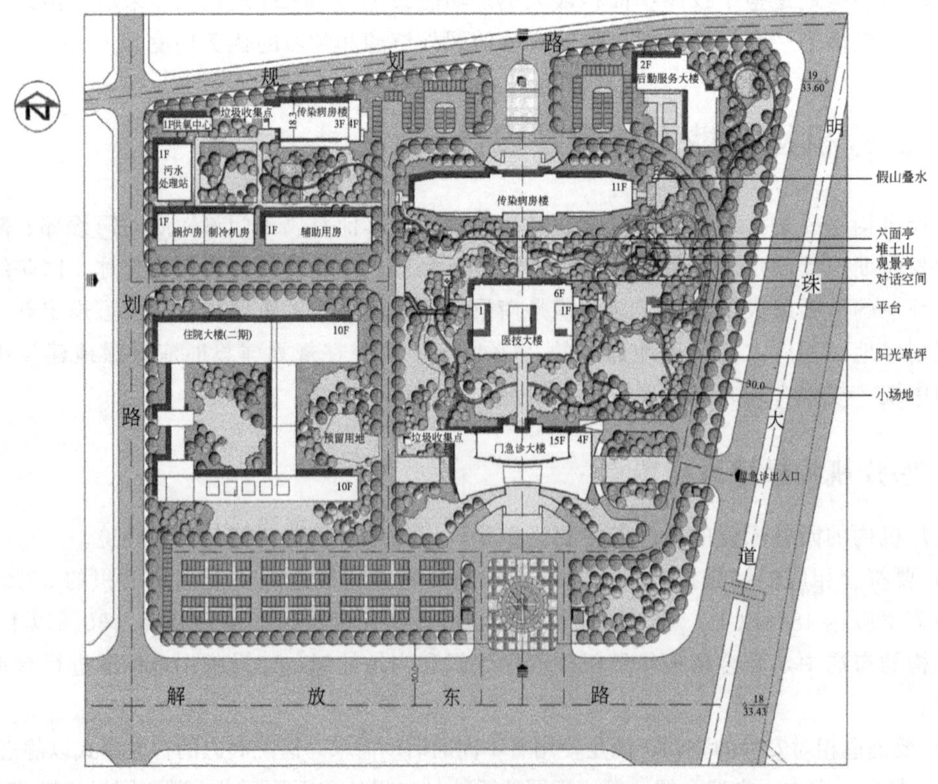

图 6-3　石首人民医院设计（黄志翔，湖北天一建筑有限公司）

（1）门诊部

门诊部一般靠近医院主要的出入口，是对前来就诊的各种病人进行医疗诊断的地方。因此，门诊部前必须有宽阔的停车场，以集散各种人流和车辆。这里的绿地应以装饰效果为主，起疏导人流、隔离污染和装饰的作用，与街道绿化相协调。此处的绿化设计应以广场为主要形式，为候诊病人创造出凉爽舒适的环境，便于短时间的停留和休息，可选用树冠大、具有良好遮阴效果的乔木树，可以种植海棠、紫薇、樱花等，以创造出开阔的空间，如开朗明快的疏林草坪。硬化地面应占该部分绿化用地面积的 65％左右，结合规划面积的大小，可布置鲜艳的花坛，喷泉雕塑等，营造明快的氛围。

（2）住院部

住院部园林的绿化设计应该为病人休养提供安静的环境，因此，该处园林布置应该以自然式为主，布置亭子、坐凳、廊道等休息设施，道路等采用无障碍设计。绿化面积应占该地面积的 65％以上。植物配置在选材上要尽量考虑病人的情绪，应该选种季节性分明的花草植被，常绿树木和落叶树的理想搭配比例为 3∶1，尽量引用乡土树种和生命力强的树木花草。

在住院部的四周应多种植能分泌杀菌素的植物，如樟树、罗汉松、夹竹桃、大叶黄杨、法国冬青、石楠、龙柏、雪松、圆柏等，起到辅助治疗的作用。据计算，1hm^2 圆柏林于 24h 之内能分泌出 30kg 的杀菌素。而广玉兰能够散湿去风，适合老年人常在附近活动。在园林美的基础上有机地组织这些植物以形成一定的植物群落，让病人有一个安静、清爽的休养环境，而植物旺盛的生命力更能唤起人们对是生命的热爱。另外，桂花、含笑等植物种植在住院部可使人有精神愉快的效果。

在门诊部和住院部绿地的过渡带可以修建水池，水池以浅池为好，水池中可种植睡莲，池边可种植垂柳等，让病人置身其中能感受到大自然的气息。

对于传染病房，要注意病房要远离一般住院部和宿舍、住宅区等。鉴于病人的特殊性，在植物配置上多选用杀菌能力强的植物，如马尾松、黑松、雪松、水杉等松柏类植物和丁香、忍冬等，不仅能更好地净化空气有利于病人的健康外，还能阻挡噪声，形成安静的休息环境，与周围的空间隔离，起到一定的封闭作用。

（3）辅助医疗、行政管理及其他部分

行政管理区域的绿化服务对象是医院的管理人员和医护人员和其他工作人员，应采用庭院式的绿化。在植物配置上以精致、细腻为主要特点，可以种植桂花、茉莉等芳香植物达到愉悦精神、清新空气的目的，并配植海棠、杜鹃、彩叶植物等各种园林观赏植物形成观赏植物群落，为工作人员起到舒缓疲劳、净化空气、赏心悦目的作用。

辅助医疗部的植物配置以简单的形式为主，如用草皮和较密集的乔、灌木形成围合而封闭的空间。最好在住院部与辅助医疗部之间可以设置活动场所，这对病人和工作人员具有调剂的作用。

锅炉房、食堂、库房、垃圾处理场、太平间等特殊的地方，要设在医院的偏僻地段，距离一般病房至少 30m，这些地方相互之间也要拉开距离，除食堂和锅炉房可距离住院部稍近外，其他地方更要注意其封闭性并远离街道和相邻地段。植物配置首先要考虑选用生长茂密的品种，形成隔离绿带。如栽植法国冬青、大叶女贞等形成较高的篱墙等，对于灰尘较多的地方则可以种植悬铃木、梧桐、忍冬、女贞、臭椿等阻滞烟尘、吸收二氧化硫、氯气等有害气体的植物，可适当种植紫叶李、木槿、酢浆草、石蒜等花、灌木和地被植物。在这些区域的过渡地带一定要有高大的乔木形成空间的隔离，如樟树、罗汉松等形成的林带。

(4) 植物选择

植物选择注意：a. 应尽量选择有净化空气、杀菌等生态作用的植物种类，以期起到良好的辅助治疗的作用；b. 用作绿化隔离的植物可以选用果树或其他经济作物；c. 所选用的植物应无毒、无臭味、无飞絮、少落果；d. 尽量选用管理粗放，对土壤、水分、肥料等要求不高，病虫害少，抗性强的树种；e. 林下植物以及花坛内，可种植具有观赏性的药用植物，如麦冬、芍药、金银花、枸杞、杨梅等。

6.2.3 专科医院绿地设计

专科医院是以某个专科或者几个相关的科组成的医院，如儿童医院、妇产医院以及其他的专类医院。这类医院对病人有特殊的要求，病人对医院的环境也有特殊的要求，应根据各自不同的特点进行绿化。

(1) 儿童医院

由于病人的年龄特殊，所以医院中的绿化设计必须保持必要的“童心”。绿地中要适当设置儿童活动场地和游戏设施，场地和设施的色彩、形式、尺度等要富有童趣，创造活泼、新奇的气氛，符合儿童的心理需要，减少疾病和医院给儿童造成的压力。植物配置不能使用单一的色调而使得环境显得沉闷，应该以鲜艳的色调为主，简单搭配。禁止选用带飞毛、臭味、有毒、有刺的植物，以免带来不必要的麻烦。因此，建议选用本地草或者耐践踏的草种建成的草坪绿地为主，如需分隔空间，应使用小巧的篱笆或者修剪整齐且较矮小的绿篱。乔木可用银杏、桂花、阴香等，灌木可选用茉莉、杜鹃、金丝桃、海桐、色叶植物等，修剪成球状，恰当地布置，配以时令鲜花（盆花）等。同时，根据儿童的心理和需要在绿地内适当布置跷跷板、小巧的桌椅等，这样既可以休息又可吸引儿童、增加绿地的趣味性，开阔了视野，尤其对正在打针的宝宝还能吸引他们的注意力，方便医护人员的工作。

(2) 妇产医院

这里的园林绿化用地的服务对象人员除医护人员、管理人员、工作人员外，主要是来待产的准妈妈们和已经生产了的妈妈们，因此园林绿化设计应主要满足妈妈们的生产和生产后的需要。植物造景所形成的绿地，空间要开阔，绿地内的植物和绿地的格调要有舒适感和轻松感。植物在选择上，不仅要有很好的观赏性还要具有安全性，要使用空气净化较强的树种，不要使用有飞絮、有毒、有异味的植物，这样有利于母婴呼吸更新鲜的空气。

植物配置上，宜选用雪松、樟树、桂花、木荷、景烈白兰、法国冬青、栀子等各种生长茂密的乔木、修剪整齐的灌木如各种绿篱，樱花、红梅等花、灌木，形成相对封闭和安静的空间。

在绿地中最好有较长的鹅卵石或其他路面，蜿蜒曲折，用于孕妇的行走；道路两边则设置休闲的长凳，以方便孕妇随时休息。其他绿化地面应以地被植物为主，如鸢尾、酢浆草等，也可以修建草坪，配植樱花、杜鹃、紫薇等各色花灌木等，总之植物配置应力求简洁、大方。

(3) 传染病医院

传染病医院主要收治各种急性传染病患者。其绿地功能除考虑综合性医院的一般功能外，应重点突出其防护和隔离作用。

防护林带应比一般医院更宽，至少种 3 行乔木。林带应由乔灌木组合而成，同时注意常绿树的比例应更大，以期在冬季也能有较好的防护作用。在不同的病区之间也要有适当的隔离，利用绿地把不同病区的病人组织到不同的绿化空间中去，避免交叉感染。由于病人的活动能力不大，活动内容以散步、下棋、聊天为主，所以绿地面积不宜太大。休息场地要距离病房近一些，以方便利用。

（4）精神病医院

精神病医院主要收治精神病患者。精神病医院的绿地设计应突出安详、宁静的气氛，多种常绿乔灌木，少种花灌木。以白、绿色调为主，常选种植白色花灌木，如白碧桃、白月季、白牡丹、白丁香等。可在病房区周围布置休息庭园，让病人在此做日光浴，感受自然气息。

6.2.4 疗养机构绿地设计

疗养院是指用于恢复工作疲劳、增进身心健康、预防疾病或治疗各种慢性病的医疗保健机构，大多利用当地的得天独厚的自然条件（温泉、日光、有特殊作用的砂石等），具有特殊的治疗效果。

疗养院与综合性医院相比，其面积、规模更大，多依山傍水，风景优美，这种医疗机构的园林绿化设计和植物的配置应以“因地制宜”为主要原则，大面积地植树造林，形成有多种游憩功能的绿地空间，更好地发挥休息、疗养作用。

疗养院入口的绿化应尽量满足车辆和人流的需要，植物配置要大方得体，主题鲜明，或小巧精致或粗犷朴素，要有自己的风格特色。院内道路两侧绿化以开花乔木为主。如玉兰、山桃、樱花、泡桐、榆叶梅、梨、杏、红叶李等。院内绿地要尽量做到山与水的有机结合，依据疗养院本身的地理条件因地制宜，低处可开池沼，高处可置亭台。亭台楼阁、水榭假山、溪流瀑布等设计相得益彰，与植物相互搭配，建造出令人心旷神怡的园林绿地和生态景观空间。疗养院的后段（院后）一般靠山或背水，并有大面积的马尾松林等松柏类植物、竹类植物等空气净化力强、杀菌能力强的植物组成的混合植物群落，有很好的净化空气的效果。

6.3 工矿企业绿地设计

工矿企业用地是城市建设用地的重要组成部分，一般占城市总用地面积的 15%～30%，有些工业城市可达 40%以上。工业是城市污染源的重要来源之一，工矿企业绿地规划设计对于美化环境、优化生产工作条件、改善城市生态环境具有重要意义。

6.3.1 工矿企业绿地概述

（1）工矿企业绿地的特点

工矿企业绿地与其他绿地形式相比有一定的特殊性。

1）环境恶劣　工矿企业在生产过程中常会排放或逸出各种有害于人体健康、植物生长的物质，污染空气、水体和土壤。其次，在规划用地时，工业用地本身的土壤肥力等条件相对就较差，加上基本建设和生产过程中材料堆放、废物排放，使土壤、空气及其他植物生长条件变差。

2）用地紧张　工矿企业中建筑及各项设施的布置都比较紧凑，建筑密度大，能用作绿化的绿地很少，常常需要“见缝插绿”，如进行垂直绿化、开辟屋顶花园等。

3）生产工艺造成的局限　工厂企业的中心任务是发展生产，为社会提供量多质高的产品。厂区里空中、地上、地下有着种类繁多的管线，不同性质和用途的建筑物、构筑物、道路纵横交叉如织，厂内厂外运输繁忙。而生产建筑的周围，往往又是原料、半成品或废料的堆积场地，难于绿化。

4）服务对象单一　工矿企业绿地是本厂职工工休的场所。职工的工作性质比较接近，人员数量相对固定，工休次数较少，持续时间比较短，加上环境条件的限制，使可以种植的花草树木种类受到限制，这不同于其他城市绿地（公园、广场等）中使用者有较长的使用时间。

（2）工矿企业绿化设计的面积指标

工厂绿化规划是工厂总体规划的一部分。工厂绿地面积的大小，直接影响到绿化的功能、工业景观。一般来说，只要设计合理，绿化面积越大，减噪、防尘、吸毒、改善小气候的作用也就越大。美国工业花园协会资料表明，工厂花园面积要达 16.2m^2 以上，建筑率定为 25％～30％。我国城建部门对新建工矿企业绿化系数也制定有相关标准，如表 6-1 所列。

表 6-1　新建工矿企业绿化系数　　单位：％

行业	近期	远期
精密机械	30	40
轻工业、纺织	25	30
化工	15	20
重工	15	20
其他	20	25

注：引自赵建民等《园林规划设计》。

（3）工矿企业绿地的类型

1）厂前区绿地　厂前区一般由主要出入口、门卫收发室、行政办公楼、科学研究楼、中心实验楼、食堂、幼托、医疗所等组成。此处是全厂的行政、技术、科研中心，是连接城市与工厂的纽带，也是连接职工居住区与厂区的纽带。厂前区的环境面貌在很大程度上体现了工矿企业的形象和特色，是工矿企业绿化的重点地段，对于景观要求较高。

同时，厂前区一般位于企业内部的上风、上游位置，离污染源远，污染程度低，工程管线也较少，有条件进行较好的绿地景观布置。

2）生产区绿地　生产区可分为主要生产车间、辅助车间和动力设施、运输设施及工程管线。生产区绿地比较零碎分散，常呈带状和团片状分布在道路两侧或车间周围。

生产区是企业的核心，是工人在生产过程中活动最频繁的地段，生产区绿地环境的好坏直接影响到工人身心健康和产品的产量与质量。

3）仓库、露天堆场区绿地　该区是原料、燃料和产品堆放的区域，绿化要求与生产区基本相同，但该区多为边角地带，绿化条件较差。

4）厂区道路绿地　道路绿地利用道路才能延伸到厂区各个角落，最终建立起网络而与其他绿地进行关联。由于厂区道路是车辆、职工经常出入的地方，也是各种管道电缆较为集中的地带，这就给绿地布置造成较大的影响。在厂区道路绿地设置时，需要让道路绿化达到遮阴、防尘、降低噪声的作用，促使交通运输安全和管网位置不会彼此干扰，实现绿地的最佳作用。

5）厂区小游园　工厂小游园是满足职工业余休息、放松、消除疲劳、锻炼、聊天、观赏的需要，对提高劳动生产率、保证安全生产，开展职工业余文化活动有重要意义，对厂容厂貌有重要的作用。

6）防护带绿地　工矿企业在生产过程中常引起污染，所以还应注意在生产区和生活福利区之间因地制宜地设置防护林带，这对改善厂区周围的生态条件，形成卫生、安全的生活和劳动环境，促进职工健康等起着重要的作用。

6.3.2　工矿企业绿地的分区设计

（1）厂前区绿地设计

厂前区一般由厂门、围墙、行政福利设施等组成。厂前区绿地规划设计要点如下。

首先，绿化要美观、整齐、大方、开朗明快，要满足交通使用功能的要求。厂前区是职工上下班集散的场所，绿化要满足车辆通行和人流集散的需要。

第二，绿地设置应与广场、道路、周围建筑及有关设施相协调，一般多采用规则式布局。

第三，厂前区的绿化布置应考虑到建筑的平面布局，主体建筑的立面、色彩、风格，与城市道路的关系等，多数采用规则式和混合式的布局。

最后，入口处的布置要富于装饰性、观赏性、引导性和标志性。厂前区是职工上下班集散的场所，也是宾客首到之处，在一定程度上代表着企业的形象，体现企业的面貌。厂前区往往与城市街道相邻，直接影响城市的面貌，因此景观要求较高。绿化设计需美观、大方、简洁、明快，给人留下良好的“第一印象”。

1）厂门的绿化设计　工厂大门是对内对外联系的纽带，也是工人上下班的必经之处，厂门绿化与厂容关系较大。工厂大门环境要注意与大门建筑造型相调和，还要有利于行人出入。大门建筑应后退建筑红线，以利形成门前广场，便于车辆停放、转变及行人出入。门前广场两旁绿化应与道路绿化相协调，可种植高大乔木，引导人流通往厂区。门前广场中间可以设花坛、花台，布置色彩绚丽、多姿、气味香馥的花卉。在门内广场可以布置花园，设花坛、花台或水池喷泉、塑像等，形成一个清洁、舒适、优美的环境使工人每天进入大门就能精神振奋地走向生产岗位。如图 6-4 所示。

2）工厂围墙绿化设计　为减少工厂与城市临近设施的相互干扰，工厂围墙绿化设计应充分注意防卫、防火、防风、防污染和减少噪声，还要注意遮隐建筑不足之处，与周围景观相调和。绿化树木通常沿墙内外带状布置，以女贞、冬青、珊瑚树、青冈栎等常绿树种为主，以银杏、枫香、乌桕等落叶树为辅，常绿树与落叶树的比例以 1∶4 为宜；栽植 3～4 层树木，靠近墙栽植乔木，远离墙的一边栽植灌木花卉。

3）行政福利设施绿化设计　厂前区行政福利设施一般包括行政办公、技术科室房，食堂，托幼保健室等福利建筑。为了节约用地，创造良好的室内外空间，这些建筑往往组合成一个整体，多数人建在工厂大门附近。此处为污染风向的上方，管线较少，因而绿化条件较好。建筑物四周绿化要做到朴实大方，美观舒适。也可以与小游园绿化相结合，但一定要照顾到室内采光、通风。在东、西两侧可种落叶大乔木，以减弱夏季太阳直射；北侧应种植常

图 6-4　五粮液集团有限公司入口景观

绿耐阴树种，以防冬季寒风袭击；房屋的南侧应在远离 7m 以外的地方种植落叶大乔木树种，近处栽植花灌木，其高度不应超出窗口。

(2) 生产区绿地设计

生产区是生产的场所，污染重、管线多、绿化条件较差。但生产区绿化面积较大，绿地对保护环境的作用更突出，更具有生产工厂的特殊性，是工厂绿化的主体。

生产区绿化主要以车间周围的带状绿地为主。该处是厂区绿化的重点部位，在进行设计时应充分考虑利用植物的净化空气、杀菌、减噪等作用，要根据实际具体情况，有针对性地选择对有害气体搞性较强及吸附粉尘、隔声效果较好的树种。从总体来看，应考虑以下几点：a. 生产车间职工劳动特点；b. 车间出入口作为重点美化地段；c. 考虑职工对园林绿化布局形式及观赏植物的喜好；d. 注意绎种选择，特别是污染车间周围；e. 注意车间的通风、采光要求；f. 考虑四季景观；g. 满足生产运输、安全、维修等要求；h. 处理好与各管线的关系。

生产区车间的生产特点不同，室外绿化设计也应区别对待。

1) 对环境有污染的车间　在有污染的生产车间周围进行绿化时，首先要了解污染的种类、污染源和污染的程度。在有污染的生产区周围的绿化应以卫生防护为主，有针对性地选择树种进行合理的绿化布置。如图 6-5 所示。

有气体污染的生产区车间附近，特别是污染较严重的盛行风下侧，不宜稠密地栽植树木，可设开阔低矮的草坪、地被植物、灌木等，疏植乔木，以利于通风和有害气体的扩散、稀释；车间之间可结合道路设置绿化隔离带；宜种植抗性强、低矮的树木。在有严重污染的车间周围一般不设置休息绿地。另外，可在污染源适当距离处种植少量“信号植物”，以监测大气中有害气体的浓度。

对于高温车间，植物栽植应符合防火要求，宜选择有阻燃作用的树种，如厚皮香、珊瑚树、冬青、银杏、海桐、枸骨等；宜选择冠大荫浓的乔木及色彩淡雅轻松凉爽的花木；树木栽植要有利于通风，还要注意使消防车进出方便。

在有噪声污染的生产区周围，要选择枝叶繁茂、树冠低矮、树木分枝低的乔灌木，如大叶黄杨、珊瑚树、杨梅、小叶女贞、石楠等。多层次密集栽植形成隔声带，减少噪声对环境

图 6-5 某工矿企业生产区绿地

的影响。

在多粉尘的车间周围，应密植滞尘、抗尘能力强，叶面粗糙，有黏液分泌的树种。

2）对环境净化要求较高的车间 如食品、电子、印刷、制药、精密仪器制造等车间，对周围的绿化要求清洁、防尘，并有良好的通风和采光。所以一方面宜选择无飞絮、无花粉、落叶整齐、滞尘能力强的树种；另一方面同时注意低矮的地被和草坪的应用，以起到固土、防止扬尘的作用。

3）一般车间 一般车间即本身不产生有害物质污染周围环境，对周围环境也没有特殊要求的车间。车间周围的绿化比较自由，限制性不大，可选择姿态优美、色彩鲜艳的花木，力求做到冬夏常青、四季有花。在厂区绿化统一规划下，各车间应体现各自不同的特点，车间的出入口处可进行重点的装饰性布置。

（3）仓库、露天堆场区绿地设计

仓库区的绿化设计，要考虑消防、交通运输和装卸方便等要求，选用防火树种，禁用易燃树种，疏植高大乔木，间距 7～10m，绿化布置宜简洁。在仓库周围要留出 5～7m 宽的消防通道。并且应尽量选择病虫害少、树干通直、分支点高的树种。地下仓库上面，根据覆土厚度的情况，种植草皮、藤本植物和乔灌木，可起到装饰、隐蔽、降低地表温度和防止尘土飞扬的作用。

露天堆场的绿地，在不影响堆场操作的前提下，周边栽植高大、生长强健、防火、隔尘效果好的落叶阔叶树，外围加以隔离。

装有易燃物的贮罐，周围应以草坪为主，防护堤内不种植物。

（4）厂区道路绿化设计

工业企业内部的道路贯通工厂内外，连接厂内各区、车间和部门，由于车辆来往频繁，灰尘和噪声的污染较重，职工上下班人流也比较集中，加上路旁的电杆、电缆、电线和地下给排水管道，都能给绿化带来一定的难度。因此，厂区道路绿化设计应结合道路规划一并考虑，根据不同区段道路人车流量、管线走向和密度，以及污染情况，选择适宜的树种进行合理配置。设计时应注意以下几点。

① 应满足遮阴、防尘、抗污染、降低噪声、保证交通运输安全及美观等要求。

② 道路绿化应充分了解路旁的建筑设施、地上、地下构筑物等，注意处理好与交通的关系，为保证行车、行人及生产的安全，道路交叉、转弯处要设非植树区以保证车行视距。

③ 主干道两侧多采用生长健壮、冠大荫浓、分枝点高、遮阴效果好、抗性强、耐修剪的乔木，等距行列式栽植作行道树。株距以5～8m为宜。交叉口及转弯处应留出安全视距。大型工厂道路足够宽时，可增加一些园林小品，布置成花园林荫道。

④ 厂内一般道路，东西向可在南侧种植乔木，夏季遮阴，南北向种在西侧。并注意选择树冠紧凑、树干挺直，枝下干较高的树种，以利运输车辆通行。

⑤ 厂内的人行小道两旁宜选用四季有花、叶色富于变化的花灌木进行绿化。

⑥ 污染区道路绿化，要十分注意抗污染能力强的乔木或灌木树种。

(5) 厂区小游园设计

小游园的内容有出入口（根据小游园大小、周围道路情况合理确定数量和位置，并在出入口设计时自成景观而且有景可观）、场地（考虑一些休息、活动的场地）、建筑小品（亭廊、花架、宣传栏、雕塑、圆灯、座椅、水池、喷泉、假山等）、植物（乔灌草结合、常绿树和落叶树结合、树林、树群、花坛等）等。厂区小游园是职工在工作之余活动的场所，应选择职工易于达到的地方。往往有如下4种位置。

① 结合厂前区布置。厂前区是人流汇集处，也是来宾首到之处，又与城市街道相邻，在此处布置小游园，既方便职工使用，又能产生较好的景观功能。如图6-6所示。

② 结合企业内部自然地形布置。企业内部如有适宜布置游园的自然地形（如原有水体、起伏地形等），不妨因地制宜，积极利用。

③ 布置在车间附近。此处设游园利用率最高。可结合道路和车间建筑进行设计。

④ 结合公共福利设施、人防工程布置。小游园若与工会、俱乐部、阅览室、食堂、人防工程等结合，则能更好地发挥各自的作用。

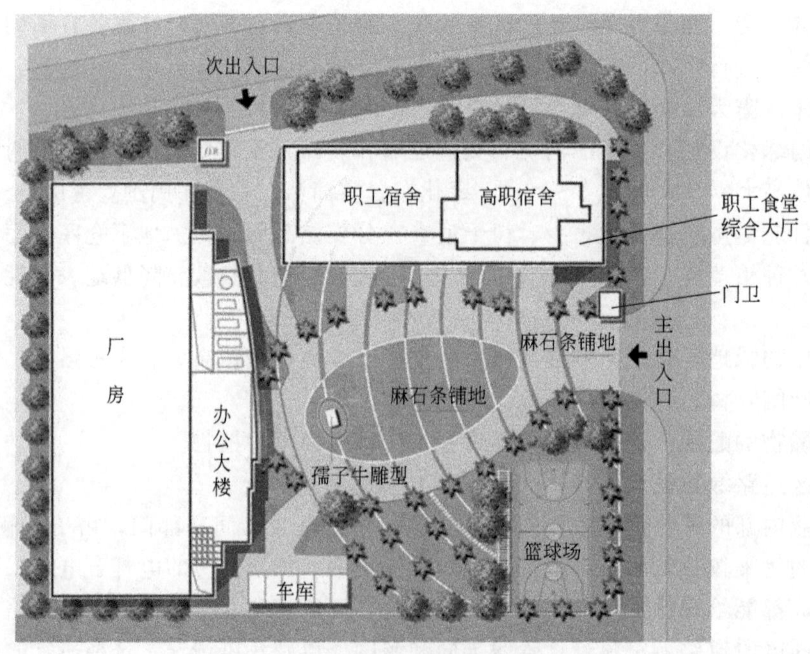

图6-6 某工厂厂前区小游园

工厂小游园设计时要精心布置，小巧玲珑，并结合本厂特点，设置标志性的雕塑和建筑小品，与工厂建筑物等相协调，形成不同于城市公园、街道、居住区小游园的格调。如上海大众有“绿色工厂”之称的厂区绿地景观，开阔的水景与微地形处理的草坪相得益彰，各种乔灌木和花卉富有空间层次感的配置，共同塑造了一个令人身心放松的环境（见图 6-7）。

图 6-7　上海大众“绿色工厂”花园厂区景观

（6）防护林设计

工厂防护林带设计是工厂绿化的重要组成部分，尤其是对那些产生有害排出物或生产要求卫生防护很高的工厂更为重要。工厂防护林带首先要根据污染因素、污染程度和绿化条件，综合考虑，确立林带的位置。

1）防护林的位置　通常，在工厂上风方向设置防护林带，防止风沙侵袭及临近企业污染。在下风方向设置防护林带，必须根据有害物排放、降落和扩散的特点，选择适当的位置和种植类型。通常考虑以下位置：生产区与生活区之间；厂区与农田交界处；企业内部各分区、车间、设备场地之间；结合厂内、厂际道路绿化形成的防护林带。

2）防护林的结构　防护林的结构形式有通透结构、半通透结构、紧密结构、复合式结构 4 种，以乔灌混交的紧密结构和半通透结构为主，外轮廓保持梯形或屋脊形，防护效果较好。防护林带内，不宜布置散步休息的小道、广场，在横穿林带的道路两侧加以重点绿化隔离。

通透结构由乔木组成，株行距较大（3m×3m），风从树冠下和树冠上方穿过，因而减弱速度，阻挡污染物质。在林带背后 7 倍树高处风速最小，有利于毒气、飘尘的输送与扩散。

半通透结构以乔木为主，外侧配置一行灌木（2m×3m）。风的一部分从林带孔隙中穿过，在林带背后形成一小旋涡，而风的另一部分从林冠上面走过，在 30 倍树高处风速较低，此林带适于沿海防风或在远离污染处使用。

紧密结构由乔木和耐阴小乔木或灌木组成，风基本上从树冠上绕行，使气流上升扩散，在林缘背后急速下沉。此结构适用于卫生防护林或远离污染处使用。

6.3.3　工矿企业绿地绿化树种的选择

工矿企业绿地具有美化景观和保护环境的双重目的，其中更重要的是对环境保护的功能。因此应注重树种的选择。

(1) 工矿企业绿地绿化树种选择的原则

1) 适地适树　植物因产地、生长习性不同，对气候条件、土壤、光照、湿度等都有一定范围的适应性，在工业环境下，特别是污染性大的工业企业，宜选择最佳适应范围的植物，充分发挥植物对不利条件的抵御能力。在同一工厂内，也会有土壤、水质、空气、光照的差异，在选择树种时也要分别处理，适地适树地选择树木花草，这样能使植物成活率高、生长强壮，达到良好的绿化效果。乡土树种适合本地区生长，容易成活，又能反映地方的绿化特色，应优先使用。

2) 满足生产工艺流程对环境的要求　一些精密仪器类企业，对环境的要求较高，为保证产品质量，要求车间周围空气洁净、尘埃少，要选择滞尘能力强的树种，如榆、刺楸等，不能栽植杨、柳、悬铃木等有飘毛飞絮的树种。由于工厂的环境条件非常复杂，绿化的目的要求也多种多样，工厂绿化植物规划很难做到一劳永逸，需要在长期的实践中不断检验和调整。

3) 选择易于管理的树种　一般来说工厂企业绿化面积大，管理人员少，所以要选择便于管理、当地产、价格低、补植方便的树种。因工厂土地利用多变，还应选择容易移植的树种。

(2) 工矿企业绿地常用的绿化树种

1) 针对二氧化硫气体的植物　有吸收能力的植物有臭椿、夹竹桃、珊瑚树、紫薇、石榴、菊花、棕榈、牵牛花等。

有抗性的植物有珊瑚树、大叶黄杨、女贞、广玉兰、夹竹桃、罗汉松、龙柏、槐树、构树、桑树、梧桐、泡桐、喜树、紫穗槐、银杏、美人蕉、紫茉莉、郁金香、仙人掌、雏菊等。

反应敏感、可作监测的植物有苹果、梨、羽毛槭、郁李、悬铃木、雪松、油松、马尾松、云南松、湿地松、落地松、白桦、毛樱桃、贴梗海棠、油梨、梅花、玫瑰、月季等。

2) 针对氟化氢气体的植物　有吸收能力的植物有美人蕉、向日葵、蓖麻、泡桐、梧桐、大叶黄杨、女贞、加拿大白杨等。

有抗性的植物有大叶黄杨、蚊母树、海桐、香樟、山茶、凤尾兰、棕榈、石榴、皂荚、紫薇、丝棉木、梓树、木槿、金鱼草、菊、百日草、紫茉莉等。

反应敏感、可作监测的植物有葡萄、杏、梅、山桃、榆叶梅、紫荆、金丝桃、慈竹、池杉、白千层、南洋杉等。

3) 针对氯气的植物　有吸收能力的植物有银桦、悬铃木、水杉、桃、棕榈、女贞、君迁之等。

有抗性的植物有黄杨、油茶、山茶、柳杉、日本女贞、枸骨、锦熟黄杨、五角枫、臭椿、高山榕、散尾葵、樟树、北京丁香、接骨木、构树、合欢、紫荆、木槿、大丽菊、蜀葵、百日草、千日红、紫茉莉等。

反应敏感、可作监测的植物有池杉、核桃、木棉、樟子松、紫椴、赤杨等。

4) 针对乙烯的树种　有抗性的植物有夹竹桃、棕榈、悬铃木、凤尾兰、黑松、女贞、榆树、枫杨、重阳木、乌桕、红叶李、柳树、香樟、罗汉松、白蜡等。

反应敏感、可作监测的植物有月季、十姐妹、大叶黄杨、苦楝、刺槐、臭椿、合欢、玉兰等。

5）较强吸收汞气体能力的植物　有夹竹桃、棕榈、樱花、桑树、大叶黄杨、八仙花、美人蕉、紫荆、广玉兰、月季、桂花、珊瑚树、腊梅等。

6）针对氨气气体的植物　有抗性的植物有女贞、樟树、丝棉木、腊梅、柳杉、银杏、紫荆、杉木、石楠、石榴、朴树、无花果、皂荚、木槿、紫薇、玉兰、广玉兰等。

反应敏感、可作监测的植物有紫藤、小叶女贞、杨树、虎杖、悬铃木、核桃、杜仲、珊瑚树、枫杨、木芙蓉、栎树、刺槐等。

7）针对臭氧的植物　有吸收能力的植物有银杏、柳杉、日本扁柏、樟树、海桐、青冈栎、日本女贞、夹竹桃、栎树、刺槐、悬铃木、连翘、冬青等。

有抗性的植物有枇杷、黑松、海州常山、八仙花、鹅掌楸等。

8）防火树种　有山茶、油茶、海桐、冬青、蚊母、八角金盘、女贞、杨梅、厚皮香、交让木、白榄、珊瑚树、枸骨、罗汉松、银杏、槲栎、栓皮栎、榉树等。

9）滞尘能力强的树种　有榆树、朴树、梧桐、泡桐、臭椿、龙柏、夹竹桃、构树、槐树、桑树、紫薇、楸树、刺槐、丝棉木等。

10）较强杀菌能力的树种　有黑胡桃、柠檬桉、大叶桉、苦楝、白千层、臭椿、悬铃木、茉莉花、薜荔以及樟科、芸香科、松科、柏科的一些植物。

6.4 机关单位绿地园林景观设计

6.4.1 机关单位绿地的特点

机关企事业单位绿地作为城市附属绿地是城市绿地系统的组成部分，机关单位绿地设计包括党政机关、行政事业单位、各种团体及部队用地内范围内的环境绿化。

机关单位绿地的绿化主要是通过种植树木、花草，营造一个绿树成荫、空气清新、优美舒适的工作环境，从而提高工作质量和效率，起到绿化兼美化的效果；其次，机关单位绿地的主体是建筑物，园林植物只是补充和完善，通过合理的设计布局来衬托建筑的风格、韵味；再者，由于单位绿地的面积、资金投入、技术力量及绿化配套设施等方面的限制，机关单位绿地的设计布局简单明了，主要以植物造景为主，在面积、地形许可的情况下，适当设置小水体，点缀一些园林小品。如图 6-8 所示。

6.4.2 机关单位绿地典型区域绿化设计

（1）单位入口处绿地设计

单位入口处绿化要富于观赏性和装饰性，建筑物周围的绿化要有艺术效果，并且通风采光。大门周围的绿化不但要与大门的建筑色彩、风格相协调一致，同时也要考虑与单位外面的市政绿化相协调统一，做到内外的自然衔接过渡。园林布局形式一般采用规则式，以树冠优美、耐修剪整形的常绿树为主。可种植高大的行道树，也可用低矮而具有较高观赏价值的灌木和花草陪衬，点缀园林景观小品，形成浓荫匝地，多姿多彩的景观。在入口处可设置花坛、水池、喷泉、假山、雕塑、影壁、植物等作对景。

（2）办公楼前绿地设计

办公楼前绿地主要指大门到主体建筑之间的绿化用地，是机关单位绿地中最为重要的部

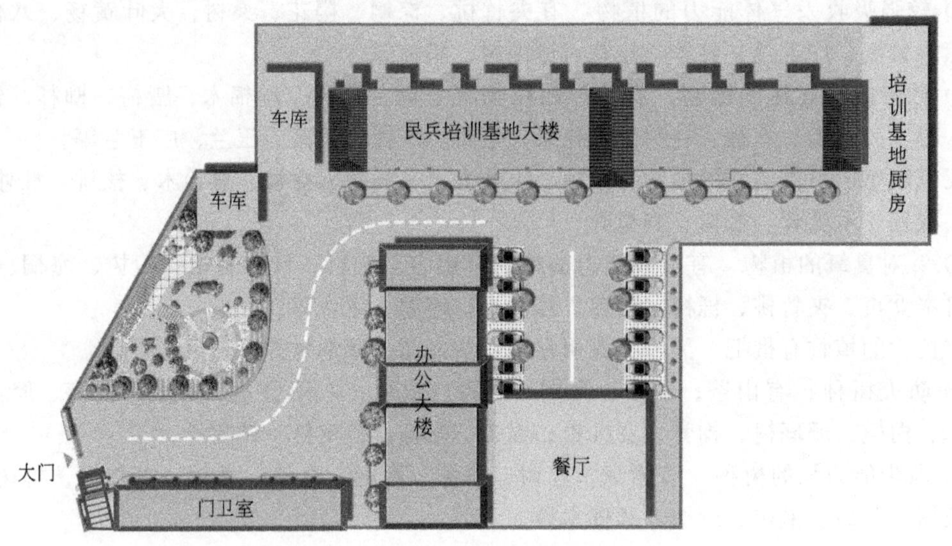

图 6-8　某机关单位绿化设计总平面图

位，可分为楼前绿地、入口处绿地和建筑周围的绿地。

1）楼前绿地　办公楼前一般可规划成以景观观赏为主的规则式广场绿地，供人流集散，兼而考虑停车需要和生态作用，绿地内可设置草坪、模纹花坛、雕塑、水池、喷泉、假山等。场地面积较大时常建成开放型绿地，考虑游憩功能；场地面积较小时一般设计成封闭式绿地。常用草坪铺底，绿篱围边，草坪上点缀常绿树和花灌木，或用模纹图案，富有装饰效果。

2）建筑入口处绿地　常有 3 种处理手法：结合台阶，做垂直绿化和层叠式花坛；大门两侧对植常绿大乔木或耐修剪的花灌木；摆放盆栽在大门两侧，如苏铁、南洋杉等，一般面积较小时使用。

3）建筑周围的绿地　建筑周围需作基础栽植，常呈条带状，起到景观美化、生态隔离等作用。基础栽植应简单明快，风格与楼前绿地一致。高大乔木距离建筑外墙 5m 之外，以期不影响建筑内部采光、通风；建筑东西两侧山墙外可结合行道树栽植高大乔木，以防日晒；建筑的背阴面要注意选择耐阴植物。

(3) 单位内主干道的绿化设计

道路两旁可采用乔木、灌木或乔木、灌木、草坪搭配，应将速生树和慢生树搭配种植。在乔木的选择上，应选用树姿优美、枝繁叶茂、耐修剪、易成活、好管理、抗病虫、具有相对抗污或吸污能力的树种（如栾树、国槐、悬铃木、梧桐等），给人以整齐美观、明快开朗的印象。

道路两旁应以疏林草地为主。如果条件限制只能在道路一侧种植树木，则尽可能将树木栽种在南北道路的西侧，东西道路的南侧，以达到庇荫效果。高架管线可与攀缘植物搭配，低架管线可用常绿灌木遮挡；在高压线下栽植小乔木和耐阴灌木；在敷设较浅、需要经常检修的地下管道上种植草坪或草本花卉。

(4) 单位小游园设计

单位内因地制宜开辟小游园，以便职工休息、锻炼、散步、谈心，其面积一般不大，布置精巧，常结合本单位特点点缀一些标志性小品，形成特有的风貌。小游园的平面布局应当简洁，如果小游园规划地段面积较小，周围是规则式建筑，地形变化不大，则游园内部道路系统以规则式为主；若地形起伏较大，地段面积也较大，则以自然式布置为主。如图 6-9 所示。

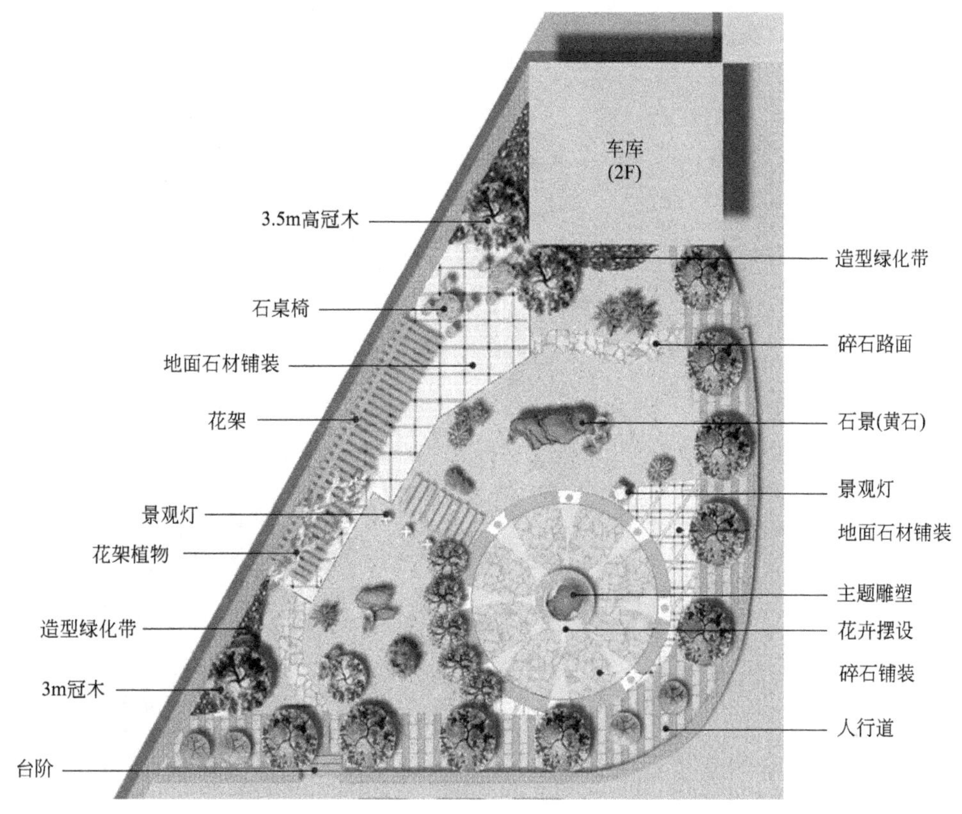

图 6-9 某机关单位小游园设计平面图

(5) 附属建筑旁绿地设计

附属建筑旁绿地主要指餐饮、供电、车库、仓库等建筑周围绿地。此处绿化设计的基本原则是在不影响附属建筑使用功能的前提下对环境进行绿化、美化。

6.5 宾馆、饭店绿地园林景观设计

宾馆、饭店绿地是一种公共建筑庭院绿地。宾馆、饭店所接待的人的职业、地位、性格爱好各不相同，因而在进行院园绿化时，要根据服务对象的层次，满足各类院园性质和功能的要求，植物造景，尽量做到形式多样，丰富多彩，突出特色，在格调上要与建筑物和环境的性质、风格谐调，与庭园绿化总体布局相一致，如图 6-10 所示。宾馆、饭店绿地根据院园在建筑中所处的位置以及不同的使用功能可划分为前庭、内庭和后庭 3 部分。

6.5.1 前庭

前庭位于主体建筑的前面，属于公共活动和交通空间，也是一种过渡空间，对环境起衬

托作用。此种庭式的布置较注重与建筑物性质的协调，并具有一定的导向性和展示性，如图 6-11所示。设计时需注意以下几点。

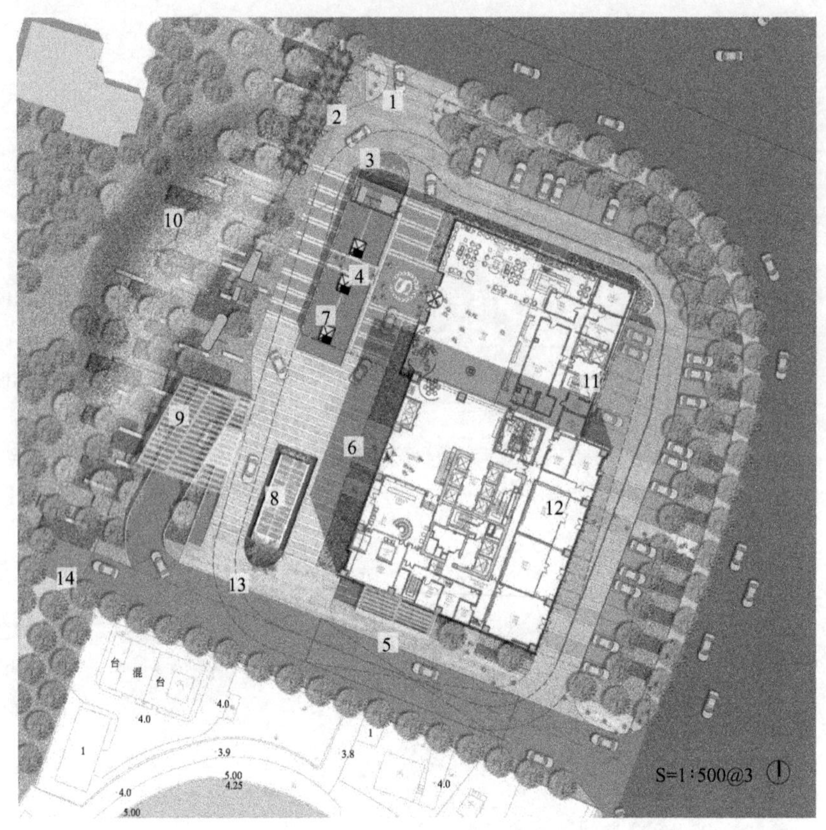

图 6-10　HASSELL 上海喜来登酒店景观设计方案

1—主要入口；2—入口水景；3—入口迎宾标志流水墙；4—酒店主要入口；5—大型车停车格；6—宴会厅入口；7—前庭水景；8—流水玻璃天篷；9—地下车库棚架；10—延伸坡地绿化；11—后勤员工入口；12—商店；13—次要入口；14—儿童公园紧急入口

（1）园林绿地布局形式

园林绿地布局形式视绿地面积大小而定，一般采用规则式，可突出雄伟壮观的景观效果；面积较大时也可采取自然式布局，能产生自由、活泼、雅致的景观效果，如一些度假村宾馆。

（2）满足使用功能

前庭是建筑与城市干道之间的交通缓冲地带，绿地设计要满足人流、车流交通集散的需要。

（3）以植物造景为主

绿地设计以植物造景为主。绿地常用草坪铺底，绿篱围边，草坪上点缀树形优美的乔木、耐修剪的花灌木。植物景观的营造要符合入口广场景观设计的总体要求，与建筑环境和所要表达的主题相一致。不仅要考虑植物种类和植物层次，更应注重不同季相条件下所形成的景观效果。

图 6-11　HASSELL 上海喜来登酒店主要入口景观设计

1—主要入口；2—入口水景；3—入口迎宾标志流水墙；4—紧急出入口；5—小型车停车格；6—插入草坡的景观造景条石；7—前庭水景

6.5.2　内庭

内庭属于主庭，位置一般处于酒店建筑的核心位置，有时上下空间通透并且有顶，是较大的共享空间。内庭一般是供人们起居休闲、游观静赏和调剂室内环境之用，同时也有联系、凝聚建筑组构，延伸空间，扩大空间的作用。内庭空间景观应以欣赏为主。其绿化造景部分往往位于门厅内后墙壁前，正对大厅入口，或位于楼梯口两侧的角隅处，如图 6-12 所示。设计时需注意以下几点。

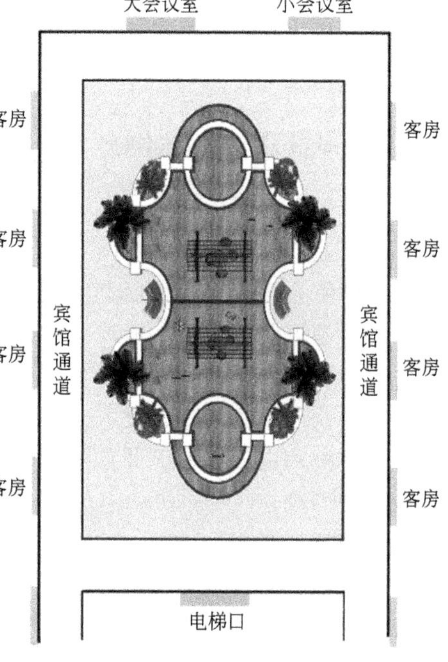

图 6-12　某宾馆内庭设计方案

（1）绿化重点

内庭的绿化设计重点在于“简洁”和“精美”。

（2）布置形式

布置形式可因地制宜，灵活处理。或设水景，或置假山。

（3）植物选择

内庭对于植物的生长有一定的限制，在进行植物选择时，应充分考虑环境特点，选择适应室内环境的植物种类。有时可运用仿真植物。

6.5.3 后庭

后庭位于主体建筑后面，或是由不同建筑围合而成的庭园，空间相对较大。设计时需注意以下几点。

（1）可设计成小游园

后庭的绿化设计需满足各建筑物之间的交通、联系等使用功能，在此基础上，可设小游园，以植物造景为主，综合运用多种造景要素与手法，形成具有游憩、观赏功能的绿化空间。

（2）园林布局形式与风格

园林布局形式与风格不拘一格，自然式、规则式、混合式俱可；园林风格可以是具有中国古典园林风格的，可以是具有现代气息的，也可以是具有外国古典园林风格的。总的原则是园林布局形式和风格应与建筑风格相一致。

（3）充分绿化

庭园绿化空间有限，应尽可能利用可绿化的空间，发展多种绿化形式。如可利用建筑物的顶部及墙面，发展立体绿化，如屋顶花园、围墙与墙面绿化、棚架绿化等，以弥补绿地的不足，提高绿化覆盖率。

6.6 案例分析

单位附属绿地规划设计诸多类型中以工业企业单位附属绿地规划设计和公用事业单位附属绿地规划设计为主要两个方向，本节以校园景观规划和工业企业景观绿化设计为代表案例进行分析。

6.6.1 校园景观规划案例分析——以郑州工业应用技术学院东校区为例

（1）背景分析

郑州工业应用技术学院是国家教育部批准设立的民办本科院校，新校区位于新郑市郑州航空港经济综合实验区，北临核心商务区，南临黄帝文化和休闲娱乐中心，西面为中华北路；东面为新城镇住宅区。地理位置优越，交通便利。这里是中华人文始祖轩辕黄帝出生、建都之地，有8000多年的裴李岗文化，5000多年的黄帝文化和2700多年的郑韩文化，历史悠久，文化底蕴深厚。新校区建设面积88.97hm^2，集中绿化用地29.0hm^2。现状为整齐的农田、成排的白杨林地以及自然形成的沟渠。整体地形是西北部高、东南方向低。

（2）规划理念

结合校园总体规划和地域文化，其景观设计主题定为：“华信中原风·校园景如画”。河南省被认为是中华文明的发源地、天下的中心。“中原”这一主题的提出，要求校园绿地景观应体现民族和地域文化。“风”是校园长期形成的学风、文风、办学理念，以及与之相辉映的校园绿地人文景观等特色文化。“景”是人们视觉所达、内心所思的风景。因此，规划理念的主要含义为：体现中原风和校风，风景美丽如画的东校区绿地景观（见图6-13）。

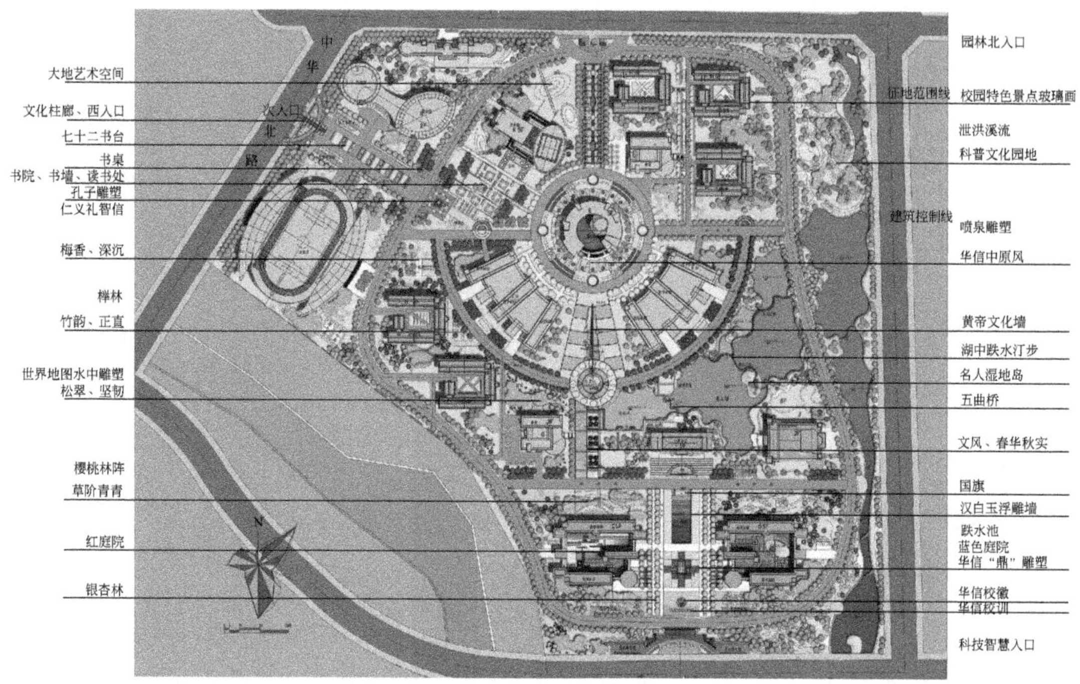

图 6-13　总平面设计图

(3) 规划结构

根据郑州工业应用技术学院东校区规划现状，将校园绿地景观规划为：一心、二环、四轴线、五区（图 6-14)。

1) 一心　中原风，历史文化的体现。位于图书馆前，以黄帝文化、中原历史为景观内涵。

2) 二环　传统民族文化的体现：一是校园内环形车行路，沟通校园景区，路旁种植不畏严寒的雪松；二是环绕教学区的限时景观车行路，沿路两侧种植以梅、竹、松、兰等植物，表达文化传统。

3) 四轴线　科技轴线，南入口区至行政楼，展示郑州工业应用技术学院发展特色；北入口轴线，保留与表达“水”的场地特征；西入口轴线，保留与表达“林”的场地特征；文化轴线，展示郑韩文化。

4) 五区　教学区：体现文化氛围，在教学楼以及楼前后空间，榉树林下以学习、交流、授业、解惑为内容造景。生活区：为学生生活区，营建家的温馨氛围。名人湿地岛景区：创造校园具有名人文化气息的湿地景观。科研区：展示“书山有路勤为径”的内涵和科技兴国的主题。生态防护区：在校园四周与城市的隔离带上营建生态防护林，为形成良好的校园小环境创造条件。

(4) 景观节点规划

“科技—智慧”景点位于校园的南入口，利用原场地的高差，在教研楼的两侧设置了人行景观台地，两边为银杏林。入口设置景石碑，点题校名。利用植物绿篱形成“笃诚勤奋，自强不息”的校训字样。由此向北依次为隐形九宫格喷泉广场、跌水广场、行政楼前半圆形喷泉水池和升旗广场。银杏是植物界的“活化石”，在学院南入口两边种植银杏作为行道树，寓意学校的发展源远流长（见图 6-15)。

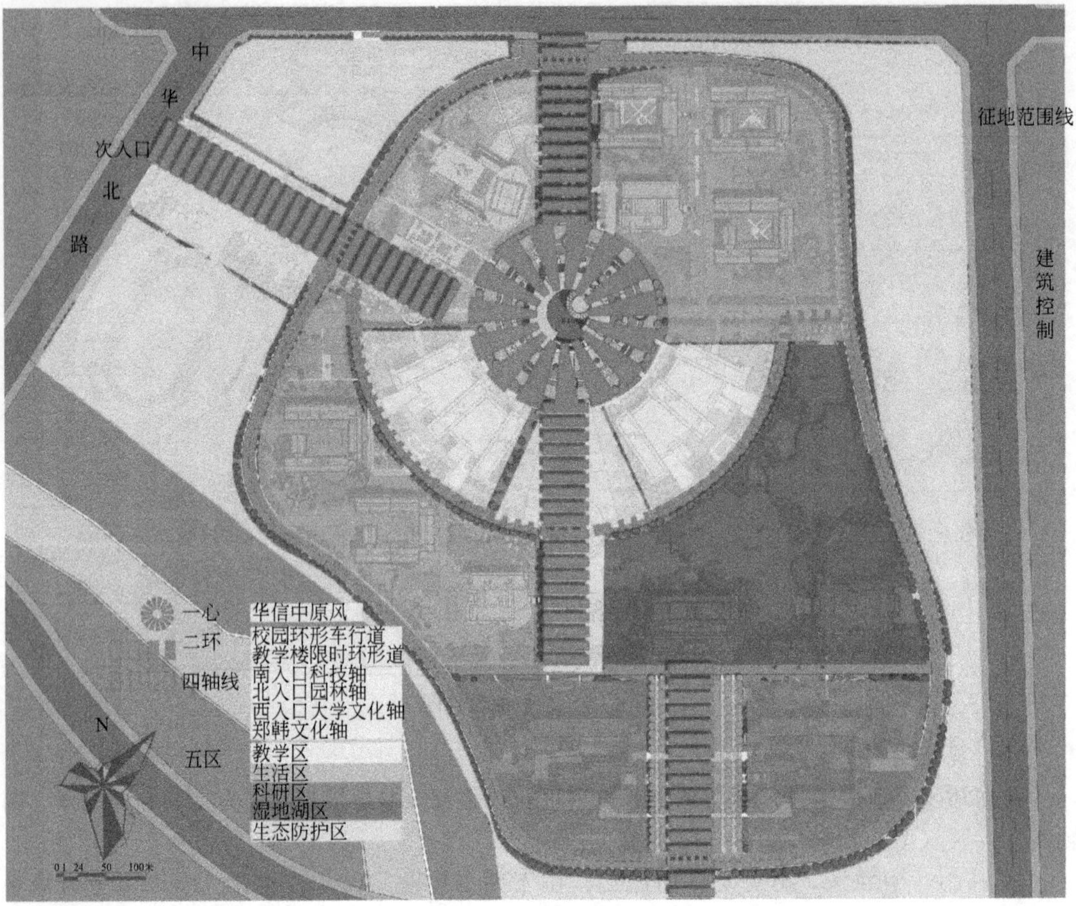

图 6-14　规划结构分析图

(a) 平面图　　(b) 效果图

图 6-15　“科技—智慧”南入口

“指点江山”景点位于学校的西入口，以“林”为景观要素、以“指点江山”为主题的轴线景观。路中与路旁成荫的树木间偶尔点缀书山石，红字点题，拼凑成“激扬文字、指点江山”的神韵。

“滴水恩，涌泉报”景点位于北入口，以“水”为景观要素，表达“饮水思源”的主题。大小不一的椭圆形水体分散在景观道中，寓指用一份尊重和感激回报老师的教导之恩，用一颗真诚的心回报朋友的关怀，用一颗无私的心回报社会，即用“涌泉之情”回报“滴水之恩”，并以此激励学生要有“绳锯木断，水滴石穿”的学习恒心。

“大地艺术”景点。东校区的艺术中心周围绿地景观与“滴水恩，涌泉报”入口轴线的水体相呼应，采用水滴形式的图案用地形造景。大小高低不同的椭圆形地表犹如水滴，适应了艺术中心的氛围，同时也与地势相符合。

“孔子文化”景点位于学校的东入口，以“土”为要素、“田”为形式，以孔子雕塑为主要景观，并种植特色植物花坛作为前景。传承大学文化，了解中国大学历史，并在其北侧设置以书景墙为主的“书院”式空间（见图 6-16）。

图 6-16　孔子文化书院

“名人湿地岛”景点。校园人工湖面水系以湿地的标准进行处理，是校园生态平衡的重要组成部分。人工湖从西面向东部慢坡跌水下去，曲桥、跌水汀步穿插于湖面。三三两两的观景平台与木亭设置于水畔、水生植物中或是林阴草地上。

“华信中原风”景点在图书馆与教学楼之间的环形中心区域，展现华信特色与中原文化。利用 4 个方位喷泉水体分别代表春、夏、秋、冬四季的不断更替，寓意郑州工业应用技术学院的不断发展，并像当地文化一样闻名全国。

“春华秋实”景点以“新郑地方民歌——郑风”为主题，利用新郑市的历史文化与当今名人要事形成“春华秋实”的底蕴。运用从北到南、由低到高的雕塑墙反映郑风，深入到世界地图水池，寓意承载着新郑地域特色的郑州工业应用技术学院必将走向国际。

(5) 文化景观在植物上的运用

1) 校园行道树的文化内涵　北入口的玉兰路：玉兰经常在一片绿意盎然中开出大轮的白色花朵，因其具有高洁和报恩的含义，将其栽植在北入口与“滴水恩，涌泉报”相吻合。西入口道路为白杨路：挺拔的白杨象征着顽强拼搏的学习精神。南入口道路为银杏路：寓意学校的发展久远。

教学楼前半圆形景观车行路为榉树路。榉树树冠广阔，树形优美，叶色季相变化丰富，叶秋季变褐红色。秀丽挺拔的榉树是创造之树，古人在内堂门前植榉树，不仅出于园内造景之需，更用来激励园中主人勤奋读书，因此用于教学楼外围的景观环路栽植。榉与“举”谐音，表达了莘莘学子的求学心；北面宿舍楼区南北路为合欢路，含有合家欢乐、友谊长存之寓意，体现宿舍生活区“家”的氛围。

2）景点植物的文化　在校园中心主题“中原风”周围种植银杏，其躯干挺拔、树形优美、秋叶金黄。银杏契合了校园所在地新郑市的黄帝文化。景点运用“梅花香自苦寒来”的名言进行梅香景点造景，寓意学生应该有耐心和深远的思想；运用“咬定青山不放松”的诗句进行竹韵景点造景，寓意虚心、正直的品格；运用“大雪压青松，青松挺且直”的名言进行松翠造景，寓意坚韧、挺拔的性格。将植物的文化诗句与人们的精神相结合，形成绿地文化景观，具有深远的文化教育意义。

6.6.2 工业企业景观绿化设计——以某天然气净化厂景观绿化设计为例

（1）工程概况

天然气净化厂厂区占地 53013.45m^2，绿化面积 18002.13m^2，绿化率 33.9%，场地竖向设计为平坡式，土地用途为工业用地。其绿化设计包括办公楼前入口广场设计、办公楼后绿地设计、生产作业区及厂房周边环境绿地设计等内容。

（2）设计原则

1）科学性原则　要保证厂区工艺装置区的生产安全，有利于企业统一安排布局，减少使用中的各种矛盾。绿化设计应针对不同的功能要求进行有针对性的绿化设计，植物配植遵循植物生长的客观规律和场地气候土壤等特点，做到因地制宜。因地制宜地选择乡土树种或是经过长期考验已适应当地自然条件的外来树种，其适应性强，成活率高，生长健壮，又能就地取料，既省人力又可节省费用；选择抗污染能力强、抗病虫害能力强的植物。

2）生态性原则　充分考虑厂区环境特点，注重工业生产同环境的协调发展，选用抗性强的树种，尤其是对吸尘、滞尘、吸硫抗硫等植物的选择，提高企业防尘、防污染的能力，调节空气的湿度、温度、降低噪声等，为企业员工提供一个健康安全的工作环境。

3）经济性原则　充分利用场地条件，考虑厂区绿化的经济效益，做到最经济、最节约、最大限度地发挥植物的生态效益，起到事半功倍的效果。

4）人性化原则　“以人为本”，人才是企业发展最重要的财富，因此应充分考虑公司员工的审美要求，树种的选择、搭配、布局应从总体着眼，做到乔、灌、草的统一结合，颜色搭配富有张力，以陶冶公司员工情操，提高工作效率。

5）特色性原则　在厂区绿化景观设计中，充分反映出地方特色，使企业文化融入到景观当中去，以提升企业形象。应突出景观绿化的美学风格，绿化要与建筑主题相协调，统一规划，合理布局，形成点、线、面相结合的厂区绿地，以大气简洁的布局，将特色景观贯穿于整个厂区，体现时代特色，以适应现代企业形象的塑造。

（3）设计特点

在遵循以上设计原则后，本净化厂的绿化设计有以下特点。

① 满足操作需要，确保生产安全。天然气净化厂内的生产区主要是以露天工艺设备为主。天然气按照火灾危险性类别属于甲 B 类，在大于 $1.0\times10^6 m^3/d$ 的天然气净化厂工艺设备区四周需要设置环形消防道路，便于消防车辆通行，在环形消防车道和工艺设备区之间要有便于消防车辆架设和操作的场地，该场地不宜小于 5m，可以进行绿化但按照防火规范的规定应满足以下要求：a. 生产区不应种植含油脂多的树木，宜选择含水分较多的树种；

b. 工艺装置区或甲、乙类油品储罐组与其周围的消防车道之间，不应种植树木；c. 站场内的绿化不应妨碍消防操作等要求。

② 景观设计围绕“天然气净化厂”这个特定性质，体现企业文化，营造出生态、严谨、开放、催人奋进的工作环境，舒适宜人的休闲环境，和谐统一的生态环境。

③ 充分发挥绿地效益，满足厂区员工的不同要求，创造一个幽雅的环境，坚持“以人为本”，在功能上切实考虑绿地的使用功能，强调环境的舒适性、可参与性和观赏性。

④ 植物配置以乡土树种为主，以常绿树种作为“背景”，疏密适当，高低错落，形成一定的层次感，创造出协调有序的自然艺术景观。

⑤ 可持续发展的生态景观。在排放较多气体的区域种植吸尘抗污能力强的常绿乔木。在水体区域避免落叶植物的种植，使景观与厂区生产功能结合，同时结合香花植物产生的花香共同营造良好的清新环境，充分体现现代的生态环保型设计思想。

（4）设计方案

1）厂区绿化布置　厂区绿化布置平面（见图 6-17）。在总体布局上，按照点、线、面相结合的方式，做到绿化不妨碍生产。大面积的绿化中植物的搭配高低有序，层次分明。

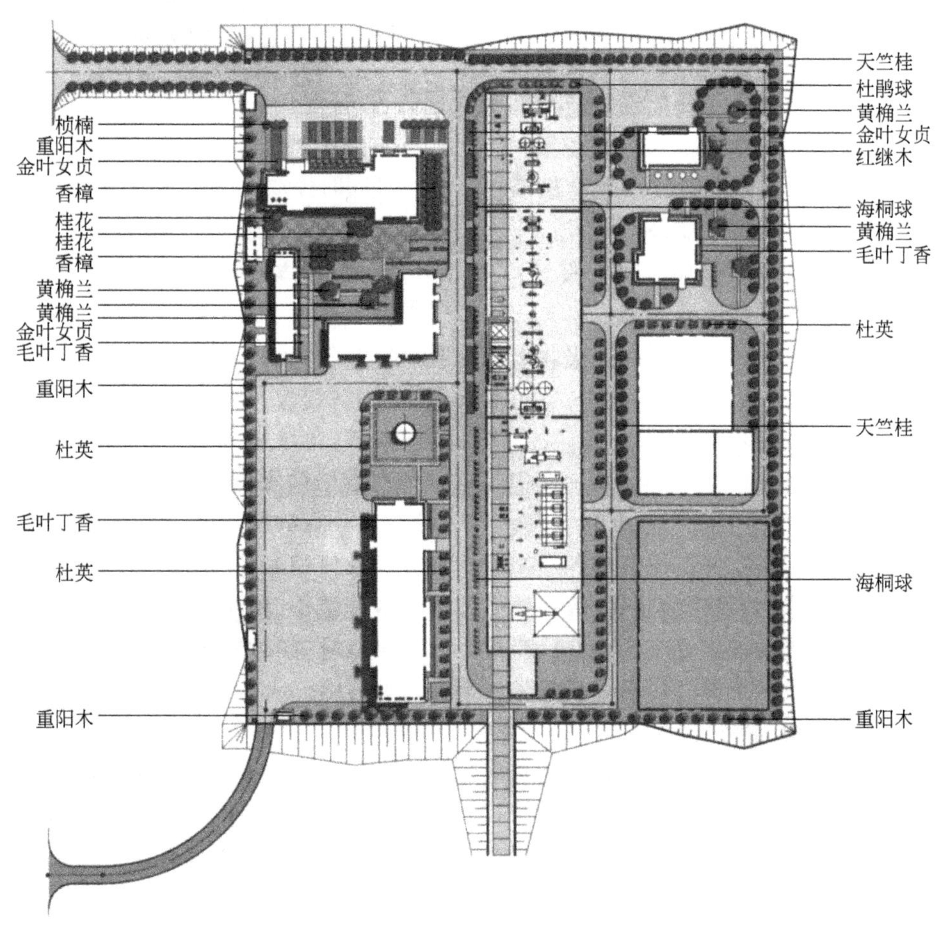

图 6-17　厂区绿化布置平面图

2）厂前区绿化布置　厂前区绿化布置效果图（见图 6-18）。

入口广场位于主入口至办公楼之间，是对内对外联系的纽带。它不仅是本厂职工上下班的密集地，也是外来客人入厂产生第一印象的场所，是净化厂对外的一个形象展示。设计采取规则式设计风格，入口绿化采用条带状有层次的灌木种植带，使景观体现严谨和律动的时代气息。

图 6-18　厂前区绿化布置效果图

入口处利于交通并且设置了一定数量的停车位，可同时停放大型车辆。整个入口广场的布局规则、整齐，在强化秩序感的同时，体现出了统一和谐的美感。

办公楼后有较为开阔的休憩绿地空间，为方便职工休闲活动的需求，将其设为一处交流、休憩、活动的休闲游园。设计运用简约的构图手法，通过自然的植物和几何规矩形式的并置、融合等方式创造出一个开敞和半开敞结合的适合大众活动、交流的空间。景观主要以植物造景为主，搭配适量的流畅园路和木质坐凳，为职工提供休闲散步的地方。简洁的空间形式，便捷的直线道路，既符合现代信息快捷、高效的特点，又蕴含了中国传统空间的含蓄、宁静。

3）生产装置区和厂房周边环境的绿化　此区域的绿化设计在净化空气、减少噪声、调剂职工精神等方面均有重要作用，故多采用常绿树种，绿化布置时以功能性为主，并注意不妨碍上下管道。在净化装置的周围种植草坪和低矮灌木，以利于通风，稀释有害气体，减少污染危害。污水处理区域靠近水边均种植草坪，行道树或绿篱与其保持距离，且其附近不种植落叶树木，以保持其正常生产运行，并降低植物景观的维护成本。

（5）植物选择和配置

天然气净化的目的是脱除含硫天然气中的 H_2S、CO_2、水分及其他杂质（如有机硫等），使净化后的天然气气质符合国家标准，并回收酸气中的硫，且使排放的尾气达到国家排放要求。因此，天然气净化厂的树种选择除了要营造良好的生产生活环境以外，还要选择抗、吸 SO_2 和 H_2S 能力强的植物，这样既有利于植物繁殖又能够净化大气。在抗、吸 SO_2 和 H_2S 方面，选择的乔木主要有天竺桂、女贞、构树、朴树、梧桐、臭椿、龙柏、蚊母、海桐、榕树、槐树等；花卉主要有金鱼草、蜀葵、美人蕉、金盏菊、紫茉莉、鸡冠、酢浆草、玉簪、大丽花、凤仙花、地肤、石竹、唐菖蒲、菊花、茶花、扶桑、月季、石榴、龟背竹、鱼尾葵、野牛草等，可以选择栽种在厂前区办公楼室内或是休憩绿地空间等。

植物分区配置情况如下：a. 入口广场采用了桢楠、重阳木、杜鹃球、金叶女贞、毛叶丁香等结合，形成了高低错落、有层次感、简约、大方的广场绿化景观；b. 办公楼后休闲区选择桂花和香樟等树种产生大量清新的空气，同时结合香味植物营造清新的休闲环境；c. 在厂内交通道路上过往车辆较多，噪声大，灰尘多，绿化形式主要以重阳木和天竺桂等行道树和低矮灌木结合为主，净化空气，形成生态厂区；d. 厂区中心为露天设备区，主要以草坪和低矮灌木为主，以利于通风，稀释有害气体，减少污染危害；e. 污水处理厂靠近水边均种植草坪，行道树或绿篱与其保持距离，且其附近不种植落叶树种。

7 道路绿地规划设计

城市道路绿化是城市绿地系统的重要组成部分，是构成优美的居住环境和城市功能的基础，是城市形象的重要载体。城市道路绿地主要指城市街道绿地、穿过市区的公路、铁路、高速干道的防护绿带等，它对改变城市面貌、美化环境、减少环境污染、保持生态平衡、防御风沙与火灾都有重要作用，并有相应的社会效益与经济效益，是城市总体规划与城市物质文明、精神文明建设的重要组成部分。

7.1 道路绿地规划设计概述

7.1.1 意义作用

道路是指城市内的道路，即城市中建筑红线之间的用地。道路绿地是城市园林绿化系统的重要组成部分，它以线的形式广泛地分布于全城，城市绿化的优劣很大程度上取决于道路绿化。道路绿地联系着城市中分散的“点”和“面”的绿地，共同组成完整的城市园林绿地系统。道路绿地在改善城市气候、保护环境卫生、美化市容、丰富城市艺术面貌、组织城市交通等方面都有着积极意义。道路绿化有如下几方面的作用。

(1) 组织交通

在道路中间设置绿化分隔带可以减少对向车流之间互相干扰，植物的绿色在视野上给人以柔和而安静的感觉。在车行道和人行道之间建立绿化带，可以避免行人横穿马路，保证行人安全，且给行人提供优美的散步环境，也有利于提高车速和通行能力，利于交通。

(2) 卫生防护

随着工业化程度的提高，机动车辆增多，城市污染现象日趋严重。而街道绿地线长、面广，对街道上机动车辆排放的有毒气体有吸收作用，可以净化空气，减少扬尘。据测定，在绿化良好的街道上，距地面1.5m处的空气含尘量比无绿化的地段低56.7%。具有一定宽度的绿化带可以明显地将噪声减弱5～8dB。道路绿地还可以调节道路附近的温度、湿度、改善小气候；降低风速，降低日光辐射热。

（3）散步休息

城市道路绿化除行道树和各种绿化带外，还有面积大小不等的街道绿地、城市广场绿地、公共建筑前的绿地。这些绿地内经常设有园路、广场、坐凳、宣传廊（牌）、小型休息建筑等设施，有些绿地内还设有儿童游戏场，成为市民休闲的好场所。这些绿地与城市大公园不同，它们距居住区较近，所以绿地的利用率比大公园高，弥补了城市公园分布不均造成的缺陷。

（4）美化市容

道路绿化可以美化街景，烘托城市建筑艺术，软化建筑的硬质线条，同时还可以利用植物遮蔽影响市容的地段和建筑，使城市的面貌显得更加整洁生动，活泼优美。

很多世界著名的城市，由于其优美的街道绿化，给人留下了深刻的印象。如法国巴黎的七叶树，使街道更加庄严美丽；德国柏林的椴树林荫大道，因欧洲椴树而闻名；澳大利亚首都堪培拉处处是草坪、花卉和绿树，被人们誉为“花园城市”。

（5）生产作用

道路绿化在满足各种功能的同时，还可以结合生产创造一些物质财富。有很多植物不仅观赏价值很高，而且可以提供果品、药材、油料等价值很高的产品，如七叶树、银杏、连翘等。

（6）防灾备战

道路绿化为防灾、备战提供了条件，它可以伪装、掩蔽，在地震时可搭棚，战时可砍树架桥等。

7.1.2 设计原则

1）适应城市道路的性质和功能　城市道路绿化的性质与功能决定了道路的宽度，也直接影响到绿化带的宽度。一个城市道路系统有快速道路系统、交通干道系统以及步行交通系统，不同的道路系统对绿带提出不同的要求，例如步行交通系统的道路绿化要有良好的遮阴功能。

2）符合《城市道路绿化规划与设计规范》（CJJ 75-1997）与《城市绿化管理条例》　规范是国家行业的标准，条例是行业的法令。设计师要吃透规范和条例，做到心中有数并严格执行。

3）符合使用者的特点　道路功能不同，使用者的目的亦不同。机动车道和非机动车道的使用者有较明确的出行目的，对绿带的细部不会有很多的关注，他们往往只意识到绿带的大面积色彩、轮廓和粗线条。而人行道上的行人有较充裕的时间，且行路速度较前者慢，对周边绿带的变化有一定的敏感性。

4）结合环境，形成优美的景观　绿化带是道路的门面工程，设计应遵循美的有关规律，而且绿带内往往设有路灯柱、窨井等构筑物，绿化设计需结合现状，尽量做到扬长避短，变不利为有利因素。例如：路灯柱的排列间距往往相等，可以结合灯柱设计成有节奏感的绿带效果。

5）选择适地适生的植物　形成有地方特色的植物景观，具备应有的生态功能。植物配置在统一基调的基础上，树种力求丰富有变化，注意乔灌木、地被草花结合，常绿与落叶、速生与慢长相结合，构成多层次的复合结构，形成当地特色的植物群落景观。植物群落的构筑，不仅有美学、植物学上的要求，还需有生态方面的要求，根据周边环境及道路性质，考虑到植物的滞尘、隔声、吸收有害气体、降温增湿的功能。

6）设计要结合社会现有的养护能力 “三分种植，七分管理”，城市道路绿化的成败很大原因取决于养护管理。若避开现有的养护能力做设计，最终将是昙花一现，甚至是空中楼阁。

7.1.3 专用术语

城市道路绿地设计专用术语是与道路相关的一些专门术语，设计中必须掌握。道路绿地相关名词术语可参照图 7-1。

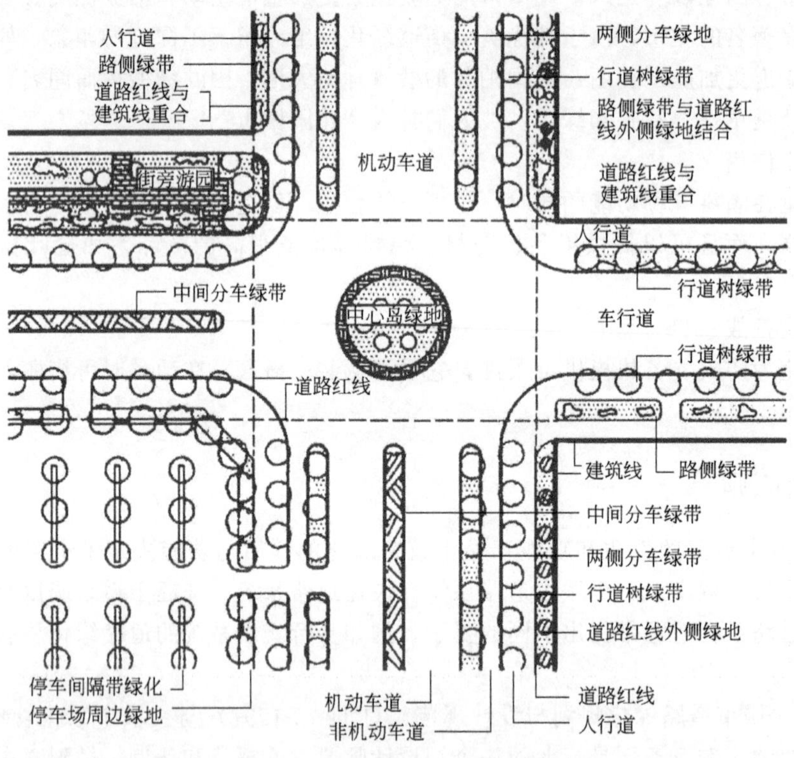

图 7-1　道路绿地相关名词术语

(1) 道路红线

在城市规划图纸上划分出的建筑用地与道路用地的界线，常以红色线条表示，故称道路红线。道路红线是街面或建筑范围的法定分界线，是线路划分的重要依据。

(2) 道路分级

道路分级的主要依据是道路的位置、作用和性质。目前我国城市道路大都按三级划分主干道（全市性干道）、次干道（区域性干道）和支路（居住区或街坊道路）。

(3) 道路横断面

道路横断面是沿着道路宽度方向，垂直于道路中心线所作的剖面，它能显示出车行道、人行道、分车带以及排水设施等。

(4) 道路总宽度

道路总宽度也叫路幅宽度，即规划建筑线（道路红线）之间的宽度。道路总宽度是道路用地范围，包括横断面各组成部分用地的总称。

(5) 道路绿地

道路及广场用地范围内的可进行绿化的用地，可分为道路绿带、交通道绿地、广场绿地和停车场绿地。

(6) 道路绿带

道路红线范围内的带状绿地。道路绿带分为分车绿带、行道树绿带和路侧绿带。

(7) 分车绿带

车行道之间可以绿化的分隔带，其位于上下机动车道之间的为中央分车绿带；位于机动车与非机动车道之间或同方向机动车道之间的为两侧分车绿带。

(8) 行道树绿带

布设在人行道与车行道之间，以种植行道树为主的绿带。

(9) 路侧绿带

在道路侧方，布设在人行道边缘至道路红线之间的绿带。

(10) 交通岛绿地

可绿化的交通岛用地。交通岛绿地分为中心岛绿地、导向岛绿地和立体交叉绿岛。中心岛绿地指位于交叉路口上可以绿化的中心岛用地；导向岛绿地指位于交叉路口上可绿化的导向岛用地；立体交叉绿岛指互通式立体交叉干道与匝道围合的绿化用地。

(11) 广场、停车场绿地

广场、停车场用地范围内的绿化用地。

(12) 道路绿地率

道路红线范围内各种绿带宽度之和占总宽度的比例，按国家有关规定该比例最少不应低于20%。

(13) 园林景观路

在城市重点路段，强调沿线绿化景观，体现城市风貌、绿化特色的道路。

(14) 装饰绿地

以装点、美化街景观赏为主、一般不对行人开放的绿地。

(15) 开放式绿地

绿地中铺设游步道，设置坐凳等，供行人进入游览休息的绿地。

(16) 通透式配置

绿地上配植的树木，在距相邻机动车道路面高度0.9～3.0m之间的范围内，其树冠不遮挡驾驶员视线（即在安全视距之外）的配置方式。

7.1.4 道路的断面形式

道路绿化的断面形式与道路的断面布置形式密切相关，完整的道路是由机动车道（快车道）、非机动车道（慢车道）、分隔带（分车带）、人行道及街旁绿地这几部分组成。目前我国街道的横断面形式常见的有以下几种。

(1) 一板二带式（一块板）

由一条车行道、两条绿化带组成，这种形式最为常见。它的优点是容易形成林荫，用地管理方便，造价低，在车流量不大的街道，特别是中小城镇的街道可采用。如图7-2所示。

(2) 二板三带式（两块板）

二板三带式为在上下行车道之间和外侧共设3条绿带。中间的绿带又叫分车绿带或中央分车绿带，主要功能是分隔上下行车辆。一般宽度为 1.5～3m，常种植常绿小灌木及草坪，以不遮挡驾驶员视线为宜；其外边两侧的绿带可种植 1～2 行乔木或花灌木。

此种形式常用在交通量大的市内街道上，或城郊高速公路上。它的优点是用地较经济，可避免机动车之间事故的发生。如图 7-3 所示。

图 7-2　一板二带式街道断面示意

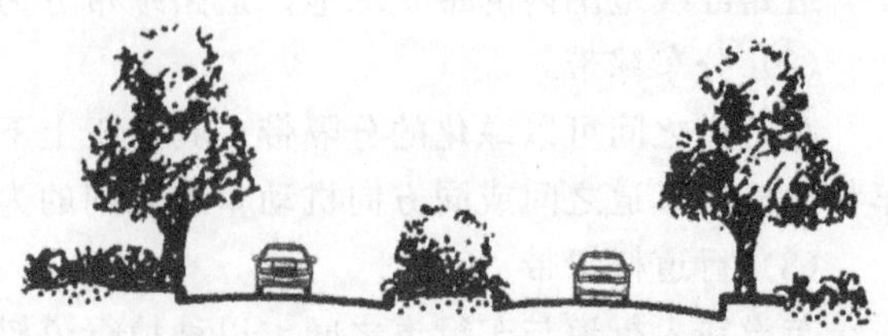

图 7-3　二板三带式街道断面示意

（3）三板四带式（三块板）

这种形式共有 4 条绿化带，在宽街道上应用较多，是较完整的道路形式。它的优点是使街道美观，卫生防护效果好，组织交通方便。如图 7-4 所示。

图 7-4　三板四带式街道断面示意

（4）四板五带式（四块板）

这种车行道有快慢之分，中间为快车道，两侧为慢车道。在快车道和慢车道之间设有两条分车绿带，而慢车道与人行道之间设有两条绿带，是比较完整的道路绿化形式。此种形式有减弱噪声和防尘的作用。慢车道与人行道之间的绿带常采用落叶乔木，以利夏季行人遮阳。如果道路面积不宜布置五带，则可用栏杆分隔，以节约用地。此种形式多用在机动车、非机动车、人流量较大的城市干道上。它的优点是方便各种车辆上行、下行互不干扰，利于限定车速和交通安全；绿化量大，街道美观，生态效益显著。如图 7-5 所示。

图 7-5　四板五带式街道断面示意

（5）其他形式

随着城市的发展扩大，部分城市道路已不能适应车辆日益增多的需要，不少城市将原有的双向车道改造成单行线，这就改变了传统的道路划分方式。按道路所处地理位置、环境条件特点，因地制宜地设置绿带。在道路、宅旁、山坡旁、河旁、建筑阴影大的地方多采用一板一带式。

随着城市建设的发展，街道的横断面形式也在发展和变化着，街道绿化的断面形式必须从实际出发，因地制宜，不能片面追求形式，讲求气派。尤其在街道狭窄、交通量大，只允许在街道的一侧种植行道树时，就应当以行人的遮阴和树木生长对日照条件的要求来考虑，不能片面追求整齐对称，以减少车行道数目。

我国城市多处于北回归线以北，在盛夏季节南北街道的东边，东西向街道的北边，受到日晒时间较长，因此行道树应着重考虑路东和路北的种植。在东北地区还要考虑到冬季获取阳光的需要，所以东北地区行道树不宜选用常绿乔木。

7.1.5 环境条件及树种选择

道路绿地所处的环境与城市公园及其他公共绿地不同，有许多不利于植物生长的因素。

（1）道路绿地的环境条件

1）土壤　由于城市长期不断地建设，致使土壤非常贫瘠，完全破坏了土壤的自然结构。有的绿地地下是旧建筑的基础、旧路基或废渣土；有的土层太薄，不能满足所种植物生长对土壤的要求；有的因建筑碴土、工业垃圾或地势过低淹水等造成土壤酸碱度过高，致使植物不能正常生长；有的由于人踩、车压、作路基时人为夯实等，致使土壤板结，透气性差。

2）烟尘　车行道上行驶的机动车辆是街道上烟尘的主要来源，街道绿地距烟尘来源近，受害较大。烟尘能降低光照强度和光照时间，从而影响植物的光合作用，烟尘、焦油落在植物叶上可堵塞气孔，降低植物的呼吸作用。

3）有害气体　机动车排出的有害气体直接影响植物的生长。由于植物的生活力降低造成其对外界环境适应能力也降低。

4）日照　街道上的植物，有许多是处在建筑物一侧的阴影范围内，遮阴大小和遮阴时间长短与建筑物的高低和街道方向有密切关系，特别是北方城市，东西向街道的南侧有高层建筑时，街道南侧的行道树由于经常处在建筑的阴影下而生长瘦弱。

5）风　城市街道上的风速是各不相同的，有的地方有建筑物的遮挡时风小，而有的地方则由于建筑物的影响而使风力加强。强风可使植物迎风面枝条减少，导致树冠偏斜，还能把植物连根拔起，造成一些次生灾害。

6）人为机械损伤和破坏　街道上人流和车辆繁多，往往会碰坏树皮、折断树枝或摇晃树干，有的重车还会压断树根。北方街道在冬季下雪时喷热风和喷洒盐水，渗入绿带内，对树木生长也造成一定影响。

7）地上地下管线　在街道上各种植物与管线虽有一定距离，但树木不断生长，仍会受到限制，特别是架空线和热力管线，架空线下的树木要经常修剪，一些快长树尤其如此。热力管线使土壤温度升高，对树木的正常生长有一定影响。

（2）道路绿化树种和地被植物的选择

由于道路所处的特定环境，规定了道路绿化的树种和地被植物是要有选择的，另外道路绿化的面貌如何也主要取决于选择什么样的树种，而其中主要是指行道树。但道路防护绿地等所使用的树种，不如行道树要求得那样严格。街道绿化树种选择条件如下：a. 能适应当地生长环境，移植时易成活；b. 管理粗放，对土、肥、水要求不高，耐修剪，病虫害少、抗性强的树种；c. 树干挺直，绿荫效果好；d. 发芽早，落叶晚且时间一致；e. 花果无毒、落叶少、没有飞絮；f. 树龄长，材质好；g. 在沿海城市或一般城市的风口地段最好选用深根性树种。

以上各项条件，一个树种是不可能完全具备的，因此要根据具体环境条件，抓住主要矛盾选择树种，做到适地适树。

7.2 城市道路绿地规划设计

道路绿化包括人行道绿地、分车绿带、广场和停车场绿地、交通岛绿地、街头休息绿地等。在我国城市的道路中一般要占到总宽度的20%～30%；其作用主要是为了美化街道环境，同时为城市居民提供日常休息的场地，在夏季为街道遮阳。

7.2.1 人行道绿化带的设计

从车行道边缘至建筑红线之间的绿地称为人行道绿化带，它是道路绿化中的重要组成部分，在道路绿地中往往占较大的比例。它包括行道树、防护绿带及基础绿带等。

(1) 行道树设计

行道树是街道绿化最基本的组成部分，在温带及暖温带北部为了夏季遮阳，冬天街道能有良好的日照，常常选用落叶树作为行道树，在暖温带南部和亚热带则常常种植常绿树以起到较好的遮阳作用。如在我国北方哈尔滨市常用的行道树有柳、榆、杨、樟子松等，北京市常用槐、杨、柳、椿、白蜡、油松等，而在广州、海南等地则常用大叶榕、白兰花、棕榈、榕树等。

沿道路种植一行或几行乔木是街道绿化最普遍的形式，行道树的设计内容及方法如下。

1）选择合适的行道树种　每个城市、每个地区的情况不同，要根据当地的具体条件，选择合适的行道树种。许多城市都以本市的市树作为行道树栽植的骨干树种，如北京以国槐、重庆以悬铃木等，既发挥了乡土树种的作用又突出了城市特色。同时，每个城市中根据城市的主要功能、植物特色、容易给行人留下较深的印象，所选树种应尽量符合街道绿化树种的选择条件。

2）确定行道树种植点距道牙的距离　行道树种植点距道牙的距离取决于两个条件：一是行道树与管线的关系；二是人行道铺装材料的尺寸。

行道树是沿车行道种植的，而城市中许多管线也是沿车行道布置的，因此行道树与管线之间经常相互影响，在设计时要处理好行道树与管线的关系，使它们各得其所，才能达到理想的效果。树木与各种管线及地上地下构筑物之间的最小距离（见表7-1、表7-2）。

表7-1　树木与地下管线外缘最小水平距离

管线名称	距乔木中心距离/m	距灌木中心距离/m
电力电缆	1.0	1.0
电信电缆(直埋)	1.0	1.0
电信电缆(管埋)	1.5	1.0
给水管道	1.5	—
雨水管道	1.5	—
污水管道	1.5	—
燃气管道	1.2	1.2

续表

管线名称	距乔木中心距离/m	距灌木中心距离/m
热力管道	1.5	1.5
排水盲沟	1.0	—

注：乔木与地下管线的距离是指乔木树干基部的外缘与管线外缘的净距离。灌木或绿篱与地下管线的距离是指地表处分蘖枝干中最外的枝干基部的外缘与管线外缘的净距离。

表 7-2　树木与其他设施最小水平距离

设施名称	至乔木中心距离/m	至灌木中心距离/m
低于 2m 的围墙	1.0	—
挡土墙	1.0	—
路灯杆柱	2.0	—
电力、电线杆柱	1.5	—
消防龙头	1.5	2.0
测量水准点	2.0	2.0

以上各表可供在树木配置时参考，但在具体应用时还应根据管道在地下的深浅程度而定。管道深的，与树木的水平距离可以近些，树种属深根性或浅根性，对水平距离也有影响。树木与架空线的距离也视树种而异，树冠大的要求距离远些，树冠小的则可近些，一般应保证在有风时树冠不致碰到电线。在满足与管线关系的前提下行道树距道牙的距离应不小于 0.5m。

确定种植点距道牙的距离还应考虑人行道铺装材料及尺寸。如是整体铺装则可不考虑，如是块状铺装，最好在满足与管线的最小距离的基础上定下与块状铺装的整数倍尺寸关系的距离，这样施工起来比较方便快捷。

3）确定合理的株距　行道树的株距要根据所选植物成年冠幅大小来确定。另外，道路的具体情况如交通或市容的需要也是考虑株距的重要因素，常用的株距有 4m、5m、6m、8m 等。

4）确定种植方式　行道树可采用种植带式或树池式的栽种方式，要根据道路和行人的情况来确定。道路行人量大，多选用种植池式，树池形状一般为方形或长方形，少有圆形。树池的最短边尺寸不得小于 1.2m，其平面尺寸多为 1.2m×1.5m、1.5m×1.5m、1.5m×2.0m、1.8m×2.0m 等。树池的边石有高出人行道 10～15cm 的，也有和人行道等高的；前者对树木有保护作用，后者行人走路方便，现多选用后者。行人量较少的地段可选用种植带式。长条形的种植带施工方便，对树木生长也有好处，缺点是裸露土地多，不利于街道卫生和街景的美观。为了保持清洁和街景的美观，可在条形种植带中的裸土处种植草皮或其他地被植物。种植带的宽度应在 1.2m 以上。

5）其他　在设计行道树时还应注意路口及电杆附近、公交车站处的处理，应保证安全视距所需要的最小距离。

（2）防护绿带、基础绿带的设计

当街道具有一定的宽度，人行道绿化带也就相应地加宽了，这时人行道绿化带上除布置行道树外，还有一定宽度的地方可供绿化，这就是防护绿带了。若绿化带与建筑相连，则称为基础绿带。一般防护绿带宽度小于 5m 时均称为基础绿带，宽度大于 10m 以上的可以布置成花园林荫路。

为了保证车辆在车行道上行驶时车内人的视线不被绿带遮挡，能够看到人行道上的行人和建筑，在人行道绿化带上种植树木必须保持一定的株距，以保持树木生长需要的营养面积。一般来说，为了防止人行道上绿化带对视线的影响，其株距不应小于树冠直径的2倍。

防护绿带宽度在2.5m以上时，可考虑种植一行乔木和一行灌木；宽度大于6m时可考虑种植两行乔木，或将大、小乔木，灌木以复层方式种植；宽度在10m以上的种植方式更可以多样化。

基础绿带的主要作用是为了保护建筑内部的环境及人的活动不受外界干扰。基础绿带内可种植灌木、绿篱及攀缘植物以美化建筑物。种植时一定要保证种植与建筑物的最小距离、保证室内的通风和采光。

人行道绿化带的设计要考虑绿带宽度、减弱噪声、减尘及街景等因素，还应综合考虑园林艺术和建筑艺术的统一，可分为规则式、自然式以及规则与自然相结合的形式。人行道绿化带是一条狭长的绿地，下面往往敷设若干条与道路平行的管线，在管线之间留出种植树的位置。由于这些条件的限制，成行成排地种植乔木及灌木就成为人行道绿化带的主要形式。它的变化体现在乔灌木的搭配、前后层次的处理和单株与丛植交替种植的韵律上。为了使街道绿化整齐统一，同时又能够使人感到自由活泼，人行道绿化带的设计以采用规则与自然相结合的形式最为理想。近年来，国内外人行道绿化带设计多采用自然式布置手法，总之乔木、灌木、花卉和草坪，外貌自然、活泼而新颖（见图7-6）。

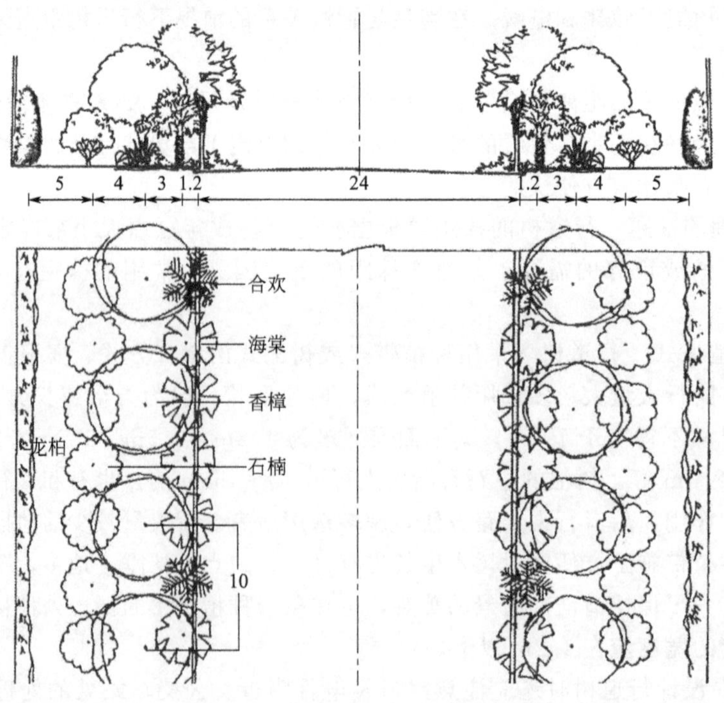

图7-6 人行道绿带（单位：m）

7.2.2 分车绿带的设计

车行道之间可以绿化的分隔带称为分车绿带。位于上下机动车道之间的为中间分车绿带；位于机动车与非机动车道之间或同方向机动车道之间的为两侧分车绿带。分车绿带有组织交通、分隔上下行车辆的作用。在分车绿带上经常设有各种杆线、公共汽车停车站，人行横道有时也横跨其上。分车带模式见图 7-7。

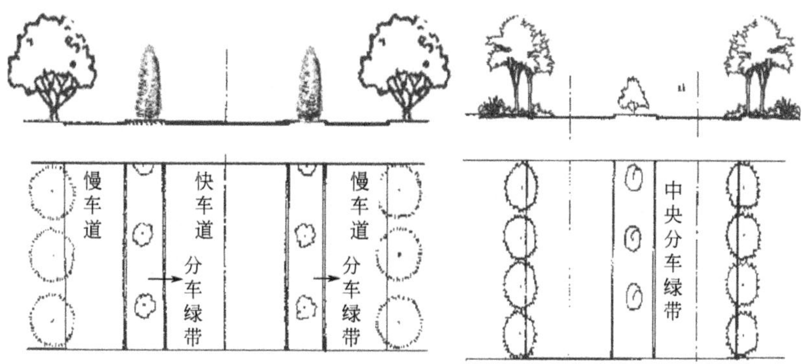

图 7-7 分车带模式图

我国大城市使用快、慢车分车绿带的形式较多，一般宽度 1.5～8m，宽者有 16m。分车带宽度在 1.5m 以下者，可种植草坪及低矮的灌木；宽度在 2.5m 以上者，可栽植一行乔木及其他草花、灌木、草坪；宽度在 6m 以上者，可种植两行乔木及花灌木。

中间分车带上的草花、灌木高度不应超过汽车驾驶员的视平线（0.6～1.5m），以阻挡相向行驶车辆的炫光。当街道两旁的建筑物、构筑物不太美观时，分车带上的绿化也可以形成树墙，起遮蔽作用，如果街道两旁的建筑立面需要观赏时，分车带上的绿化应留有透景线，其株距应以树冠直径的 2～5 倍为宜：如果行车道需要封闭感，可在较宽的分车绿带上种植常绿的树墙，如果行车道上需要开阔的、通透的视野，应在分车绿带上种植低矮的花灌木、草坪，或高大的乔木。

分车绿带的植物配置形式有以下几种。

1）乔木为主，配以草坪　高大的乔木成行种在分车带上，不仅遮阳效果好，而且还会使人感到雄伟壮观。

2）乔木和常绿灌木　为了增加分车绿带上景观的变化及季相的变化，可在乔木之间再配些常绿灌木，使行人产生节奏感和韵律感。

3）常绿乔木配以草花、灌木、绿篱、草坪　为达到道路分车带形成四季常青、又有季相变化的效果，可选用造型优美的常绿树和具有叶、花色变化的灌木。

4）草坪和花卉　国外使用此形式的较多，如堪培拉市、柏林马克思大街分车带上土层瘠薄，多采用此种形式。

分车绿带种植设计时要注意几点问题。

（1）分车绿带位于车行道之间

当行人横穿道路时必然横穿分车绿带，这些地段的绿化设计应根据人行横道线在分车绿带上的不同位置，采取相应的处理办法，既要满足行人横穿马路的要求，又不致影响分车绿带的整齐美观。主要分为 3 种情况（见图 7-8）：a. 人行横道线在绿带顶端通过，在人行横道线的位置上铺装混凝土方砖不进行绿化；b. 人行横道线在靠近绿带顶端位置通过，在绿带顶端留一小块绿地，在这一小块绿地上可以种植低矮植物或花卉草地；c. 人行横道线在分车绿带中间某处通过，在行人穿行的地方不能种植绿篱及灌木，可种植落叶乔木。

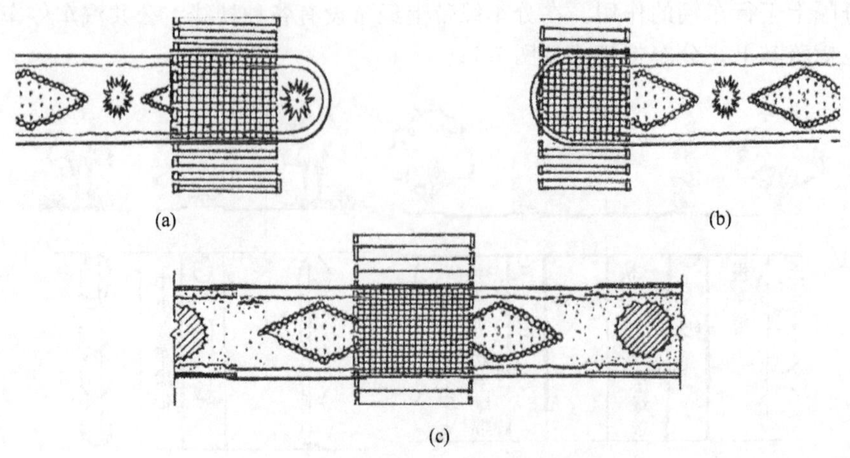

图 7-8　人行横道线与分车绿带的关系

（2）分车绿带一侧靠近快车道

公共交通车辆的中途停靠站都设在靠近快车道的分车绿带上（见图 7-9）。车站的长度约为 30m，在这个范围内一般不能种灌木、花卉，可种植乔木，以便夏季为等车乘客提供树荫。当分车绿带宽 5m 以上时，在不影响乘客候车的情况下可以种少量绿篱和灌木，并设矮栏杆保护树木。

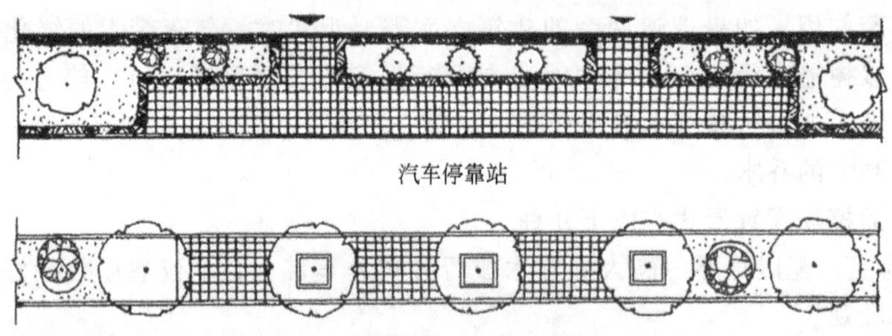

图 7-9　快车道的分车绿带

7.2.3　交通岛绿地设计

（1）交叉路口绿地设计

交叉路口是两条或两条以上道路相交之处。这是交通的咽喉、隘口，种植设计需要先调查其地形、环境特点，并了解“安全视距”及有关符号。所谓安全视距是指行车司机发觉对方来车后急刹车而恰好能停车的距离。为了保证行车安全，在道路交叉口必须为司机留出一定的安全视距，使司机在这段距离能看到对面及左右开来的车辆，并有充分刹车和停车的时间，而不致发生事故。这个视距主要与车速有关（见表 7-3）。根据两条相交道路的两个最短视距，可在交叉路口平面图上绘出一个三角形，称为“视距三角形”（见图 7-10）。在视距三角形范围内，不能有建筑物、构筑物、广告牌以及树木等遮挡司机视线的地面物。在此三角形内布置植物时，其高度不得超过小轿车司机的视高，即 0.65～0.7m，宜选用低矮灌木、丛生花草种植。但交叉口处，个别伸入视距三角形内的行道树株距在 6m 以上、干高在 2.5m 以上、树干直径在 0.4m 以内是可以的，因为司机仍可通过空隙看到交叉口附近车辆的行驶情况。

表 7-3 车速对视距的影响

通过路口设计车速/(km/h)	停车视距/m	通过路口设计车速/(km/h)	停车视距/m
15	17.0	30	38.0
20	23.0	35	47.0
25	30.0	40	57.0

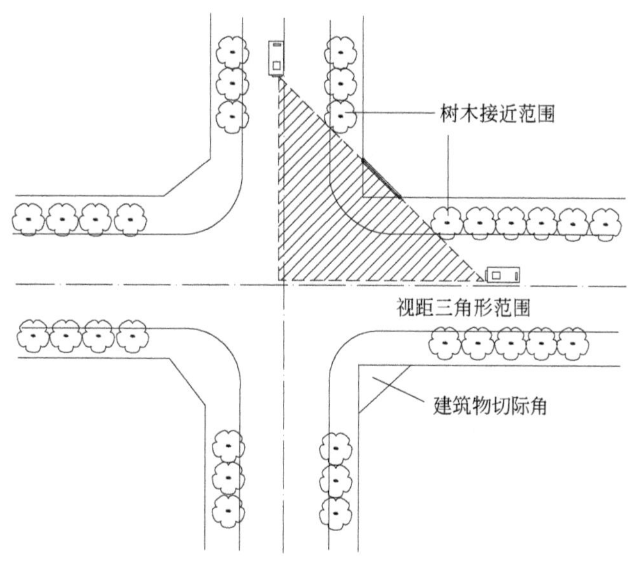

图 7-10 交叉路口视距三角形示意

(2) 交通岛设计

交通岛，俗称转盘（见图 7-11），设在道路交叉口处。主要起组织环形交通、约束车道限制车速和装饰道路的作用，以其功能可分为中心岛、方向岛、安全岛。

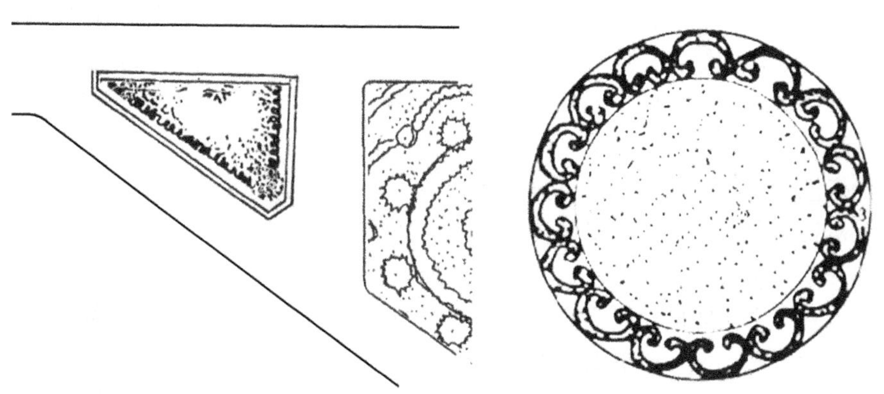
图 7-11 交通岛绿地

交通岛绿地一般设计为圆形，其直径的大小必须保证车辆能按一定速度以交织方式行驶，由于受到环道上交织能力的限制，交通岛多设在流量大的主干道路或具有大量非机动车交通、行人众多的交叉口。目前我国大、中城市所采用的圆形中心岛直径为 40～60m，一般城镇的中心岛直径也不能小于 20m。

中心岛不能布置成供行人休息用的小游园或吸引人的地面装饰物，而常以嵌花草皮花坛为主或以低矮的常绿灌木组成简单的图案花坛，切忌用常绿小乔木或灌木，以免影响视线。中心岛虽然也能构成绿岛，但比较简单，与大型的交通广场或街心游园不同，且必须封闭。

（3）立体交叉绿地设计

在我国一些大的城市都建起了立交桥，由于车辆行驶回环半径的要求，每处立交桥都设有一定面积的绿地，对这些绿地的规划设计应根据具体实际情况进行规划设计（见图 7-12）。

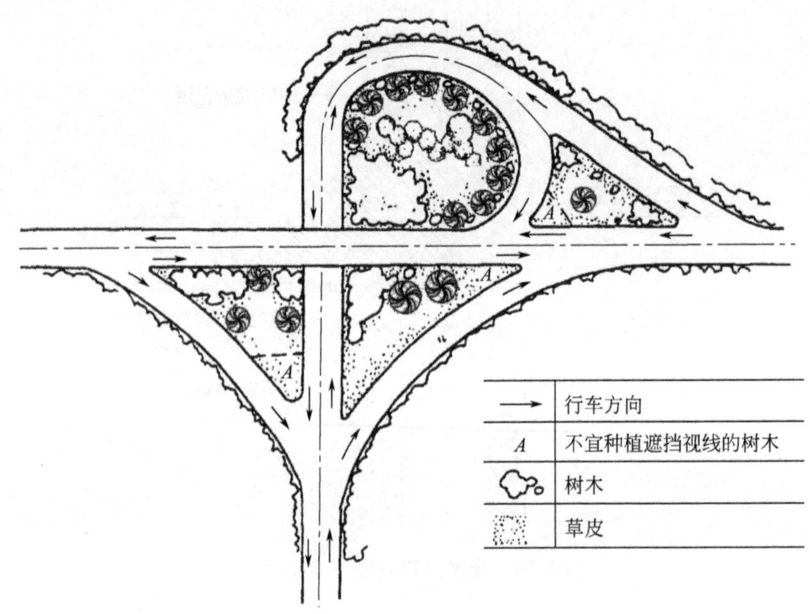

图 7-12　立体交叉绿化布置平面图

互通式立体交叉一般由主、次干道和匝道组成，匝道是供车辆左、右转弯，把车流导向主、次干道的。为了保证车辆安全和保持规定的转弯半径，匝道和主次干道之间就形成了几块面积较大的空地作为绿化用地，称为绿岛。此外，从立体交叉的外围到建筑红线的整个地段，除根据城市规划安排市政设施外都应该充分的绿化起来，这些绿地可称为外围绿地。

立交桥绿地布置要服从立体交叉的交通功能，使司机有足够的安全视距。因此在出入口应有指示性标志的植物，使司机可以方便地看清入口；在弯道外侧，植物应连续种植，种植的乔木使司机视线封闭，诱导司机的行车方向，并预示道路方向和曲率，同时使司机有一种安全感，有利于行车安全。但在主次干道汇合处，在立交进出道口和准备会车的地段、在立交匝道内侧道路有平曲线的地段不宜种植遮挡视线的树木（如种植绿篱或灌木），其高度也不能超过司机的视高，使司机能通视前方的车辆。

立交桥绿地应主要以草坪和花灌木、植物图案为主，形成明快、爽朗的景观环境，调节司机和乘客的视觉神经和心情。在草坪上点缀三五成丛的观赏价值较高的常绿林或落叶林也可得到较好的效果。

立体交叉路口如果位于城市中心地区，则应特别重视其装饰效果，以大面积的草坪地被为底景，草坪上以较为整齐的乔木作规则种植形成背景，并用黄杨、小檗、女贞、宿根花卉等形成大面积色块图案效果，做到流畅明快，引人注目，既起到引导交通又可起到装饰的效果。也可以在绿地中因地制宜安排设计有代表意义的雕塑，对市民具有一定的鼓舞启发作用。

岛是立体交叉中面积比较大的绿化地段，一般应种植开阔的草坪，草坪上点缀有较高观赏价值的常绿植物和花灌木，也可以种植观叶植物组成的纹样色带和宿根花卉。有的立体交叉还利用立交桥下的空间，搞些小型的服务设施。如果绿岛面积较大，在不影响交通安全的前提下可按街心花园的形式进行布置，设置园路、花坛、坐椅等。

立体交叉的绿岛处在不同高度的主次干道之间，往往有较大的坡度，这对绿化是不利的，可设挡土墙减缓绿地的坡度，一般以不超过5%为宜。陡坡位置需另做防护措施。此外，绿岛内还需装设喷灌设施，以便及时浇水、洗尘和降温。

立体交叉外围绿地的树种选择和种植方式，要和道路伸展方向的绿化及建筑物的不同性质结合起来考虑。要充分考虑周围的建筑物、道路、路灯、地下设施和地下各种管线的关系，做到地上、地下合理安排，才能取得较好的绿化效果。

7.2.4 街道小游园设计

街道小游园是在城市干道旁供居民短时间休息用的小块绿地，又称为街头休息绿地、街道花园。它主要指沿街的一些较集中的绿化地段，常常布置成“花园”的形式，有的地方又称为“小游园”。街道小游园以植物为主，可用树丛、树群、花坛、草坪等布置。乔灌木、常绿或落叶树互相搭配，层次要有变化，内部可设小路和小场地，供行人休息。有条件的设计一些建筑小品，如亭廊、花架、园灯、水池、喷泉、座椅、宣传廊等，以丰富景观内容、满足群众需要。

街道小游园绿地大多地势平坦，或略有高低起伏，可设为规则对称式、规则不对称式、自然式、混合式等多种形式。

街道小游园规划设计要点：特点鲜明突出，布局简洁明快；因地制宜，力求变化；小中见大，充分发挥绿地的作用；组织交通，吸引游人；硬质景观与软质景观兼顾；动静分区等。

街道小游园的设计主要有以下内容。

(1) 街头休息绿地涉及的内容

设定出入口，组织空间，设计园路、场地，布置休息设施，进行种植设计。

(2) 道路与绿地比例的选择

以休息为主的街头绿地，道路场地可占总面积的30%～40%，以活动为主的街头绿地，道路场地可占60%～70%。但这个比例会因绿地大小不同而有所变化。

(3) 植物的选择

按街道绿化树种的要求来选择骨干树种。

(4) 种植形式

要重点装饰出入口及场地周围、道路转折处。另外，街头休息绿地是街道绿化的延伸部分，与街道绿化密切相关，所以它的种植设计要求与街道上的种植设计有联系，不要截然分开。为了防尘和降低噪声，最好在临街一侧种植绿篱、灌木，起到分隔作用，但要留出几条透视线，以便让行人在街道上借景。

(5) 街头休息绿地中的设施

栏杆、花架、景墙、桌椅坐凳、宣传栏（廊）、体育设施、儿童游戏设施，以及小建筑物、水池、山石等。

7.2.5 花园式林荫道设计

花园式林荫道是指与道路平行，而且具有一定宽度和游憩设施的带状绿地。花园式林荫道也可以说是带状的街头休息绿地、小花园。

林荫路利用植物与车行道隔开，在其内部不同地段辟出各种不同休息场地，并有简单的园林设施，供行人和附近居民作短时间休息之用。目前在城镇绿地不足的情况下其可起到小游园的作用。它扩大了群众活动场地，同时增加了城市绿地面积，对改善城市小气候、组织交通、丰富城市街景起到较大的作用。例如北京正义路林荫路、上海肇家滨林荫路、西安大庆路林荫路等。

(1) 花园式林荫道的形式

1) 设在街道中间的花园式林荫道　即两边为上下行的车行道，中间有一定宽度的绿化带，这种类型较为常见。例如北京正义路林荫路、上海肇家滨林荫路等，主要供行人和附近居民作暂时休息用。此类型多在交通量不大的情况下采用，不宜有过多出入口。

2) 设在街道一侧的花园式林荫道　由于林荫路设立在道路的一侧，减少了行人与车行路的交叉，在交通流量大的街道上多采用此种类型，有时也因地形情况而定。例如傍山、一侧滨河或有起伏的地形时，可利用借景将山、林、河、湖组织在内，创造出更加安静的休息环境。例如上海外滩绿地、杭州西湖畔的六和塔公园绿地等。

3) 设在街道两侧的花园式林荫道　设在街道两侧的林荫路与人行道相连，可以使附近居民不用穿过道路就可达林荫路内，既安静又使用方便。由于此类林荫路占地过大，目前应用较少。

(2) 花园式林荫道设计要点

1) 设置游步道　游步道的数量要根据具体情况而定，一般 8m 宽的林荫路内设 1 条游步道；8m 以上时设 2 条以上为宜，游路宽 1.5m 左右。

2) 设置绿色屏障　车行道与花园林荫路之间要有浓密的绿篱和高大的乔木组成的绿色屏障相隔，立面上布置成外高内低的形式较好（见图 7-13)。

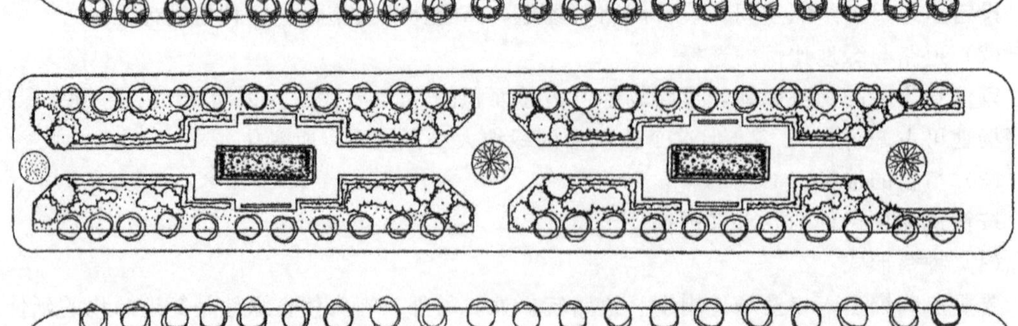

图 7-13　花园式林荫道绿化示意（哈尔滨市西十三道街）

3) 设置建筑小品　花园林荫路除布置游憩小路外，还要考虑小型儿童游乐场、休息座椅、花坛、喷泉、阅报栏、花架等建筑小品。

4) 留有出口　林荫路可在长 75～100m 处分段设立出入口。人流量大的人行道、大型建筑前应设出入口。可同时在林荫路两端出入口处将游步路加宽或设小广场，形成开敞的空间。出入口布置应具有特色，做艺术上的处理，以增加绿化效果。

5）植物丰富多彩　花园林荫路的植物配置应形成复层混交林结构，利用绿篱植物、宿根花卉、草本植物形成大色块的绿地景观。林荫路总面积中，道路广场不宜超过25%，乔木占30%～40%，灌木占20%～25%，草地占10%～20%，花卉占2%～5%。南方天气炎热需要有更多的绿荫，故常绿树占地面积可大些，北方则落叶树占地面积大些。

6）因地制宜　花园林荫路要因地制宜，形成特色景观。如利用缓坡地形形成纵向景观视廊和侧向植被景观层次，利用大面积的平缓地段，可以形成以大面积的缀花草坪为主，配以树丛、树群与孤植树等开阔景观。宽度较大的林荫路宜采用自然式布置，宽度较小的则以规则式布置为宜。

7.2.6 公路绿化

城郊联系城镇、风景区的道路称公路。在城乡道路系统中，公路所占的比重是很大的。公路绿化与城市街道绿化有着不少共同点，但也有特殊之处。公路绿化的目的在于美化道路，防风、防尘，并满足行人的庇荫要求。公路一般离居民区较远，常常穿过农田、山林，没有城市中那样复杂的管线设施，人为和机械损伤较少，道路绿带的宽度限制也较小，在公路绿化中结合生产的途径也更广阔，还可以与护田林带、工厂和居住区之间的防护带结合，以免过多占用土地。公路的结构如图7-14所示。

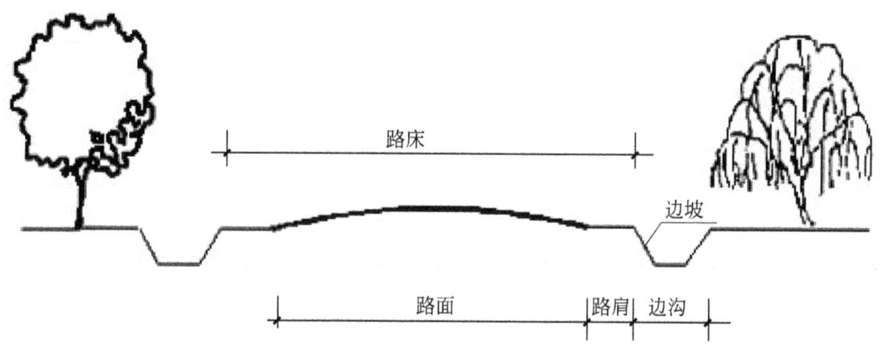

图7-14　公路的结构由路床和边沟组成

公路绿化应根据公路的等级、宽度等因素来确定树木的种植位置及绿带的宽度。公路绿化有如下几个要点。

① 路面宽度≤9m时，树木不能种在路肩上；路面宽度＞9m时，可距路面0.5m以上种树，也可种于边坡上。

② 在交叉口处必须留足安全视距，弯道内侧只能种低矮灌木和地被植物。在桥梁、涵洞等构筑物附近5m内不能种树。

③ 由于公路较长，为了有利于司机的视觉和心理状况，避免病虫害大面积地感染，丰富景观变化，一般2～3km或利用地形的转换变换树种。树种以乡土树种、病虫害少的树种为佳，布置方式可乔灌木结合。

④ 在风景区附近或风景区内部的道路上，植物种植不应阻挡风景视线（见图7-15）。

⑤ 公路绿化可结合生产种植核桃、枣、花椒、玫瑰等油料、香料植物或种植速生树种，也可种植能采收枝条的树种，如紫穗槐、荆条等。

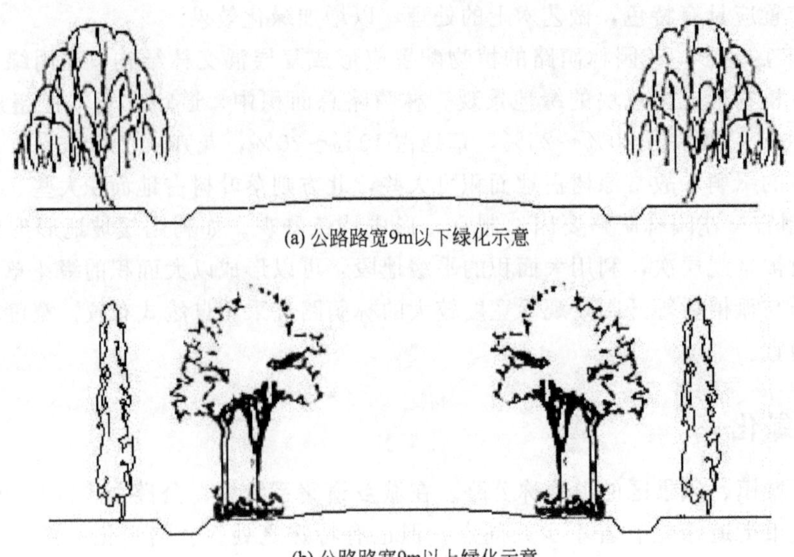

图 7-15　公路绿化断面示意

7.2.7　高速公路绿化

随着我国高速公路事业的蓬勃发展和人们对环境保护意识的日益提高，高速公路的绿化越来越受到了广大公路设计人员和建设者的高度重视。通过对高速公路进行绿化，不仅使其具有优美的流线型、新颖的构造物，而且还具有令人赏心悦目的自然景观；不仅使司乘人员感到安全、舒适、快速、畅通，而且还能使其有置身于舒适、优美的自然环境之中的感觉，进而提高高速公路的使用效率，发挥高速公路的功能。

（1）功能

高速公路作为现代的交通设施，具有“快速、舒适、安全、高效、低耗”的特点，它对促进沿线区域经济的健康、快速发展起着重要的带动作用，对其实施绿化有着独特的功能。

1）有利保护生态环境和水土流失　通过对高速公路进行绿化设计，不仅可以大大改善高速公路在建设期和运营期给沿线造成的自然景观、生态环境的局部影响，保护公路用地内和相邻地带原有的植被，而且还能减少沿线环境受汽车噪声、废气排放和夜间行车灯光等带来的各种影响及缓和沿线居民的心理功能等作用。同时，通过高速公路绿化设计，不仅利于路堑、路堤边坡的美化与稳定，美化路容，而且还能防止雨水对路堑、路堤的侵蚀，保持水土流失。

2）有利行车安全　通过对高速公路进行绿化设计，有助于汽车安全、快速行驶，充分发挥高速公路的使用功能。这是由于通过对高速公路进行绿化设计，不但使其形成绿色长带，具有预告公路线形，达到视线诱导作用和防止夜间对向车道灯光给驾驶人员造成眩光而形成的不适，发挥防眩作用；而且还具有改善诸如边沟、桥墩台和公路外侧刺眼的建筑物等不利于行车安全给驾驶员造成心理压抑、单调、疲劳等不协调因素的作用。同时，在中央分隔带进行绿化时对所选用的植被富于变化，且点缀于花灌木，这样不但使司乘人员感到赏心悦目，而且还使之仿佛置身于大自然之中，更有利于他们行车安全。

（2）绿化设计

1）设计原则　高速公路绿地要充分考虑到高速公路的行车特色，以“安全、实用、美观”为宗旨，以“绿化、美化、彩化”为目标，防护林要做到防护效果好，同时管理方便。

注意整体节奏，树立大绿地、大环境的思想，在保证防护要求的同时，创造丰富的林带景观。

满足行车安全要求，保障司机视线畅通，同时对司机和乘客的视觉起到绿色调节作用。

高速公路分车带应采用整形结构，宜简单重复形成节奏韵律，并要控制适当高度，以遮挡对面车灯光，保证良好行车视线。

从景观艺术处理角度来说，为丰富景观的变化，防护林的树种也应适当加以变化，并在同一段防护林带里配置不同的林种，使之高低、冠形、枝干、叶色等都有所变化，以丰富绿色景观，但在具有竖向起伏的路段，为保证绿地景观的连续，在起伏变化处两侧防护林最好是同一林种、同一距离，以达到统一、协调。

2）高速公路绿化设计要点　高速公路的横断面包括行车道、中央隔离带、路肩、边坡和路旁安全地带等（见图 7-16）。

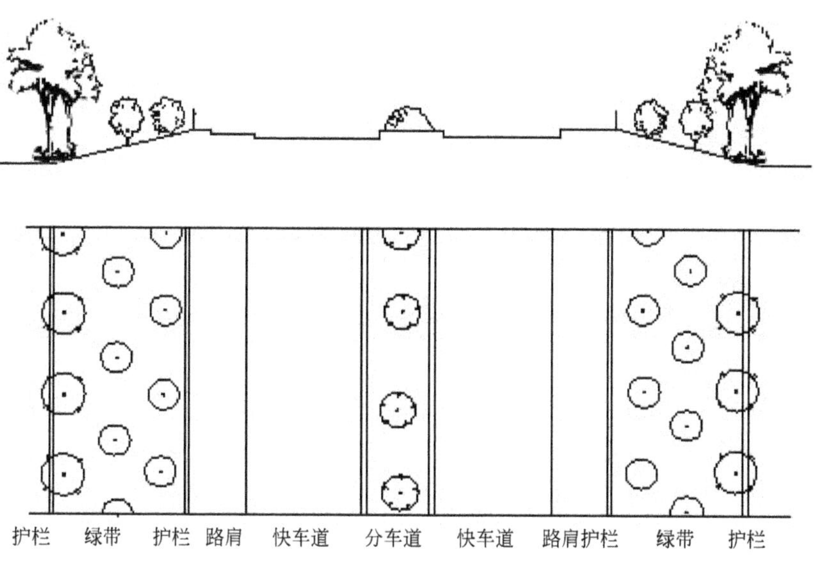

图 7-16　一般高速公路绿化断面示意

隔离带内可种植花灌木、草皮、绿篱和矮性整形的常绿树，以形成间接、整齐有序和明快的配置效果。

因高速公路路况环境多有变化，隔离带的种植亦可因地制宜做分段变化处理，以丰富路景和有利于消除视觉疲劳。较宽的隔离带内还可以种植一些自然的树丛。一般不种成行的乔木，因为树影投射到车道上的斑驳影会影响高速行进中司机的视力。中央隔离带的宽度一般 3m 以上，过窄对司机夜间行驶不利。为了保证安全，高速公路不允许行人及非机动车穿行，所以隔离带内必须装喷灌或滴灌设施，采用自动或遥控装置。

路肩是作为故障停车用的，一般 3.5m 以上不能种植树木。边坡及路旁安全地带可种植树木、花卉和绿篱，但要注意大乔木要距路面有足够的距离，不使树影投射到车道上。

高速公路边坡绿化是高速公路绿化的主体，对边坡绿化一般采用植草皮或播草种两大方式，但不论采用何种方式，必须达到保持稳定边坡和保持水土流失的目的。所以，草种选择是边坡绿化的关键，不仅要求根系发达、易生长，而且还要易成活、抗病虫。对石质挖方路段，为减少路堑边坡给司乘人员造成的不舒适、压抑、紧张的感觉，在坡脚处可栽植一些藤本植物，如爬墙虎、紫藤等，其栽植间距可采用1.0m。

为了防止穿越市区的噪声和废气的污染，在公路的两侧要留出20～30m的安全防护地带。

高速公路通市中心时要设立交桥，这样与车行、人行严格分开，绿化时不宜种植乔木。

高速公路要在100km以上时设服务区。一般为每50km左右设一服务区，供司机和乘客停车休息。休息站还包括减速车道、加速车道、停车场、加油站、汽车修理设施、食堂、小卖部、厕所等服务设施，所以要结合这些设施进行绿化。停车场可布置成绿化停车场，种植具有浓荫的乔木，以防止车辆受到强光照射。场内可根据不同车辆停放地点，以草坪花坛或树坛进行分隔。

高速公路的平面线型有一定要求，一般直线距离不应大于24km；在直线下坡拐弯的路段应在外侧种植树木，以增加司机的安全感，并可引导视线。

7.3 案例分析

7.3.1 重庆市云阳县滨江大道

(1) 项目概况（引自《重庆市云阳县滨江大道——道路景观规划设计探析》）

云阳县滨江大道全长12km，双向6车道，宽度达到了50m，其中道路中央的绿化带就有6m宽，十分大气。

① 优美整洁：整条大道绿化带覆盖率达到了40%以上，搭配了90多种植被，四季都有不同景色。

② 城市形象：滨江大道集景观、住宅、休闲娱乐、餐饮于一体，加上街道两旁众多公园和广场景观，不仅是当地市民休闲健身的好去处，也吸引着众多游客前来参观。

③ 畅快通达：是云阳县城的一条快速通道，同时也是重庆库区中最长、最宽、绿化最美的滨江休闲路。

(2) 设计构思

滨江路在满足一定的交通功能需求前提下，更要体现滨江休闲景观带的自然气息和现代艺术风格，使之成为云阳新县城的标志性景观道路。规划设计过程中坚持以人为本的原则，引入城市空间带的概念，使自然空间和城市空间相互交融发展，提高城市整体环境质量。其次，突出滨水自然空间特色和城市物空间组织的优势，引入城市空间带的概念，使自然空间和城市空间相互交融发展，提高城市整体环境质量。滨江路的景观规划设计构思可概括为“四点、三区、一线”的总体景观构架。

1) 四点　创造变化有序的滨江路景观空间序列，形成“四点、三区、一线”的总体景观构架。

① 双江大桥节点（见图7-17）。从万州方向进入中心城区的重要节点，是新老城区的临界点。该节点以龙脊山为背景、穆龙山为对景，云阳中学、小学及体育场等文化设施齐聚一侧。其景观环境规划设计既要与自然山水相融，又要展现浓郁的文化氛围。

② 两江广场节点（见图7-18）。因位于长江与小江交汇处的优越区位，是双井寨文化休闲旅游区唯一的入口。处在两江广场节点，既能领略滔滔的长江江水，又能享受长江南岸自然山体的原始气息，能够使人远离城市的喧嚣。

③ 云阳港码头节点（见图 7-19）。是云阳主要的水路客运码头，是经由水路进入城市的“门户”，人来人往，应注意交通的合理组织，景观环境设计应注重展现城市形象特征，给人留下永久的记忆。

④ 长江大桥节点（见图 7-20）。是由南向北进入中心城区的唯一节点。云阳长江公路大桥是三峡库区二期蓄水前开工的最后一座公路大桥，是三峡库区唯一的高低子母塔斜拉桥。大桥的顺利竣工，结束了千百年来以船摆渡人和车辆过江的历史，为云阳新县城增添了一道新的人文景观，使云阳新县城更加生动灵气，绚丽多彩。

图 7-17　双江大桥

图 7-18　两江广场

图 7-19　云阳港码头

图 7-20　长江大桥

2）三区

① 双井寨文化休闲旅游区。位于已建成的滨江路外侧，小江与长江交汇的河洲岛，是云阳龙脊山岭的一部分，因历史悠久的双井寨而著名，是滨江路沿途一个重要的自然景观和人文景观交融的景观区域。该景观区域的建成，将成为云阳新县城重要的标志性景观之一。

② 滨江绿化广场区。滨江绿化广场区是指从两江广场到云阳港码头段之间用于开发建设集商业、办公、居住于一体的滨江商住小区。滨江绿化广场区应充分体现自然岸线的保护与开发利用的结合，自然滨水景观与现代建筑景观的相互融渗。

③ 滨江公园区。滨江公园区是滨江路景观的高潮区域，为了表现三峡文化，在滨江公园中运用了大量从长江中取来的经过江水冲刷的形态各异的三峡石。经过设计师们的精心设计，塑造了各种各样的文化场景，让人们游于其中而流连忘返。

3）一线　通过滨江路将沿线各个景观节点和景观区域串联起来，形成具有序列感的，能同时展示优美自然景观、悠久历史景观和现代城市景观的滨江景观带。

（3）平面布线与景观

滨江路从双江大桥开始，经过平淡的封闭路段，到达双江广场即进入第一个高潮点。在双江大桥至两江广场段，两侧以多层商住楼为主，沿江一侧采取了全封闭布置建筑的形式，没有留出观赏江景的通廊，可喜的是在道路内侧的部分路段，采用了开敞式布置形式，将龙脊山脉引入城中，给人以“人在山中行”的切身体会。同时为了不破坏龙脊山脉的自然态势，滨江路采用了大半径的弯道转折，既满足了景观的需要又适应了道路功能等级的要求。滨江路继续向前推进，在杏家湾广场处到达感知中的高潮，由于滨江路和广场之间存在约10m的高差，在滨江路上是不能直接看到广场景观的，滨江路与广场之间通过广场两侧的梯道联系，在广场的观景平台上能很好地观看江景和磨盘寨制高点。当滨江路行至长江大桥北桥头的滨江公园时即达到了景观高潮。在长江大桥桥头段，修建了沿江大道，使之与滨江路分道，往后靠的滨江路是城市主干道，将过境交通引向沿江大道，避免过境交通穿越城市。在沿江大道外侧，利用较宽阔的地势修建了云阳滨江公园，使其成为云阳市民休闲娱乐的又一好去处。滨河大道作为主干道要求选用较大的平曲线半径，以保证线形的顺直；而对其他较低等级道路的平曲线半径可以相对降低（见图7-21）。

图7-21　总体景观构架

（4）道路横断面规划设计

对于地形地质条件复杂、用地紧张、非机动车较少的山地城市道路，多采用一块板道路形式。云阳县城总体规划根据实际用地情况，采用低路幅宽度、高路网密度的道路规划原则，从30～40m的主干道（4车道）到9～18m的支路（2车道）均采用一块板道路形式（见图7-22），只在滨江路的局部地段采用了两块板形式。城市道路横断面空间可分为车行交通空间（车行道及分隔带）、一般步行空间（人行道及绿带）、商业购物空间、休憩空间（步行道、绿地、休息空地）和观赏性空间（绿地、水面、雕塑等）5种。

在合理组织车行交通的同时规划布置一套完整的步行系统。步行道路系统由人行道、过街天桥或地道、两江广场和滨江绿带及滨江公园内部的步行道组成，以形成连续完整的绿化休闲步行体系。云阳的主要公共建筑多集中在三条环状主干道两侧，具有交通性、生活性和景观性相复合的特点。如果采用大型公共建筑相对集中，而摒弃沿干道成带状发展的形式，将不仅有利于交通的组织，也有利于景观的组织。云阳主干道的景观设计应兼顾快速和慢速使用者的不同视觉特性要求，应兼顾交通、生活及景观功能的各自需求。三条主干道的空间尺度比较适宜，道路两侧多为板式建筑。

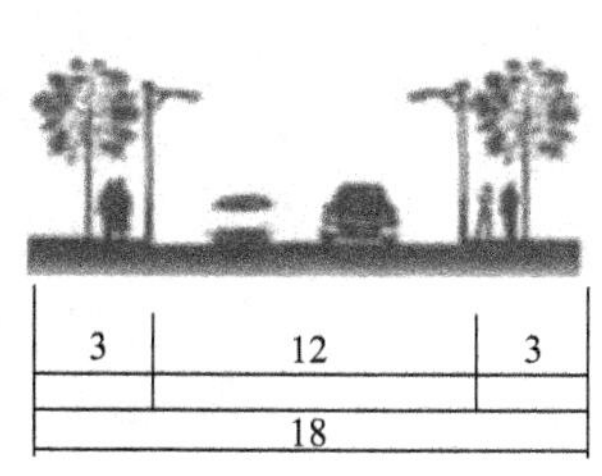

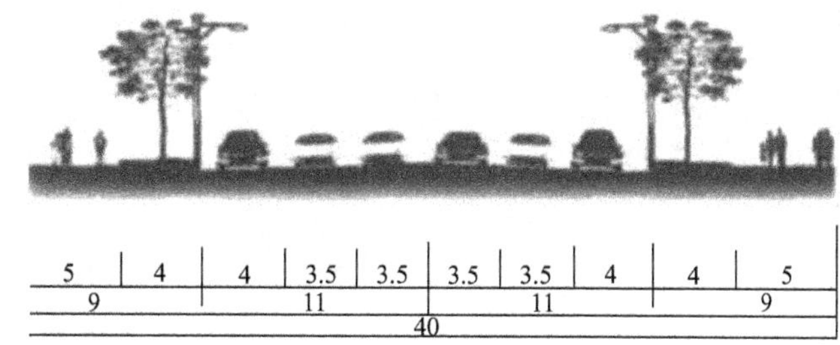

图 7-22 道路横断面布置形式（单位：m）

建筑形式根据建筑物性质及其所在位置的不同，在统一中有所变化。同时，为了城市的通风、采光及观景等的需要，两侧建筑并未采用全封闭式布局，而有意识地打开了一些通廊，将自然山水景观引入城中，但这种类型的城市景观通廊的设置还略显不够。主干道绿化多采用乔木与花灌木结合的树带式人行道绿化，起到了绿化美化道路和分隔人流和车流的目的，并且利用不同的绿化形式分隔出了具有不同使用功能的积极道路边缘空间。

（5）城市桥梁

滨江路途经两座桥，双江大桥和云阳长江大桥。云阳长江大桥位于重庆市东部云阳县境内，是连接长江南北两岸的盘石镇和云阳新县城的重要交通枢纽，云阳长江大桥是座结构形式为高低塔、双索面、密索、对称扇形布置，钢筋混凝土双纵肋主梁、塔梁分离的支承体系PC斜拉桥，主桥跨组和为132.0m＋318.0m＋187.0m，全长1278.6m，桥宽20.5m索塔为“H”形、空心薄壁箱型截面，低塔两侧共21对索，高塔两侧共30对索。云阳双江大桥位于云阳县城，结构类型为拱桥，桥梁主跨跨数3跨。

（6）道路绿化

滨江路整体路段的绿化形式有一定的变化，但还存在一些不足。从双江大桥到沿江大道与滨江路交叉口节点一段主要以树带式人行道绿化为主，采用乔木与灌木相结合的方式。其中在道路空间较封闭路段采用的是小叶榕与灌木结合的人行绿带方式，而在开敞空间路段，采用的是垂柳与花灌木结合的绿带形式，但它们没有很好地与岸线自然绿化协调。在滨江公园一带，沿江大道采用的是分车绿带与滨江公园绿化相结合的方式。但沿江大道段的草坪式分车绿带形式单调、层次单薄、绿量不足，不能起到较好的软化道路空间硬环境和分隔道路空间的作用。以草坪为主的分车绿带，除了种植大面积的草坪外，最好在草坪上布置少量花卉和小灌木，以形成自然式或图案式的丰富绿化形式（见图7-23）。

（7）设施小品

滨江路道路设施的种类、数量、布局、尺度、造型、色彩等均应符合规范及环境要求，功能与审美统一、与滨水休闲景观带的整体环境相协调，以增添道路的整体性和有序感。在满足道路设施使用功能的前提下，充分挖掘当地的地方文化和移民文化，按照多样化、综合化、生态化、个性化等原则进行优化整合，以塑造出人性化、个性化的道路空间，提高对市民及游客的吸引力，塑造高品位城市形象。路灯、指示牌、栏杆、街边座椅等是部分道路设施，见图 7-24。

图 7-23　道路绿化

图 7-24　设施小品

7.3.2　纽约高线公园绿道设计

（1）项目概况

纽约高线公园（High Line Park）是一个位于纽约曼哈顿中城西侧的线型空中花园。原来是 1930 年修建的一条连接肉类加工区和三十四街的哈德逊港口的铁路货运专用线，总长约 2.4km，距离地面约 9.1m 高，跨越 22 个街区，于 1980 年停运，被遗弃了 30 多年后曾一度面临拆迁危险。在纽约“高线之友”组织的大力保护下，高线终于存活了下来，并建成了独具特色的空中花园绿道（见图 7-25），为纽约曼哈顿西区赢得了巨大的社会效益和经济效益，成为国际设计和旧城重建的典范。

图 7-25　纽约高线公园绿道设计

（2）设计特点

纽约高线公园作为城市绿道，在生态、游憩和社会文化三大功能建设上有如下鲜明的特点。

1）城市文化的保护和传承

① 对城市历史的尊重：由于保留了高线铁路遗址，高线公园成为纽约西区工业化历史的一座“纪念碑”。

② 对市民意愿的尊重：最初正是附近市民自发组织的“高线之友”团体推翻了拆毁高线铁路的议案，推动了公园的规划建设，可以说高线公园从项目缘起、竞标、设计、实施，均与当地居民保持了紧密的联系，在为纽约市民带来一片美妙的公共空间同时，又承载了这座城市的记忆。

③ 对场地的尊重：在设计中提出，对结构特性的保存和重新阐释是其转型为公园的关键所在。公园不仅保留和重新阐释了部分铁轨，还保留了部分厂房的残垣断壁。这些场景，

记载、诉说和传递着场地的历史。

2）生态功能建设

① 景观美学——凸显野性之美。设计者尊重场地特色，没有将荒芜后滋生的野生植被看做“脏乱差”的代表，而是视之为大自然勃勃生机的体现，让其与锈蚀的铁轨、废弃的厂房和仓库相映成趣，形成岁月留痕的历史美感。

② 整体设计——贯彻“植-筑”策略。高线公园整体设计的核心策略是“植-筑”（Agri-Tecture），它改变了步行道与植被的常规布局方式，将有机栽培与建筑材料按不断变化的比例关系结合起来，创造出多样的空间体验，时而展现自然的荒野与无序，时而展现人工种植的精心与巧妙；硬性的铺装和软性的种植体系相互渗透，营造出不同的表面形态，从高步行率区（100%硬表面）到丰富的植载环境（100%软表面），呈现多种硬软比例关系，既提供了私密的个人空间，又提供了人际交往的基本场所，为使用者带来了不同的身心体验。

③ 植被选育——侧重本地物种。植被的选择和设置上，摒弃传统的修剪式园林的人工味，彰显野性的生机与活力。不同于场地单一型与线性的特征，公园在植被的选择上注重植物的多样性与复杂性，并巧妙地运用了在废弃年间生长的一些植物，依据植物的不同颜色和特性，挑选出 210 种本地植物，包括雏菊、茴香、牵牛花、玫瑰和各种灌木，其中 160 多种是本地物种，保留了废弃铁轨中自然生长的野花杂草，保存“原生态”的抗旱扛风植物，同时也注重花期的不间断性。

3）游憩功能的设计　高线公园与城市的紧密联系成为该项目鲜明的独特性。它以不间断的形态横向切入多变的城市景观中，高出地面 9m 的空中步道带来了独特的城市体验，人们在深入城市的同时也在远离城市。很多对周围环境早已了然于心的纽约人也不禁走上高线，以一种全新的视角一睹城市风采，往往能够收获意想不到的惊喜。

图 7-26　木躺椅

人们可以在高线上欣赏对岸新泽西州的轮廓线、哈德逊河的日落、纽约一侧的 54 号码头等美景，也可以在木躺椅区尽情享受日光浴（见图 7-26），还可以隔着落地玻璃窗可以欣赏十大道的车水马龙的景致。

高线公园为重振曼哈顿西区做出了卓越的贡献，成为当地新的标志，吸引了大量的市民和游客，有力地刺激了私人投资。

8 城市广场规划设计

城市广场是城市中为满足市民生活需要而修建的，由建筑物、道路和绿化等空间元素包围而成的、相对集中的开放空间；具有一定的主题思想，是城市公众社会生活的中心。现代城市广场是现代城市开放空间体系中最具公共性、最具艺术性、最具活力、最能体现都市文化和文明的空间，其功能进一步贴近人的生活，成为城市市民不可缺少的空间类型，被誉为“城市客厅”。

8.1 城市广场规划设计概述

8.1.1 城市广场的概念

城市广场是城市中由建筑、道路或绿化带等围绕而成的开敞空间，是城市公众社会生活的中心，又是集中反映城市历史文化或艺术面貌的建筑空间（《中国大百科全书》）。

“广”者，宽阔、宏大之意；“场”，指平坦的空地。“广场”，即广阔的场地，特指城市中广阔的场地，如天安门广场。

国内对现代广场有这样的定义：以城市历史文化为背景，以城市道路为纽带，由建筑、道路、植物、水体、地形等围合而成的城市开敞空间，是经过艺术加工的多景观、多效益的城市社会生活场所。

国外专家认为广场是被有意识地作为活动焦点；通常情况，它经过铺装，被高密度的构筑物围合，有街道环绕或与其相通；有清晰的广场边界；周围的建筑与之具有某种统一和协调，宽与高有良好的比例。

8.1.2 城市广场的起源

“广场”一词源于古希腊，最初用于议政和市场，是人们进行户外活动和社交的场所，其特点、位置是不固定和松散的。从古罗马时代开始，广场的使用功能逐步由集会、市场扩大到宗教、礼仪、纪念和娱乐等，广场也开始固定为某些公共建筑前附属的外部场地。随着不断发展，广场逐步成为城市公共空间的重要组成部分。19 世纪后期，城市中工业的发展、人口和机动车辆的迅速增加，使城市广场的性质、功能发生新的变化。不少老的广场成了交通广场。现代城市规划理论和现代建筑的出现，交通速度的提高，引起城市广场的空间组织和尺度概念上的改变。

8.1.3 城市广场的功能

广场是由于城市功能上的要求而设置的，是供人们活动的空间。城市广场通常是城市居民社会生活的中心，广场上可进行集会、交通集散、居民游览休憩、商业服务及文化宣传等。例如，北京的天安门广场，既有政治和历史的意义又有丰富的艺术面貌，是全国人民向往的地方。上海市人民广场是市民生活、节日集会和游览观光的地方。

良好的城市广场规划建设可以调整城市建筑布局，加大生活空间，改善城市居民生活环境质量。街道的轴线，可与广场相互连接，加深了城市空间的相互穿插和贯通，增加了城市空间的深度和层次。广场内配置绿化、小品等，有利于在广场内开展多种活动，增强了城市生活的情趣，满足人们日益增长的艺术审美要求。优秀的城市广场会成为城市居民社会生活的中心，被誉为“城市客厅”。

城市广场尤其是中心广场，突出城市个性和特色，给城市增添魅力，常常是城市的标志和名片。它不仅是城市的象征，也是融合城市历史文化、塑造自然美和艺术美的环境空间，使人们在休憩中获得知识，了解城市的历史文脉。

城市广场还是火灾、地震等方便的避难场所。

随着社会的发展，现代城市广场的功能也越来越多样化，因为广场主要是为了满足人们户外活动的需要，人是社会的主体，广场也逐渐演化成带有多种性质和功能的综合广场，我们可以称之为市民广场。

8.1.4 城市广场的分类

(1) 按广场的使用功能分类

1) 市政广场　一般位于城市中心位置，通常是市政府、城市行政区中心、老行政区中心和旧行政厅所在地。

2) 纪念广场　通常广场中心或轴线以纪念雕塑（或雕像）、纪念碑（或柱）、纪念建筑或其他形式纪念物为标志，主体标志物应位于整个广场构图的中心位置。

3) 交通广场　主要目的是有效地组织城市交通，是城市交通体系中的有机组成部分。

4) 休闲广场　是供市民休息、娱乐、游玩、交流等活动的重要场所，其位置常常选择在人口较密集的地方，以方便市民使用的目的。

5) 文化广场　有明确的主题，是城市室外文化展览馆，是展示城市深厚的文化积淀和悠久历史，让人们在休闲中了解该城市的文化渊源。

6) 古迹（古建筑等）广场　结合该城市的遗存古迹保护和利用而设的城市广场，生动地代表了一个城市的古老文明程度。

7) 宗教广场　以满足宗教活动为主，尤其要表现出宗教文化氛围和宗教建筑美。

8) 商业广场　是为商业活动提供综合服务的功能场所。

(2) 按照广场形态分类

1) 规则形广场　广场形状呈规则的几何形状，如正方形广场、长方形广场、梯形广场、圆形和椭圆形广场。如圣彼得大教堂广场。

2）不规则形广场　由于用地条件，城市在历史上的发展和建筑物的体形要求，会产生不规则形广场。不规则形广场不同于规则形广场，平面形式较自由，如威尼斯圣马可广场（被拿破仑称为“欧洲最美丽的客厅”）。不规则形广场的平面布置、空间组织、比例尺度及处理手法必须因地制宜。在山区，由于平地不可多得，有时在几个不同标高的台地上也可组织不规则形广场。

（3）按广场的剖面形式分类

平面型广场、立体型广场（上升式、下沉式）。

（4）以广场的空间开敞程度分类

开敞性广场、封闭性广场。

（5）按照广场构成要素分类

建筑广场、雕塑广场、水上广场、绿化广场等。

8.1.5　城市广场的特点

城市广场具有容量大、公共性、开放性和永久性等特征，是集中反映城市历史文化的空间和城市建筑艺术的焦点，是城市空间环境中最富艺术魅力，最能反映城市历史文化特性的开放空间。广场的设置和演变受到各种因素的影响，在众多因素之中首要因素是功能。从古代到现代，广场就是城市居民社会生活空间，一般设在城市中心或区域中心，是城市不可缺少的部分。随着现代社会的发展和市民生活的需要，为城市广场提出了多种功能要求。于是出现了功能多样，并有所偏重的现代城市广场。在城市规划建设过程中，常常以主要功能定性，在城市中布置不同性质的广场。对广场的布局应做系统的安排，而广场的数量、面积的大小、分布则取决于城市的性质、规模和广场功能。

现代城市建设在经过一段“功能至上”和“唯物质论”的追求后，开始认识到改善城市生态环境和生活质量的重要性。价值观念也由简单追求“效率、实用、方便”转为重视“历史、文化、环境”，从注重空间转为注重场所。现代城市广场与传统广场相比，无论在内涵还是形式上都有了很大的发展，特别表现在对城市空间的综合利用、场所精神和对人的关怀、现代高科技手段的运用等方面。所以说现代城市广场性质上具有公共性；功能上具有综合性；空间场所上往往具有多样性。从某种意义上讲，现代城市广场还是市民心目中的精神中心之一，体现着城市的灵魂，它必须要融入城市居民的生活。因此，广场建设要明确一个基本点：简洁实用，以人为本，为市民服务。

8.2　城市广场规划设计

城市广场是城市空间形态中的节点，它突出地代表了城市的特征。与周围建筑及其间的标志物有机地统一着城市的空间构图。城市广场是某种用途和特征的焦点，道路的交汇点，也是城市结构的变换处。因此规划设计好城市广场，对提升城市形象、增强城市吸引力尤为重要。

8.2.1 城市广场设计原则

（1）系统性原则

城市广场在城市空间环境体系中进行系统分布的整体把握，做到统一规划、统一布局。

（2）完整性原则

① 功能完整：指一个广场应有其相对明确的功能。

② 环境完整：主要考虑广场环境的历史背景、文化内涵、时空连续性、完整的局部、周边建筑的协调和变化有致等问题。

（3）尺度适配原则

根据广场不同使用功能和主题要求，确定广场合适的规模和尺度。

（4）生态性原则

广场规划的绿地中花草树木应与当地特定的生态条件和景观特点相吻合。

（5）多样性原则

广场的设施和建筑功能以及空间环境的多样化。

（6）步行化原则

广场空间和各因素的组织应该支持人的行为，保证广场活动与周边建筑及城市设施使用连续性。人们对广场的选择从心理上趋从于就近、方便的原则。人在广场上徒步行走的耐疲劳程度和步行距离极限与环境的氛围、景物布置、当时心境等因素有关。

（7）文化性原则

城市广场是城市开放空间体系中艺术处理的精华，是城市历史风貌、文化内涵集中体现的场所。

（8）特色性原则

现代城市广场应通过特定的使用功能、场地条件、人文主题及景观艺术处理来塑造出自己的鲜明特色。广场的特色性是对广场的功能、地形、环境、人文、区位等方面的全面的分析，不断的提炼，才能创造出与市民生活紧密结合和独具地方、时代特色的现代城市广场。有个性特色的城市广场应与城市整体空间环境风格相协调。

8.2.2 城市广场空间设计

城市广场具有开放空间的各种功能和意义，并有一定的规模要求、特征和要素构成。广场空间相对于其他类型的城市开放空间，例如公园、街道等，它们具有本身的空间特点，这对于广场的空间设计具有重要影响。

（1）广场的面积

城市广场空间设计首先要研究确定广场的位置、用地规模和形状。城市广场面积的大小和形状的确定，与广场类型、广场建筑物性质、广场建筑物的布局及交流通量有密切关系。城市越大，城市中心广场的面积也越大。小城市的市中心广场不宜规划得太大，片面地追求大广场，不仅在经济上不合理，而且在使用上不方便，也不会产生好的空间艺术效果。小城市中心广场的面积一般不小于 1.0～2.0hm^2，大中城市广场面积 3.0～4.0hm^2，如有需要还可以大一些，广场面积大小和形状的确定取决于功能要求、观赏要求及客观条件等方面的因素。

功能要求方面，如交通广场，取决于交通流量的大小、车流运行规律和交通组织方式等。集会游行广场，取决于集会时需要容纳的人数及游行行列的宽度，它在规定的游行时间内能使参加游行的队伍顺利通行。影剧院、体育馆、展览馆前的集散广场，取决于在许可的集聚和疏散时间内能满足人流与车流的组织与通过。此外，广场面积还应满足相应的附属设施的场地，如停车场、绿化种植、公用设施等。

观赏要求方面，应考虑人们在广场上对广场上的建筑物及其纪念性、装饰性建筑物等有良好的视线、视距。在体形高大的建筑物的主要立面方向，需相应地配置较大的广场。如建筑物的四面都有较好的造型，则在其四周需适当地配置场地，或利用朝向该建筑物的城市街道来显示该建筑物的面貌。但建筑物的体形与广场间的比例关系，可因不同的要求而用不同的手法来处理。有时在较小的广场上布置较高大的建筑物，只要处理得宜，也能显示出建筑物更高大的效果。

广场面积的大小，还取决于用地条件、环境条件、历史条件、生活习惯条件等客观情况。如城市位于山区，或在旧城市中开辟广场，或由于广场上有历史艺术价值的建筑和设施需要保存，广场的面积就受到客观条件的限制。

(2) 广场的空间特征

1) 边界明确　城市广场的边界线清楚，空间领域明确，通常具有强烈的图形感。边界线一般由建筑的外墙、道路、水体等构成，但不设单纯的隔墙围墙。这也使得城市广场的整体感较强，和周围建筑或者道路有着良好的连通，其空间秩序应服从整体城市空间的需求。

2) 空间开敞　作为市民的活动客厅，广场的使用率和使用强度很高，要满足大量人流的活动和集散，这就是使得广场的硬质铺装通常占有较大面积，并且延伸到广场边界。虽然一般由建筑或道路界定明确，但广场空间和周围建筑或者外部环境之间是开敞的，便于人流聚集；而非设置固定出入口的形式，也不适合用大面积绿化进行围合。这种开敞性使得广场和外部环境融为整体，成为城市广场空间不可缺少的一部分。

3) 协调的空间尺度　城市广场通常是有各类建筑物包围的，广场的空间品质不仅取决于广场空间本身，很大程度上受到周围建筑实体的影响。广场和建筑是空间的两个部分，建筑是起围合作用的实体，而广场是实体所围合的空的部分。要创造高质量的开放空间，广场应和周围建筑取得良好的尺度关系，建筑的高度与观察距离比例的不同会产生不同的视觉效应。当人站在广场中时，由于建筑高度和广场宽度的尺度关系可以产生相应的空间效果和心理反应。

4) 适当的绿化种植　在广场空间处理上，绿化是不可缺少的空间元素。绿化可以对大量硬质空间起到柔化作用，衬托建筑并增强空间尺度感，利用植被的遮挡控制人的视线，并且可以形成空间引导和遮阳的作用。因广场空间的开放性以及大量硬质地面的需求使得广场中的绿化要适度设置，不能占用太多用地面积，影响人流集散和通行，并且形态要整体上和广场空间相统一，例如广场上采用规则式树阵排列，或者对树木进行适当修剪，以形成树群的秩序感。

(3) 广场的空间组织

广场应按照城市总体规划确定的性质、功能和用地范围，结合交通特征、地形、自然环境等进行设计，并处理好与毗邻道路及主要建筑物出入口的衔接，以及和周围建筑物的协调和广场的艺术风貌。

广场的空间处理上可用建筑物、柱廊等进行围合或半围合；用绿地、雕塑、小品等构成广场空间；也可结合地形用台式、下沉式或半下沉式等特定的地形组织广场空间。但不要用墙把广场与道路分开，最好分不清街道和广场的衔接处。广场地面标高不要过分高于或低于道路。

1）四角封闭的广场空间

① 道路从广场中心穿过四周建筑。此种设计虽然四角封闭，但因其道路以广场中央为中心点穿过四周建筑，使得广场空间用地零碎，被均分为 4 份，造成了广整体空间被支解的局面，因此很难达到内聚力的效果。为了避免广场的整体空间被分割，应尽量使广场周边的建筑物形式统一，可在广场中央安置较宏伟的雕塑，借以加强广场空间的整体性（见图 8-1）。

② 道路从广场中心穿过两侧建筑。与上述相同，四角封闭，道路仍然穿过广场中央整体空间被打剖，形成了无主无从的局面（见图 8-2）。

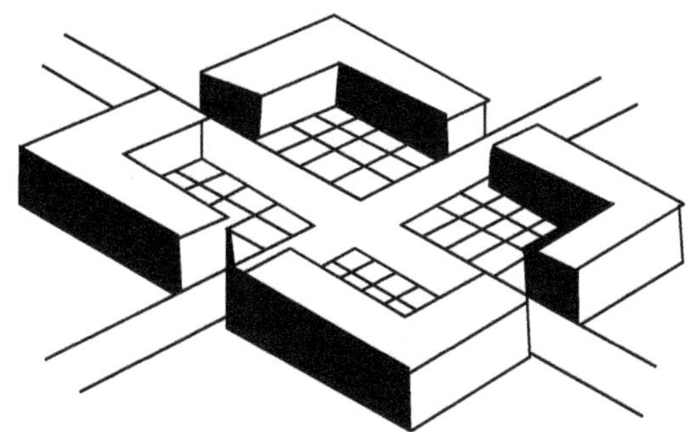

图 8-1　道路从广场中心穿过四周建筑

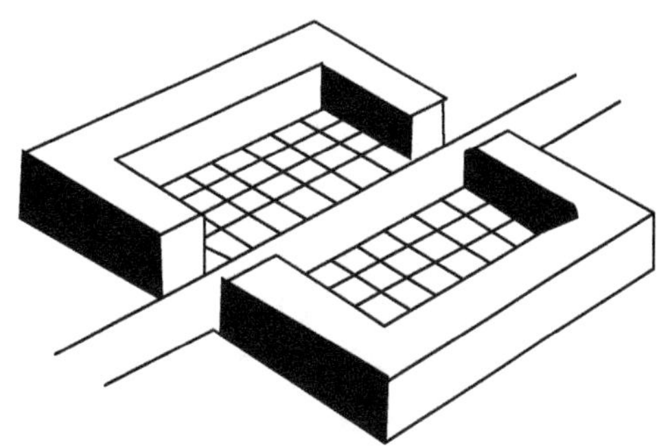

图 8-2　道路从广场中心穿过两侧建筑

③ 道路从广场中心穿过一侧建筑。当道路从建筑的一侧进入广场，虽然四周仍然呈封闭状，但显示了主次关系，使得广场具有很强的内聚力，是较封闭的一种形式（见图 8-3）。

2）四角敞开型广场空间

① 四角敞开格网型广场空间。四角敞开型广场空间，多见于格网型广场。格网型广场由于道路从四角引入，缺点是道路将广场周边建筑四角打开，使广场与周边建筑物分开，导致了广场空间的分解，从而削弱了广场空间的封闭性和安静性（见图 8-4）。

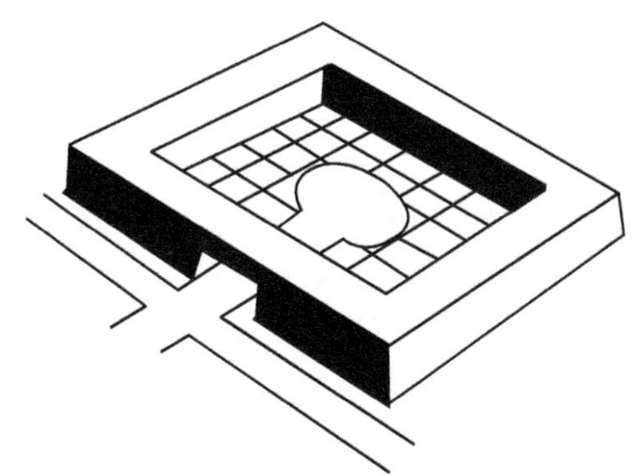

图 8-3　道路从广场中心穿过一侧建筑

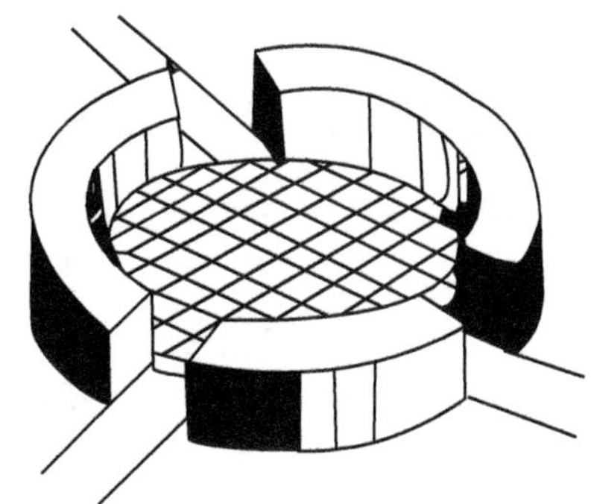

图 8-4　四角敞开格网型广场空间

② 两角敞开的半封闭广场空间。四面围合的广场封闭性强，具有强的向心性和领域性；三面围合的广场封闭性较好，有一定的方向性和向心性；两面围合的广场领域感弱，空间有一定的流动性；一面围合的广场封闭性差（见图 8-5）。

人们在广场上观赏，人的视平线能延伸到广场以外的远处，空间是开敞的。如果人的视

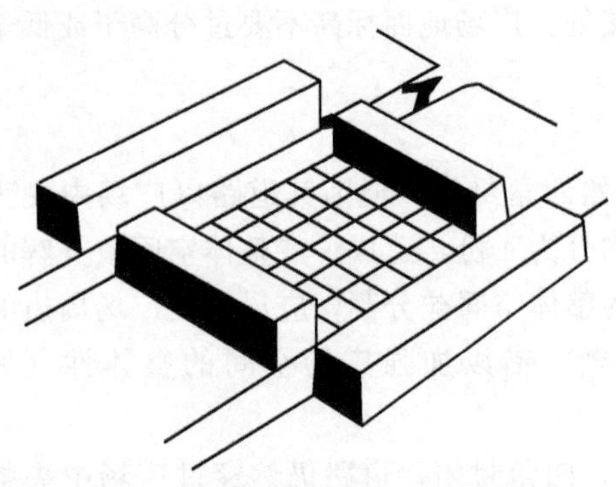

图 8-5 两角敞开的半封闭广场空间

平线被四周的屏障遮挡，则广场的空间是比较闭合的。开敞空间中，使人视野开阔、壮观、豪放，特别是在较小的广场上，组织开敞空间，可减低广场的狭隘感。闭合空间中，环境较安静，四周景物呈现眼前，给人的感染力较强。在实际工作中，可适当开合并用，使开中有合，合中有开。广场上有较开阔的地区，也有较幽静的地区。

广场与道路的组合有道路穿越广场、广场位于道路一侧，以及道路引向广场等多种形式。广场外形有封闭式和敞开式，形状有规则的几何形状或结合自然地形的不规则形状。随着生活水平的提高和生活节奏的加快，人们更加注重城市公共空间的趣味性和人性化，人们对广场和公共绿地等开放空间的要求已不再单纯追求人为的视觉秩序和庄严雄伟的艺术效果，而是希望它成为舒适、方便、卫生、空间构图丰富、充满阳光、绿化和水的富有生气的优美的休闲场所，来满足人们日益提高的生理上和心理上的需求。因而在作广场和广场绿化的设计时应充分认识到这一点。

广场空间组织主要应满足人们活动的需要及观赏的要求。观赏又有动静之分：人们的视点固定在一处的观赏是静态观赏；人们由一个空间转移到另一空间的观赏，便产生了步移景异的动态观赏。在广场的空间组织中要考虑动态空间的组织要求。

广场空间的安排要与广场性质、规模及广场上的建筑和设施相适应。广场空间的划分，应有主有从、有大有小、有开有合、有节奏地组合，以衬托不同景观的需要。如集会广场一般都位于城市中心地区。这类性质的广场，也是政治集会、政府重大活动的公共场所，如天安门广场、上海人民广场。在规划设计时，应根据游行检阅、群众集会、节日联欢的规模和其他设置用地需要，同时要注意合理地布置广场与相接道路的交通路线，以保证人群、车辆的安全、迅速汇集与疏散。有纪念性质的烈士陵园的广场空间，一般采用对称、严谨、封闭的处理手法，并以轴线引导人们前进，空间的变化宜少，节奏宜缓，希望营造肃穆的气氛。游息观赏性的广场空间，可多变换，快节奏，收放自由，并在其中增设小品，营造活泼气氛。

8.2.3 城市广场软、硬质景观设计

广场空间的景色，一般应有近景、中景、远景 3 个层次：中景一般为主景，要求能看清全貌，看清细部及色彩；远景作背景，起衬托作用，能看清轮廓；近景作框景、导景，增强广场景深的层次。静观时，空间层次稳定；动观时，空间层次交替变化。有时要使单一空间变为多样空间，使静观视线转为动观视线，把一览无余的广场景色转变为层层引导，开合多变的广场景色。

(1) 自然景观和人文景观

绿化种植是美化广场的重要手段，它不仅能增加广场的表现力，还具有一定的改善生态环境的作用。在规整形的广场中多采用规则式的绿化布置，在不规整形的广场中宜采用自由式的绿化布置，在靠近建筑物的地区宜采用规则式的绿化布置，绿化布置应不遮挡主要视线，不妨碍交通，并与建筑组成优美的景观。绿化可以遮挡不良的视线，作局部地区的障景。应该大量种植草地、花卉、灌木和乔木，考虑四季色彩的变化，丰富广场的景观。

一个好的方案，应能够把握优秀的绿化建设。将人与大自然很好地协调，还应将历史文化内涵再现出来，对广场设计的植物配置把握得恰到好处。绿化树种又因有神奇的千姿百态和绚丽的流光溢彩，在营造自然氛围、装饰环境空间方面能演绎绿色的乐章。但是一些地方的绿化建设也存在效果不理想，有的植物配置不合理的现象；有的园林设计尽管景观层次很高，但建设成本和维护、管理费用高，与单位承受能力不相适应。因此，应将功能与审美，各项绿化指标对中长期及四季观赏效果，历史文脉的传承，建设成本及维护管理费用的计算等综合考虑。在植物的配置、与建筑物的协调、各项园林功能的发挥等问题上处理得当。使城市广场真正成为改善城市居民生活环境质量，增强城市生活的情趣，满足人们日益增长的艺术审美要求的“城市客厅”；成为融合城市历史文化、塑造自然美和艺术美的环境空间；使游人身在其中，深深地感受到环境的美好，在休憩中获得知识，了解城市的历史文脉。

(2) 广场上建筑物和设施

建筑物是组成广场的要素。广场上除主要建筑外，还有其他建筑和各种设施。这些建筑和设施应在广场上组成有机的整体，主从分明。满足各组成部分的功能要求，并合理地解决交通路线、景观视线和分期建设问题。

广场中纪念性建筑的位置选择要根据纪念建筑物的造型和广场的形状来确定。纪念物是纪念碑时，无明显的正背关系，可从四面来观赏，宜布置在方形、圆形、矩形等广场的中心。当广场为单向入口或纪念性建筑物为雕像时，则纪念性建筑物宜迎向主要入口。当广场面向水面时，布置纪念性建筑物的灵活性较大，可面水、可背水、可立于广场中央、可立于临水的堤岸上，或以主要建筑为背景，或以水面为背景，突出纪念性建筑物。在不对称的广场中，纪念性建筑物的布置应使广场空间构图取得平衡。纪念性建筑物的布置应不妨碍交通，并使人们有良好的观赏角度，同时其布置还需要有良好的背景，使它的轮廓、色彩、气氛等更加突出，以增强艺术效果。

城市广场周围的建筑应充分利用绿化来配合，烘托建筑群体，作为空间联系、过渡和分隔的重要手段，使广场空间环境更加丰富多彩，充满生气。广场绿地布置和植物配置要考虑广场规模、空间尺度，使绿化更好地装饰、衬托广场，美化广场，改善广场的小气候，为人们提供一个四季如画，生机盎然的休憩场所。在广场绿化与广场周边的自然环境和人造景观环境协调的同时应注意保持自身的风格统一。

广场的地面要根据不同的要求进行铺装设计，如集会广场需有足够的面积容纳参加集会的人数，游行广场要考虑游行行列的宽度及重型车辆通过的要求。其他广场亦需考虑人行、车行的不同要求。广场的地面铺装要有适宜的排水坡度，能顺利地解决场地的排水问题。有时因铺装材料、施工技术和艺术处理等的要求，广场地面上需划分网格或各式图案，增强广场的尺度感。铺装材料的色彩、网格图案应与广场上的建筑，特别是主要建筑和纪念性建筑物密切结合，以起引导、衬托的作用。广场上主要建筑前或纪念性建筑物四周应做重点处理，以示一般与特殊之别。在铺装时要同时考虑地下管沟的埋设，管沟的位置要不影响场地的使用和便于检修。

广场上的照明灯柱与扩音设备等设施，应与建筑、纪念性建筑物协调。亭、廊、座椅、宣传栏等小品体量虽小，但与人活动的尺度比较接近，有较大的观赏效果。它们的位置应不影响交通和主要的观赏视线。

(3) 广场的夜景

21 世纪伊始，中国城市化进程不断加快，经济和贸易开始与世界接轨，人民对城市环境的要求越来越高，“艺术地生活”、“回归自然”已成为现代人美好的向往和追求。因此，作为城市公共空间最重要的组成部分——城市广场的夜景越来越受到广大市民的青睐，而照明设计的好坏直接影响的夜景质量的高低。

在上海外滩，闪烁的霓虹灯光彩与黄浦江相映生辉，夜幕中亭亭玉立的“东方明珠”，以其特有的光璨，与阑珊的夜色一道展现着现代都市的繁荣；大连的星火湾广场，在海天之间洋溢着俄、日风情的神韵。灯饰文化蕴含着华夏民族的千古精华，体现了东西方文化的交融，照明设计中要以结合环境、烘托气氛为主链条，促使不同空间、场地的灯具形式与布局相吻合；另一方面应针对不同功能的空间创造相应的照明艺术氛围，如繁华商业广场的热闹气氛、生活小区广场幽雅的田园气息、聚会广场的壮阔气势等。

灯光文化一个很重要的特点是必须体现城市环境的文脉、地脉特色。灯饰造型应具有强烈的地方、区域、民族的特点，恰当地提取代表地方文脉的符号、标志，展现其独特的地理与人文气息。

1）广场照明　广场是城市居民工作之余聚会、庆典、娱乐、游憩的空间，是城市中最具魅力的公共场所之一。今天，广场已趋于多功能化，被赋予更具体、丰富而鲜活的含义，很多著名的广场已成为所在城市的象征。城市广场的照明设计是复杂的边缘课题。随着人们生活质量要求的提高和城市夜生活形式的丰富多彩，城市广场的照明设计就显得格外重要了。其中明暗的适度，有亲和力的光照条件，赏心悦目的景观、轻松舒适的环境氛围，迫切要求广场照明设计具有新时代的气息。广场照明常常采用路灯、地灯、水池灯、霓虹灯以及艺术灯相结合的方式，有些处于交通枢纽地段的广场也常常设置高柱的塔灯等。

广场照明应突出重点，许多广场中央设纪念碑或喷泉、雕塑等趣味中心，照明设置既要照顾整体，又应在这些重点部位加强照明，以取得独特效果。伦敦的特拉法加尔广场喷泉、纪念碑周围环境采用低调照明，而本身采用泛光照明，亮度为 5～18cd/m^2，因此成功地突出了广场的中心。城市广场千姿百态，其照明设计应根据广场的形状、大小及周围环境合理布局，巧妙地限定空间。照明灯饰既可以根据广场的形状来强调形状，也可采用自由布局淡化形状。如在圆形广场中，灯饰可以多层环绕或自圆心向外放射而突出圆形，也可采用无中心系列使人难以辨清形状。将灯具加以系列组织，可以巧妙地限定，围合不同性质领域。大型广场应采用光源强度大的灯具，布置也应秩序井然；小型休息广场可选择田园式布局，采用比较低矮的灯具，做自由布局，灯光的布置也要注意灯具的尺度合宜，材料运用恰当，高低相伴。

广场是城市的“客厅”，因此灯饰造型应特别美观、精致，体现文脉与地脉特征，并反映时代特色，也常常寓意特殊哲理。由于总处在一定的环境之中，因此照明常常要注意背景烘托。广场总是利用周围的建筑形成围合，这些建筑就成为广场的背景。白天由于广场内景物的吸引，周围环境仅仅起到背景作用。夜幕下许多景色淹没在夜色之中，这时广场中的灯光与周围的灯光连成一片，形成都市特有的景观。建筑物垂直面的照明宛如舞台背景，可突出夜晚广场的围合，这些垂直面的照明一般宜采用地灯形成的泛光照明，不突出其中某一个点，把整个垂直面作为一个整面处理，以加强广场的围合感。

2）水下照明　一般广场空间中设置有水池、喷泉等。灯光喷水池或音乐灯光喷泉可以呈现姹紫嫣红的美妙幻景，取得光色与水色相映生辉的效果。灯光喷泉系统由喷嘴、压力泵及水下照明灯组成。水下照明灯常用于喷水池中作为水面、水柱、水花的色彩反射，使夜色非常绚丽多彩。水下灯光常用红、黄、绿、蓝、透明 5 种滤色片灯，灯光通过滤色片传递色彩。可结合各种场所需要，并根据特定环境选择各种灯光搭配来组合灯光颜色。水下灯的光源一般是220V、150～300W的自反射密封性白炽灯泡，并具有防水密封措施的投光灯，灯具的投光角度可随意调整，使之处于最佳投光位置，以达到满意的光色效果。

8.2.4 城市广场绿化设计

(1) 绿化设计原则

① 广场绿地布局应与城市广场总体布局统一，成为广场的有机组成部分，更好地发挥其主要功能，符合其主要性质要求。

② 广场绿地的功能与广场内各功能区相一致，更好地配合加强该区功能的实现。

③ 广场绿地规划应具有清晰的空间层次，独立形成或配合广场周边建筑、地形等形成良好、多元、优美的广场空间体系。

④ 应考虑到与该城市绿化总体风格协调一致，结合地理区位特征，物种选择应符合植物区系规律，突出地方特色。

⑤ 结合城市广场环境和广场的竖向特点，以提高环境质量和改善小气候为目的，协调好风向、交通、人流等诸多元素。

⑥ 对城市广场场址上的原有大树应加强保护，保留原有大树有利于广场景观的形成，有利于体现对自然、历史的尊重，有利于对广场场所感的认同。

⑦ 树种选择观赏性好、寿命长、落果少、无飞絮、发芽早落叶晚、抗逆性强的种类。

(2) 种植设计形式

1) 排列式种植　属于整形式，用于长条地带，作为隔离、遮挡或作背景。

2) 集团式种植　也是一种整形式，为避免成排种植的单调感，用几种树组成一个树丛，有规律的排列在一定地段上。

3) 自然式种植　花木种植不受统一的株行距限制，而是模仿自然界花木生长的无序性布置。该种植形式可以巧妙地解决植株与地下管线的矛盾。

4) 花坛式种植　用植株组成各种图案，最适合于广场的种植形势。通常不要超过广场面积的1/3，华丽的可以小些，简单的需要大一点。

(3) 树种选择

城市广场树种选择要适应当地土壤与环境条件，掌握选树种的原则、要求，因地制宜才能达到合理、最佳的绿化效果。

广场的土壤与环境要考虑土壤、空气、光照和温度、空中、地下设施等因素。

选择树种的原则：a. 冠幅大枝叶密；b. 耐瘠薄土壤；c. 具深根性；d. 耐修剪；e. 抗病虫害与污染；f. 落果少或无飞絮；g. 发芽早落叶晚；h. 耐寒、耐寒；i. 寿命长。

(4) 交通广场绿化

交通广场包括道路交通广场和站前广场。

1) 道路交通广场绿化　交通广场主要是通过几条道路相交的较大型交叉路口，其功能是组织交通。由于要保证车辆、行人顺利及安全地通行，组织简洁明了的交叉口，现代城市中常采用环形交叉口广场。

这种广场不仅是人流集散的重要场所，往往也是城市交通的起、终点和车辆换乘地在设计中应考虑到人与车流的分隔，进行统筹安排，尽量避免车流对人流的干扰，要使交通线路简易明确。

交通广场绿地设计要有利于组成交通网，满足车辆集散要求，种植必须服从交通安全，构成完整的色彩鲜明的绿化体系；交通广场绿地设计的形式有绿岛、周边式与地段式 3 种绿地形式。

绿岛是交通广场中心的安全岛。可种植乔木、灌木并与绿篱相结合。面积较大的绿岛可设地下通道，围以栏杆。面积较小的绿岛可布置大花坛，种植一年生或多年生花卉，组成各种图案，或种植草皮，以花卉点缀。冬季长的北方城市，可设置雕像与绿化相结合，形成景观。

周边式绿化是在广场周围地进行绿化，种植草皮、矮花木，或围以绿篱。

地段式绿化是将广场上除行车路线外的地段全部绿化，种植花草、灌木皆可，形式活泼，不拘一格。特大交通广场常与街心小游园相结合。

2）站前广场绿化　火车站等交通枢纽前广场的主要作用：一是集散旅客；二是为旅客提供室外活动场所，旅客经常在广场上进行多种活动，例如在室外候车、短暂休息，购物、联系各种服务设施，等候亲友、会面、接送等；三是公共交通、出租、团体用车、行李车和非机动车等车辆的停放和运行；四是布置各种服务设施建筑，如厕所、邮电局、餐饮、小卖部等。

广场绿化可起到分隔广场空间以及组织人流与车辆的作用；为人们创造良好的遮阴场所；提供短暂逗留休息的适宜场所；绿化可减弱大面积硬质化地面受太阳照射而产生的辐射热，改善广场小气候；与建筑物巧妙地配合，衬托建筑物，以达到美好的景观效果。

火车站、长途汽车站、飞机场和客运码头前广场是城市的“大门”，也是旅客集散和室外候车、休憩的场所。广场绿化布置除了适应人流、车流集散的要求外，要创造开朗明快、洁净、舒适的环境，并应能体现所在城市的风格特点和广场周围的环境，使之各具特色。植物选择要突出地方特色。

广场绿化包括集中绿地和分散种植。集中成片绿地不宜小于广场总面积的 10%。民航机场前、码头前广场集中成片绿地宜在 10%～15%。风景旅游城市或南方炎热地区，人们喜欢在室外活动和休息，例如南京、桂林火车站前广场集中绿地达 16%。

绿化布置按其使用功能合理布置。一般沿周边种植高大乔木，起到遮阴、减噪的作用。供休息用的绿地不宜设在被车流包围或主要人流穿越的地方。

面积较小的绿地，通常采用封闭式或半封闭式形式。种植草坪、花坛，四周围以栏杆，以免人流践踏。起到交通岛的作用和装饰广场的作用。用来分隔、组织交通的绿地宜做封闭式布置。不宜种植遮挡视线的灌木丛。

面积较大的绿地可采用开放式布置，安排铺装小广场和园路，设置园灯、坐凳、种植乔木遮阴，配置花灌木、绿篱、花坛等，供人们进入休息。

步行场地和通道种植乔木遮阴。树池加格栅，保持地面平整，使人们行走安全、保持地面清洁且不影响树木生长。

（5）文化娱乐休闲广场绿化

任何传统和现代广场均有文化娱乐休闲的性质，尤其在现代社会中，文化娱乐休闲广场已成为广大民众最喜爱的重要户外活动场所，它可有效地缓解市民工作的精神压力和疲劳。

① 广场空间应具有层次性，常利用地面高差、绿化种植、建筑小品、铺地色彩、图案等多种空间限定手法对内部空间做第二次、三次限定，以满足广场内从集会、庆典、表演等聚集活动到较私密性的情侣，朋友交谈等的空间要求。所以绿化上特别注意乔灌木的层次

搭配。

② 在广场文化塑造方面，利用小品，雕塑及具有传统文化特色的铺地图案、座椅，特别是具有鲜明的城市特征的市花、市树等元素烘托广场的地方城市文化特色，使广场达到文化性、趣味性、识别性、功能性、生态性等多层意义。

（6）纪念广场绿化

① 纪念性广场的主题是因某些名人或历史事件，因而在设计过程中应充分渲染这一主题，通过在广场中心或侧面设置突出的纪念雕塑、纪念碑、纪念塔、纪念物和纪念性建筑作为标志物，按一定的布局形式满足纪念氛围象征的要求。

② 广场的设计应体现良好的观赏效果，以供人们瞻仰。绿化设计要合理地组织交通，满足最大人流集散的要求。

③ 广场后侧或纪念物周围的绿化风格要完善，要根据主题突出绿化风格。如陵园、陵墓类的广场的绿化要体现出庄严、肃穆的气氛，多用常绿草坪和松柏类常绿乔、灌木；纪念历史事件的广场应体现事件的特征（可以通过主题雕塑），并结合休闲绿地及小游园的设置，提供人们休憩的场地。

（7）商业广场绿化

商业广场包括集市广场、购物广场。用于集市贸易、购物等活动，或者在商业中心区以室内外结合的方式把室内商场与露天、半露天市场结合在一起。

随着城市主要商业区和商业街的大型化、综合化和步行化的发展，商业区广场的作用越来越显得重要，人们在长时间的购物后往往希望能在喧嚣的闹市中找一处相对宁静的场所稍做休息。因此，商业广场这一公共开敞空间要具备广场和绿地的双重特征。所以在注重投资的经济效益的同时，应兼顾环境效益和社会效益，从而促进商业繁荣的目的。由于商业广场大多采用步行街的布置方式，绿化上应考虑遮阴及休息设施。

（8）集会广场绿化

集会广场一般用于政治、文化集会、庆典、游行、检阅、礼仪、民间传统节日等活动，如天安门广场和上海人民广场都是比较典型的集会广场。这类广场是反映城市面貌的重要部位，因而在广场绿化设计时都要与周围的建筑布局协调，起到相互烘托、相互辉映的作用，反映出中心广场非常壮丽的景观。广场中心一般不设置绿地而多为铺装，以免妨碍交通和破坏广场的完整性，但在节日又不举行集会时可布置活动花卉或盆花摆放等，以创造节日新鲜、繁荣的欢乐气氛。在主席台、观礼台两侧、背面则需绿化，常配置常绿树，广场周围道路两侧可布置行道树；在观赏区域的绿化以草坪及小型彩叶矮灌木为主，可组合成线条流畅、造型明快、色彩富于变化的图案。

8.3 案例分析

8.3.1 阳城东门广场

（1）项目概况

阳城东门广场位于阳城旧城城东城墙脚下，占地 27678m^2，近 5m 高差的凤凰东街由东向西从广场上方穿过。阳城东门广场是一个开敞式的公共广场（见图 8-6、图 8-7），分为静动两个区域。广场东临南环路，南临环城东路，西与旧城相连，北与北墙后路相连。广场分别设两个主入口和一个次入口与这些道路相接，通向广场中心的动区。广场上沿城墙设置一条生态景观绿化带，广场上的景观以阳城特色的凤凰为主题，营造景观空间及节点，并以抽象的凤凰形态布置广场内部的路网。广场内部有两条主要轴线的步行景观大道，以这两条大道组织主要的人流。

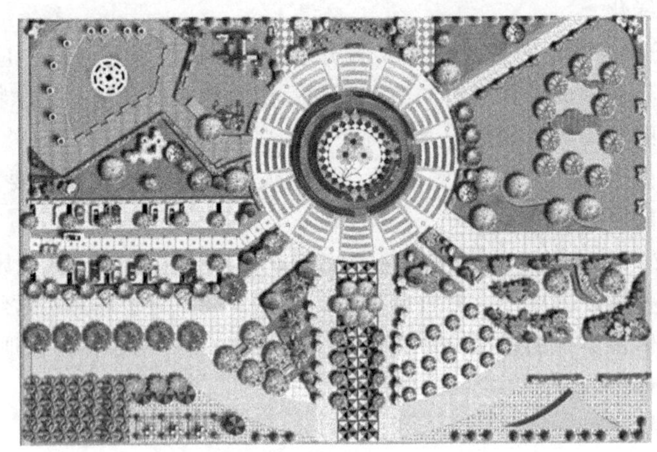

图 8-6　阳城东门广场平面图

图 8-7　阳城东门广场鸟瞰图

(2) 设计理念

给人们提供一个舒适的休息空间，能够最大限度地发挥供人休息、观光、娱乐的职能。设计灵感来源于化学仪器（圆底烧瓶）的形状和功能，圆底烧瓶用来给液体加热，而如今的地球气温也不断地升高，和烧瓶性质一样。为了能给地球降温所以采取在“烧瓶”周围多规划绿化以及景观的方式，结合低碳绿色的口号，给生活在这里的居民创造出更清新更休闲的场所。

(3) 功能分区

广场的结构为开敞式，分为静动两大区，以动区为中心连接四个入口分别形成两条主要的轴线。由沿城墙绿化形成了一条生态景观绿化带和空间、景观规划体系。

结合广场环境的重要因素，结合广场规划性质，运用合理适当的处理方法，将周围建筑融入广场环境。利用地形的高差和层次营造了广场环境系统的空间结构，利用尺度、围合程度、地面质地等手法在广场整体中划分出主与从、公共与相对私密等不同的空间领域（见图 8-8）。

① 儿童娱乐区：主要考虑小区小孩子的娱乐活动而设计，多放置娱乐器材，能让孩子们集中在一起，家长也好照顾孩子，从而保障孩子们的安全。

② 中心广场：中心广场设计正好在“烧瓶”的底部，呈现圆形，所以在其中心设计纯木材做的亭子便于居民休息聊天。

③ 人工湖休闲区：采用人工水景，湖里饲养的鲤鱼五颜六色，配上湖边柳树，春天的时候嫩绿的枝芽倒映在湖水里面，组成很美的一幅风景画。每个季节不同的色彩也是不同的风景画，是很好的休闲区。

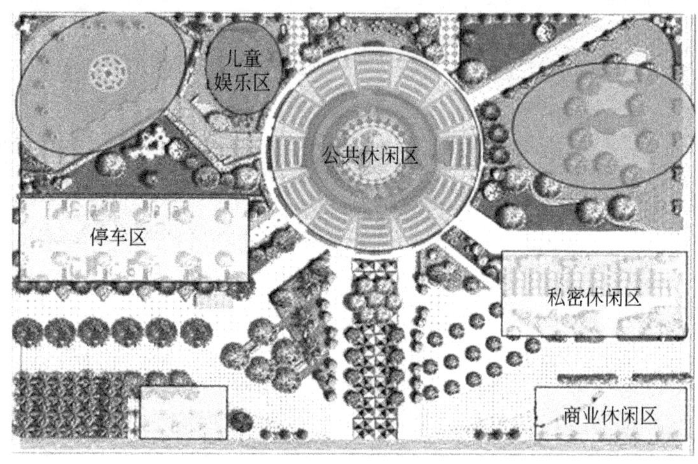

图 8-8　功能分区

(4) 道路交通

道路交通组织要求对广场周围道路的整合，广场分别设两个主入口和三个次入口与这些道路相接。广场内部主要以两条主要的步行景观大道组织主要的人流；其次考虑抽象的形态和地理位置形态，布置道路。

路灯主要结合道路的走向布置，主干道与次干道主要布置 8m 高的暖色光路灯。休闲小道多用草坪灯景观灯给予照明，人工湖布置了水景灯，给人赏心悦目的感觉。

8.3.2 北京西单文化广场

(1) 项目概况

北京西单文化广场曾是新中国成立五十周年大庆工程之一的 20 世纪的完美场所，总占地面积 $15000m^2$，总建筑面积 $39990m^2$，长安街上唯一的大型绿地广场和集购物、康体、娱乐、休闲为一体的多元化商业地带，以它独有的气质吸引着国内外的企业和人们。西单商业区是西城区商业建设、产业结构调整和与经济发展有机结合的重点地区。西单文化广场位于西单北大街与西长安街的交叉口，南邻地铁一号线，它倚时代广场，西靠中国银行总部，东又与北京图书大厦遥遥相对，既起到集散人群、组织交通的作用，又起到连接各商场的作用，是一个人流比较密集的区域。

(2) 改造构思

2008 年奥运会前夕，西单文化广场进行了彻底的改造。原来的代表性构筑物玻璃尖塔被移除，取而代之的是开放式喷泉。南部的草坪被取消，设置了阵列的树木和照明灯具，使整个广场显得比原来宽广了许多。广场中央的下沉元素被取消，取而代之的是平坦宽阔的毛石铺地，大大增加了广场的尺度感。最南侧的牌坊在拆除多年之后被重新树立起来，凸显了中国元素（见图 8-9）。

图 8-9 北京西单文化广场

（3）布局

1）西单广场的标高 广场标高从西北角由东北角递增，最高处与空中走廊和中友百货二层相连。广场的最南侧和最西侧二层平台为沿街步行道，与路面高度保持一致（见图 8-10）。

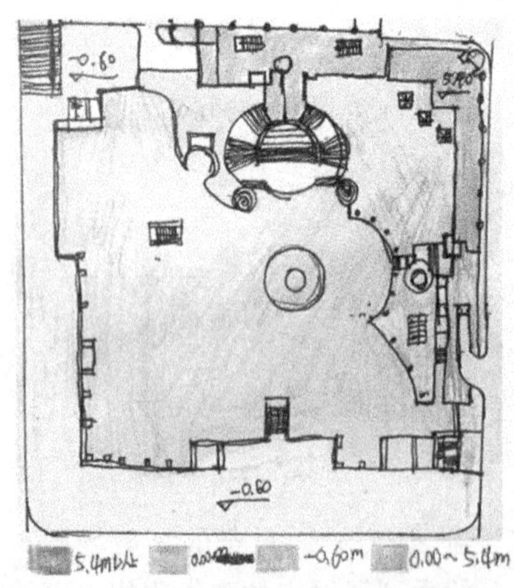

图 8-10 广场标高

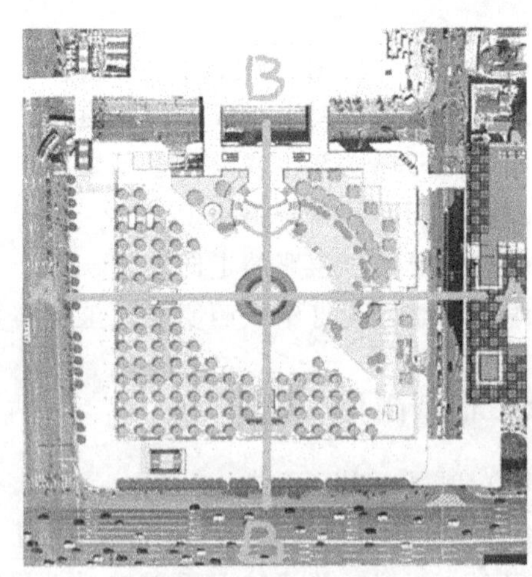

图 8-11 围合感

2）围合感 经过计算，发现西单文化广场与周围建筑高度的横纵方向的高宽比分别为1∶5和1∶7。此时，广场的高宽比与人体的比例尺度达到了不协调的状态，人在广场上很难感到广场的边界，围合感丧失（见图 8-11）。

3）交通 西单文化厂上的出入口主要按目的可分为地下出入口、地下商场出入口和垂直交通出入口。地铁出入口有两个，因为位置不同，所以尺度也有所不同；地下商场出入口有两个，位于广场树群中，面向沿街步行道。牌坊对面是为正门，西侧出入口设有公共厕所。垂直交通即通往两条次干道的出入口有 3 个。位于东北角的圆形通道夹层设有公共厕所。

4）人群　人群主要分布在地铁出入口和地下商场出入口。人群种类可按目的分为购物休闲、工作人员、其他人群3类。购物休闲人群数量占大多数，数量变化明显，是设施最多的使用者。工作人员较少，数量稳定。

5）绿化　广场上绿化树木成网格状排列，树干到树干的距离为6.7m，一中心喷泉为圆心留出大片场地，左右分布。在西长安街上，种有行道树。广场的西南角以树木为主，树与树之间纵向布置草坪并设有座椅，既不影响人行走，也不影响绿化一体化多样化。西北角花坛以草坪为主，靠近二层平台的位置种有乔木。

6）照明系统　广场的灯具大致分为两类：路灯和地灯。路灯分3种，广场南侧路灯具有装饰性，照明范围大；广场另三侧路灯的作用以照亮主干道为主；广场中央的路灯具有装饰性，照亮范围大。地灯光线比较柔和，照明范围小，可分5种，其尺寸，服务对象各不相同。广场西侧和南侧的地灯，以照明道路和树木为主；牌坊四周的地灯，以照明牌坊为主；圆舞台上的地灯最小，照明范围小，强度高；北侧和东侧二层平台上的地灯以照明道路为主，灯柱兼具装饰性。

7）公共服务设施　座椅基本分布在树中间，便于人休息，不影响活动；垃圾桶位于广场外围空间，形式各异，比较陈旧；电话亭位于人流中的两个地点；公共厕所位于广场的东南角和西侧地下商场入口处，但是没有指示和标示，不易找到。

9 屋顶花园规划设计

现代城市高楼大厦林立，众多的道路和硬质铺装取代了自然土地和植物。为改善城市环境，屋顶花园这一新的绿化形式在我国逐渐发展起来，屋顶花园绿化作为一种不占用土地的绿化形式，对于增加绿地面积，美化城市环境，改善生态效应，满足市民居住、工作、休闲、观赏等多种需求有着极其重要的意义。屋顶花园的造景技术涉及园林、建筑、美学和园艺等专业学科，它是绿化技术、建筑艺术与现代技术的产物，它使建筑物的空间潜能与绿色植物的多种效益得到结合和发挥，是当代园林发展的新阶段和新领域。

9.1 屋顶花园概述

9.1.1 屋顶花园的历史与发展

公元前 2000 年左右，在古代西亚幼发拉底河下游地区（即现在的伊拉克），古代苏美尔人最古老的名城之乌尔城中，曾建造了雄伟的亚述古庙塔，或称“大庙塔”。它包括层层叠进并种有植物的花台、台阶和顶部的一座庙宇，被后人称为屋顶花园的发源地。花园式的亚述古庙塔并不是真正的屋顶花园，因为塔身上仅有一些种植物，而且又不是在“顶”上。现在普遍认为真正屋顶花园是新巴比伦的“空中花园”。该园建造于公元前 600 年左右，遗址在现伊拉克巴格达城的郊区，被认为是世界七大奇迹之一。此园是在两层屋顶上做成的阶梯状平台，并于平台上栽植植物。这个“屋顶花园”实际上是一个构筑在人工土石之上，具有居住、娱乐功能的园林建筑群，其总高 50m，为金字塔型多层露台，在露台四周种植花木，整体外观恰似悬空，故称 Hanging Garden（悬空园）如图 9-1 所示。

公元前 5 世纪，希腊历史学家希罗多德考察并描绘了这个非凡的创造之后，“空中花园”便成了著名的“古代世界七大奇迹”之一了。在“空中花园”上鸟瞰，城市、河流和东西方商旅大道等美景尽收眼底。“空中花园”的实用功能在当今亦称得上是建筑与园林相结合的佳作。

在我国古代建筑屋顶上大面积种植花木、营造花园的尚不多见。据《古今图书集成》记载，古代南京古城墙上曾栽种过树木，距今 500 年前，明代建造的山海关长城上种有成排的松柏树。清乾隆二十年河北承德普宁寺大乘阁外，用砖石砌体修筑的平台上亦种有各种树木。

图 9-1 巴比伦“空中花园”图示

纵观建筑发展史，我国古代形成了传统的坡屋顶形式和采用木构架的结构承重，而坡顶上不易营造屋顶种植，木结构也难以承受较重的种植土，况且木梁板的材质对防腐不利。这可能是我国至今尚未发现“巴比伦悬园”式的屋顶花园遗迹的主要原因，而古希腊、古罗马在几千年前使用的建筑材料多为石料。石料建造屋顶多采用拱券式，这对要承受较大荷重的屋顶造园带来有利因素，所以在西方国家从古希腊、古罗马到中世纪和文艺复兴时期，曾有多处屋顶种植或绿化的遗迹。

工业革命以后，西方一些发达国家相继崛起，其中一些国家和地区相继建造了各类规模的屋顶花园和屋顶绿化工程。如德国的拉比茨屋顶花园、俄罗斯克里姆林宫的屋顶花园、美国加利福尼亚州凯泽中心屋顶花园、英国爱尔兰人寿中心屋顶花园、加拿大温哥华凯泽资源大楼屋顶花园等，其中具有里程碑意义的屋顶花园应属美国加利福尼亚州凯泽中心屋顶花园和加拿大温哥华凯泽资源大楼屋顶花园。

近几十年来，法国、德国、日本等对屋顶绿化及其相关技术有了较深入的研究，并形成了一整套完善的技术，是世界上屋顶绿化技术水平发展较快的国家。在法国，巴黎市民建造人造草坪、圆形拱顶小屋，夏天在“空中花园”避暑，冬日则在用白雪装点的圆形拱顶内欢度良宵。在日本，东京 2001 年 5 月修订了城市绿地保护法，提出了“屋顶绿化设施配备计划”，规定凡是新建建筑物占地面积超过 $1000m^2$ 者，屋顶必须有 20%为绿色植物覆盖，否则要被课以罚款。在德国则是采取政府和业主共同出资进行屋顶绿化的办法，政府补贴 25%的绿化经费。在城市重点地区内，为保证屋顶绿化，对建筑所有权者实行 5 年内固定资产减税 50%的特例措施，以此来鼓励屋顶绿化。在加拿大，大量应用轻型多孔材料，建成集假山、瀑布、水池、草坪、花坛等多种景致于一体的盆景式“空中花园”。

我国自 20 世纪 60 年代才开始研究屋顶花园和屋顶绿化技术，开展最早的是四川省。60 年代初，成都、重庆等一些城市的工厂车间、办公楼、仓库等建筑，利用平屋顶的空地开展农副生产，种植瓜果蔬菜。20 世纪 70 年代，我国第一个屋顶花园在广州东方宾馆屋顶建成，它是我国建造最早，并按统一规划设计，与建筑物同步建成的屋顶花园。1983 年，北京修建了五星级宾馆——长城饭店，在饭店主楼西侧低层屋顶上，建起我国北方第一座大型露天屋顶花园。2005 年是北京市屋顶绿化推广年，2005 年 5 月，北京市出台了《北京市屋顶绿化规范》，至 2005 年 10 月底，北京 $1.3\times10^{5}m^{2}$ 的屋顶绿化任务已顺利完成。

近 10 年来，屋顶花园在一些经济发达城市发展很快。城市的发展促使绿色空间与建筑空间相互渗透，这种发展趋势使得屋顶花园有着广泛的发展前景。

9.1.2 屋顶花园的概念、特征与分类

（1）屋顶花园的概念和特点

屋顶花园是指位于建筑物或构筑物的顶部，不与大地土壤连接的花园。屋顶花园可以广泛地理解为在各类古今建筑物、构筑物、城围、桥梁（立交桥）等的屋顶，露台、天台、阳台或大型人工假山山体上进行造园，种植树木花卉的统称。

屋顶花园与一般园林相同，组成要素主要是自然山水，各种建筑物和植物，按照园林美的基本法则构成美丽的景观。但因其在屋顶有限的面积内造园受到特殊条件的制约，不完全等同于地面的园林，因此有其特殊性。屋顶营造花园，一切造园要素受建筑物顶层的负荷的有限性限制。因此，在屋顶花园中不可设置大规模的自然山水、石材。设置小巧的山石，要考虑建筑屋顶承重范围。在地形处理上以平地处理为主，水池一般为浅水池，可用喷泉来丰富水景。

屋顶花园的主要特点大致有以下几个方面：a. 面积狭小，形状规则，竖向地形变化小；b. 种植土由人工合成，土层薄，不与自然土壤相连，水分来源受限制；c. 植物的选择、土壤的深度和园林建筑小品的安排等园林工程的设计营造均受限于建筑物屋顶的承载力；d. 视野开阔，环境较为清静，很少形成大量人流。

（2）屋顶花园的分类

屋顶花园的分类现代建筑物的屋面形态及大小不同，使用人群、设计及配套设施各异，使屋顶花园的形式可以是多样的，可以对其进行不同的分类。根据使用功能、屋顶形式、屋顶绿化类型的不同进行以下几种划分。

1）按使用功能分

① 公共游息型屋顶花园。公共游息型屋顶花园是一种国内外屋顶花园建设中一种常用的形式。这种形式的屋顶花园既具有生态功能又具有休闲娱乐功能。屋顶花园的设计遵循以人为本的原则，充分考虑人们在屋顶上游憩休息的需要，无论是园路的设计、植物的配植还是园林小品的布置，在美化环境的同时又不失其生态性。

② 营利型屋顶花园。营利型屋顶花园常常设置在星级宾馆、酒店等的屋顶上。该种屋顶花园往往是为了满足扩大宾馆酒店的服务范围，设置游乐、露天餐饮、夜生活等项目而配置的。这类屋顶花园通常投资大，往往以精巧的布局，凸显酒店档次和品位，并且保证最大限度的活动空间。

③ 家庭式屋顶小花园。家庭式屋顶小花园是基于人们对舒适生活环境的要求而产生的。家庭式屋顶花园面积一般不是很大，充分利用植物与家具的组合，或是进行趣味的群落组合，布局可以多变，满足家庭的使用要求，创造出经济实用、有个性的屋顶空间。还有一类设在公司办公楼的裙楼或楼顶上的小空间屋顶花园，以满足工作人员的小憩或洽谈的需求。可根据屋顶的面积增加反映公司精神特点的微型雕塑、小型壁画等。植物往往采用以相对名贵的花草，并布置一些小型水景、藤架等小品。

④ 科研、生产用屋顶花园。科研、生产用屋顶花园往往是为培育不同的花卉及观赏植物及食用瓜果等的需要而设置的。这类屋顶花园常以规则形式布局的栽植区域组成，配有必要的种植池、喷洒设备及合理的步道等。通过此类屋顶空间，进行农副业生产，在增加绿色覆盖率的同时可以提高人们的经济收入。

2）按屋顶形式分

① 坡屋面绿化。建筑的屋面坡度大于5%的屋顶，被定义为坡屋顶，一般分为人字形坡屋面和单斜坡屋面两种。种植草皮或选用容易种植且易于造型与后期养护的藤本植物是此类建筑屋顶常用绿化形式。

② 平屋面绿化。平屋面在现代建筑中比较多见，也是屋顶花园存在最为多见的屋顶空间。平屋面屋顶花园可以是设有各类植物并配以水池、廊架、室外家具等小品的庭院式形式，常被用于酒店、办公楼及居住区公共建筑的屋顶花园；也可以是沿屋顶女儿墙四周设计约0.3～0.5m种植槽，种植高低层次不同、疏密且有秩的花木在屋顶四周，人们活动的空间在屋顶中间的分散周边式形式，这种布局方式常设立于住宅楼、办公楼的屋顶花园；它可以是种植蔬菜、瓜果、花木、农作物等的生产基地，从生态效益出发的苗圃式形式；它也可以是布置灵活的盆栽式，常被用于家庭屋顶空间。

3）按屋顶绿化类型分　屋顶绿化的类型由建筑屋顶允许荷载度和屋顶功能的要求决定，屋顶荷载和防水的不同决定了不同绿化形式。

① 开敞型屋顶绿化。开敞型屋顶绿化，又被称为粗放型屋顶绿化，是屋顶绿化形式中最简单的一种，由于其质量轻、养护粗放更适合于建筑荷载小以及后期养护投入少的屋顶。开敞型屋顶绿化给人更加贴近自然的感觉，营造自然化的绿化效果。此类屋顶绿化常常以具有耐干旱且生命力顽强的特点的植物加以种植，如景天科植物。丰富的植物颜色，凸显绿化效果。

② 密集型屋顶绿化。密集型屋顶绿化被认为是“真正意义上的屋顶花园”。是将植物绿化和溪水亭榭的精心组合，精巧的花草树木，巧妙的水景，以合理的人行路线将各类休闲空间、活动空间、儿童游乐空间等串联在一起，组成令人心仪的屋顶花园。园林组成元素的设立要以屋顶花园建设指标为参考。

③ 半密集型屋顶绿化。半密集型屋顶绿化，是一种开敞型屋顶绿化和密集型屋顶绿化折中的绿化形式。此类屋顶绿化是人工的造景和自然的植物相结合的产物，是自然野性和人工雕琢的融合。半密集型屋顶绿化可以通过更多的人工造景来完成最终的设计，但是应充分考虑造景整体重量的增加对建筑荷载及投资费用的要求变化。

9.2 屋顶花园规划设计

9.2.1 屋顶花园规划设计的基本原则

屋顶花园的规划设计，应综合满足使用功能、绿化效益、园林艺术美和经济安全等多方面的要求。作为城市俯仰景观，它的设计原则如下。

（1）安全性原则

安全性包括屋顶的荷载、屋顶防水结构、屋顶周围的防护栏杆以及屋顶种植的植物在高空环境中，在受风强烈、土质疏松环境下的稳定性。

1）要具有安全的荷载承重　屋顶花园设计时必须要满足房屋结构安全，在布点和建造时要避免在结构梁上建造构筑物，以免影响建筑结构。若要使用重大的乔木，种植位置应设计在承重柱和主墙所在的位置上，不要在屋面板上。

2）要确保不漏水　屋顶的排水系统设计要遵循建筑原屋面设计的排水系统，同时要考虑到屋面设计的植物的枝叶、泥砂等杂物流入排水管道。植物的根具有很强的穿透能力，随着时间的推移，根扎得会越深，这样就会对建筑屋面的防水层造成破坏，造成漏水，所以防漏是要重点解决的问题。

3）要考虑到抗风安全　原则上在屋顶植物的种类上应选择浅根性植物，易活性植物，且以不超过2.5m的植物的高度为宜。由于屋顶花园的面积和空间有限，最好要保证种植的植物2～3季常绿。尽量避免设计较大规格的乔木，高于2m的就应采取加固措施。

4）要保证屋顶花园上的设施安全稳固，确保游人的防护安全　首先，要防止高空物体坠落，尤其是小孩的意外跌落，要注意建筑女儿墙的高度，必要时应该在屋顶周边设置高度在80cm以上的防护围栏；其次，还要对植物和设施进行固定。

（2）美观性原则

由于受建筑物平面和所处环境空间的限制，屋顶花园的设计场地空间往往有限。所以在整个的景观设计体现中，屋顶花园的设计要求更高，需要设计得更加精美。并且做到与建筑设计和周围环境相融合、相统一、相渗透。为了营造更佳的视觉效果，要在点、线、面、体、质感和色彩这几个基本的要素进行推敲，从设计到施工管理和材料选择上处处精心。

（3）功能性原则

一方面，要发挥屋顶绿化的生态效益、环境效益和经济效益。绿化覆盖率必须保证在50%～70%，在设计时以植物造景为主，充分利用屋面的平面空间和竖向空间。在满足平面植物造景的同时，可以进行垂直绿化的设计，这也是这几年推崇的设计方式。设计棚架植物、攀缘植物，使得绿化量得以增加。

另一方面，屋顶花园要满足游人的使用功能。要考虑到当地的地方文化，巧妙地把地方文化和园林景观结合起来，寻找一个平衡的切入点。根据屋顶花园的大小，使分区、小品、植物、道路在满足游人使用舒适性、方便性的同时，各项元素相互渗透、交融。如设计一块供人休息的木平台，防腐木的材质天然而亲和；再如设计一处可以坐人的种植池，使人们能更加亲近和融入自然。这些设计在产生良好的视觉效果的同时，也具有强烈的感染力和实际使用意义。

（4）经济性原则

屋顶花园一般造价都较高，设计时应根据业主的投资状况，力求通过材料选择和施工工艺节省开支，不必选择昂贵的材料，而应追求最适宜的材料。设计时还应充分考虑后期管理，最大限度地降低后期管理成本。如草坪可选择修剪量较小的匍匐性草坪，减少维护费用，而且荷载较小，造价相对较低。

9.2.2　屋顶花园的结构和要求

一般屋顶花园的剖面结构如图9-2所示，从上到下依次是植被层、基质层、隔离过滤层、排蓄水层、防水层。

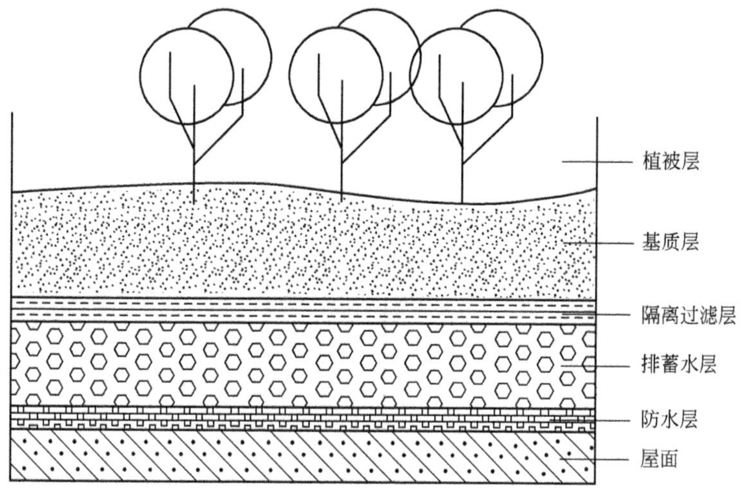

图 9-2 屋顶花园结构剖面图

(1) 植被层

植被层是栽植在基质层上形成的绿色植物层，做到用小乔木、灌木、草花、地被和草坪等植物的全覆盖，避免基质裸露，防止雨水冲刷，荷载不能超过建筑结构的承重力，形成良好的屋顶绿色生态空间。

(2) 基质层

基质层是指满足植物生长条件，具有一定的渗透性能、蓄水能力和空间稳定性的轻质材料层。基质主要包括改良土和超轻量基质两种类型。改良土由田园土、排水材料、轻质骨料和肥料混合而成；超轻量基质由表面覆盖层、栽植育成层和排水保水层 3 部分组成。

屋顶基质层厚度要根据绿化设计栽植的植物体量来决定，基质层的堆放应该有利于屋顶排水，栽种草坪和草花等浅根系植物，基质层厚度控制在 200～250mm，种植小灌木基质层厚度控制在 400～500mm，种植大灌木基质层厚度控制在 500～600mm，种植小乔木基质层厚度控制在 100mm 左右，由于屋顶客观条件的限制避免使用大乔木，尤其是深根性大乔木。

国内外用于屋顶花园的种植土种类很多，如日本采用人工轻质土壤，其土壤与轻骨料(蛭石、珍珠岩、煤渣和泥炭等)的体积比为 3∶1；它的密度约为 1400kg/m^3，根据不同植物的种植要求，轻质土壤的厚度为 15～150cm。英国和美国均采用轻质混合人工种植土，主要成分是砂土、腐殖土、人工轻质材料。该混合土的容重为 1000～1600kg/m^3，其厚度一般不得少于 15cm。

(3) 隔离过滤层

隔离过滤层位于基质层之下排蓄水层之上，采用既能透水又能过滤的聚酯纤维无纺布等材料，用于阻止基质进入排水层。隔离过滤层搭接缝的有效宽度应达到 100～200mm，并延伸至建筑屋顶的侧墙面。常用过滤层的材料有粗砂 (50mm 厚)，玻璃纤维布，稻草(30mm 厚)。所要达到的质量要求是既可通畅排灌又可防止颗粒渗漏。

(4) 排蓄水层

屋面排水系统的合理设计及安装直接影响到整个屋顶的安全防水问题，在设计和场地施工时一定要遵照原有屋顶的排水系统，尽量不要破坏原有屋面排水的整体性，不要封堵、隔绝或改变原排水口和坡度。

大雨或人工浇灌水过多时，种植土吸水饱和，多余的水应排出屋面。排水层采用卵石，粒径不大于3cm。总厚度5～6cm。排水层又可作蓄水层，多余水蓄在卵石层内，当种植土干燥时，又可返吸入土中。现在有多孔硬泡板，可吸收大量水，供给种植土返吸。蓄水层具有节约用水，又能保持土壤湿润的作用。

(5) 防水层

防水层是建筑物种植的关键构造层。防水层失败将无法进行种植，而且防水层掩埋于种植层以下，翻修的代价很大，故防水层设防标准应满足《屋面工程技术规范》中一、二级防水设防要求。即采用两道以上防水设防，防水层有效使用寿命要尽可能长。

屋顶花园中常有“三毡四油”或“二毡三油”，再结合聚氯乙烯胶泥或聚氯乙烯涂料处理。近年来，一些新型防水材料也开始投入使用，已投入屋顶施工的有三元乙丙防水卷材，使用效果不错。国外还有尝试用中空类的泡沫塑料制品作为绿化土层与屋顶之间的良好排水层和填充物，以减轻自重。有用再生橡胶打底，加上沥青防水涂料，粘贴厚3mm玻璃纤维布作为防水层，这样更有利于快速施工。也有在防水层与石板之间设置绝缘体层（成为缓冲带），可防止向上传播的振动，并能防水、隔热，还可在绿化位置的屋顶楼板上做PUK聚氨酯涂膜防水层，预防漏水。

9.2.3 屋顶花园绿化种植设计

(1) 植物材料的选择

植物是屋顶花园的主体，由于受楼板承重结构的制约，土壤厚度（土厚500mm）使植物根系生长空间受到限制，因此只能根据土层厚度选择可以生长且能长好的植物进行植物配置和造景，主要以地被植物（草坪、草花）、小灌木和浅根性灌木、小乔木为主，且还需要考虑到植物搭配的季相变化和色相变化，维护屋顶花园的四季景观效果。

1）选择阳性、半阴性和浅根性植物　屋顶花园大部分地方为全日照直射，光照强度大，植物选用阳性植物，如大花马齿苋、凤仙花、寿星桃、垂枝梅等；但在某些特定的小环境中，如靠墙边的地方，日照时间较短，应适当选用一些半阴性植物，如桔梗、麦冬、沙参、千头柏等。因屋顶种植层较薄，为了防止根系对屋顶建筑结构地侵蚀，应选择浅根性植物，如百合、萱草、鸡冠花、鸢尾、黄杨、雀舌黄杨等。

2）选择耐旱、耐瘠薄、抗寒性强的植物　由于屋顶花园夏季太阳直接暴晒，气温高，屋顶空旷风大，土壤和植物水分蒸腾强烈，补水难度又大，且屋顶绿化施用肥料会影响周围环境卫生，植物配置应用应该选择耐干旱瘠薄地植物种类，如天堂草、矮生紫薇、黄荆、球桧等。

屋顶土层浅薄，又接不到地热，因此土层非常容易冻结，且屋顶空旷风大，植物的应用应选择抗寒性强的植物，如高羊茅、早熟禾、银杏桩、梅花、蜡梅等。

3）选择抗风、不易倒伏、耐积水地植物　在屋顶上空风力一般较地面大，特别是夏季暴雨或有台风来临时，风雨交加对屋顶花园植物危害很大，易造成短时积水，又因土层薄、疏松，植物易倒伏，因此选择抗倒伏和耐短时积水的植物，如葱兰、麦冬、十大功劳、大叶黄杨球、红叶石楠球、南天竹等。

4）选择常绿、冬季能露地越冬地植物　营建屋顶花园的目的是增加城市绿化覆盖率，美化“第五空间”。屋顶花园的植物要尽可能以常绿为主，并考虑冬景，有一定比例的常绿灌木，且能在屋顶露栽条件下安全越冬，如栀子花、枸骨冬青、龟甲冬青、桂花、棕榈、日本五针松、凤尾竹等。

5）选用乡土植物，适当引种外来新品种　乡土植物对当地气候有高度地适应性，在环境相对恶劣地屋顶花园，选用乡土植物有事半功倍之效，同时考虑到屋顶花园地面积一般较小，为将其布置得较为精致，也可以适当引入一些观赏价值较高的新品种，以提高屋顶花园的档次。

6）选用彩色植物和藤本植物　屋顶花园绿化也要讲究美化和彩化，要丰富屋顶花园的色相变化就要积极选用彩色树种来构景，如金叶女贞、紫叶小檗、金森女贞、洒金千头柏、金边大叶黄杨、红叶石楠、红枫、紫叶桃等。藤本植物可以平铺屋面生长，具有很好的延伸性，在屋顶花园绿化中也要考虑应用，如常春藤、金银花、扶芳藤等。

（2）栽植类型

1）地毯式　适用于承受力比较小的屋顶，以地被、草坪或其他低矮灌木为主进行绿化，如图 9-3 所示。土壤厚度 15～20cm，选用抗旱、抗寒力强的攀缘或低矮植物，如地锦、常春藤、紫藤、凌霄、金银花、蔷薇、狭叶十大功劳、迎春、黄馨等。

图 9-3　屋顶花园地毯式栽植

2）群落式　适用于承载力较高（一般不小于 $400kg/m^2$）的屋顶，土壤厚度要求 30～50cm。可选用生长缓慢或耐修剪的小乔木、灌木、地被等搭配构成立体栽植的群落，如罗汉松、红枫、紫荆、石榴、箬竹、桃叶珊瑚、杜鹃等，具有较好的生态性。如图 9-4 所示。

3）庭院式　适用于承载力大的屋顶，此类屋顶花园除了立体植物群落配置外，还可配置浅水池、假山、小品等建筑景观，布置成为仿露地庭院式绿地，游憩功能较强。一般选用的植物有紫叶李、海棠、龙爪槐、鸡爪槭、玉兰等。如图 9-5 所示。

（3）植物种植要点

首先，应该满足各类植物生存及生育的最低土层厚度要求，如图 9-6 所示。

其次，乔木、大灌木尽量种植在承重墙或承重柱上。

第三，屋顶花园一般土层较薄而风力又比地面大，易造成植物的“风倒”现象，所以一定要注意前述的植物选择原则。其次绿化栽植最好选取在背风处，至少不要位于风口或有很强穿堂风的地方。

图 9-4　屋顶花园群落式栽植

图 9-5　屋顶花园庭院式栽植

最后，屋顶花园的日照要考虑周围建筑物对植物的遮挡，在阴影区应配置耐阴植物，还要注意防止由于建筑物对于阳光的反射和聚光，致使植物局部被灼伤现象的发生。

9.2.4　屋顶绿化的水体设计

在屋顶载荷允许范围内，可以考虑设计水体，水体是园林的重要组成部分，屋顶绿化中，各种水体更是增加艺术性的造景手法。屋顶花园中的水池因受到场地和承重限制，多建造成矮小型观赏浅池。其形状随总布局可建成自由式或规则式，池深度一般为 300～500mm。为了保持屋顶池水质清洁，水池底可用水泥抹面、马赛克或面砖饰面。屋顶水池的水体积较小，而且蒸发快，需要频繁补充，可以结合喷泉，使用循环水系统，既可节约用水又可保持水质清澈。

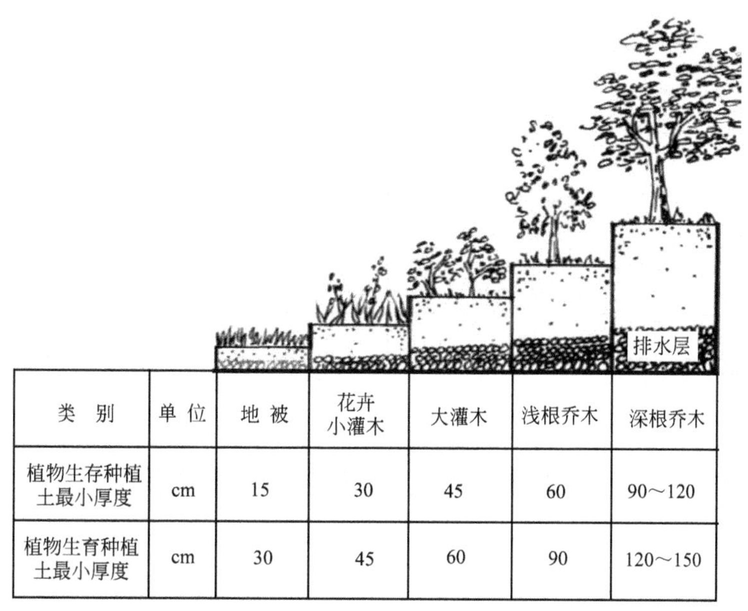

类　别	单 位	地 被	花卉 小灌木	大灌木	浅根乔木	深根乔木
植物生存种植土最小厚度	cm	15	30	45	60	90～120
植物生育种植土最小厚度	cm	30	45	60	90	120～150

图 9-6　屋顶花园植物生长的最低土层厚度

9.2.5　屋顶绿化排水防水设计

屋面绿化对于屋顶坡度和屋面防水级别有一定要求。一般适用于坡度不大于 3%的平屋顶，屋面防水等级为 1～2 级，耐用年限为 25 年以上。在坡度较大的屋顶上同样可以实现绿化，但坡度会对绿化造成困难。不同坡度有不同的设计要求。坡度较小时调蓄效果好，而坡度较大有利于排水。一般多选用小于 15°的坡度。当坡度大于 5%（3°）时，排水速度的提高和表面冲蚀的加剧就会对绿化造成损害，应考虑防止冲蚀的措施；当坡度大于 15°时，还应有防滑装置，设置防滑挡板简单而有效。

防水层应选用耐腐蚀，耐穿刺性能好的材料。平屋顶宜采用结构找坡。天沟、檐沟纵向坡度不应小于 2%，沟底落差不得超过 200mm。种植屋面四周应设围护墙及泄水管、排水管和人行通道。种植屋面上的种植介质四周应设挡墙，挡墙下部应设泄水孔。种植土厚度：种植草皮时 100～200mm；种植灌木时 300～500mm。平屋顶檐部做法指与屋面交接处的做法，这部分不但应满足技术方面（如排水，绿化覆土防水）的要求，也要考虑建筑艺术方面的要求。

9.2.6　屋顶花园的荷载设计

为保证建筑的使用安全，屋顶花园的设计重点是考虑荷载设计。在荷载设计时考虑的荷载包括屋顶自身构造层的重量（如保温层、找平层及保护层）、屋顶园林工程增加的荷载（包括滤水层、种植土、园路、植物等）。如某屋顶花园是营造在地铁维修库屋顶上，除去屋顶自身结构层的重量允许荷载限制在 5.5kN/m²，所以屋顶花园中各种园林工程的荷载均都要换算成每平方米的等效均布荷载。栽植土（即栽培基质，配合比菜园土∶泥炭∶腐熟饼肥∶黄沙∶珍珠岩＝4∶2∶1∶2∶1）荷载约为 250kg/m²，因为还要考虑到浇灌后的湿容重，一般要增大 20%～50%。排水层：厚度一般为 50mm，应选用轻质材料（塑料排水板加无纺布）减少重量。植物材料的平均荷重和种植荷载参考表 9-1。

表 9-1 植物材料平均荷重和种植荷载参考表

植物类型	规格/m	植物平均荷重/kg	种植荷载/(kg/m²)
乔木(带土球)	H=2.0～2.5	80～120	250～300
大灌木	H=1.5～2.0	60～80	150～250
小灌木	H=1.0～1.5	30～60	100～150
地被植物	H=0.2～1.0	15～30	50～100
草坪	1m²	10～15	50～100

注：选择植物应考虑植物生长产生的活荷载变化，种植荷载包括种植区构造层自然状态下的整体荷载。

9.3 案例分析——天津市某办公大厦屋顶花园设计

9.3.1 项目概况

天津市某办公大厦为位于城市核心地带，该大厦为商用型建筑，分为主楼和副楼两部分，其中副楼楼顶拟作屋顶花园。

（1）场地基本情况

该办公大厦副楼楼顶总面积为 652m²，阳光充沛，视野开阔，但是风速较快，风沙较大。由于设计并非按照屋顶花园的方式建造，所以不是可以直接使用的场所。

（2）周边环境

建筑周边以车行路和硬质铺装为主，主要满足人流组织需要，绿地有限，员工缺少一处用于交流的场地和闲暇休闲、聚会的空间。

（3）适用人群分析

屋顶花园主要的使用人群是在该大厦工作的员工和进行商务会谈的人员，所服务对象比较集中和单一。建设目的是创造一个员工能够进行交流、聚会和度过闲暇时光的场地，凝练公司文化的花园。

9.3.2 屋顶现状限制因素

1）副楼屋顶结构并未按建设屋顶花园的要求标准进行设计　大厦原有设计中没有考虑建造屋顶花园，建成后大厦的屋面结构承受荷载的能力有限。因此在考虑实施方案时应该进行处理以保证原有建筑物的结构安全。

2）屋顶上有多种裸露的设备、构筑物　大厦楼顶有楼梯房、厨房排烟管道房、中部有排气孔和风道，空调冷却机以及管道，设备房与管道相连，使角落的很大面积无法正常利用。

3）副楼屋顶花园出入口要与主楼相连　考虑到从主楼进入屋顶花园是主要人员进入方式，因此主楼与屋顶花园的出入口空间的设计应该与主楼风格相协调。

4）从主楼俯瞰屋顶的视觉效果差　从主楼俯瞰现在的屋顶，整体色彩灰暗，场地内构筑物庞大缺乏美感，视觉效果差（见图 9-7）。

图 9-7 办公大厦副楼屋顶现状

9.3.3 屋顶现状设计重点

(1) 实用性和安全性

屋顶花园的安全问题主要包括：楼板荷载、楼板防水、植物根系对楼板的影响以及花园周边的防护措施，防止人物坠落等。坚持适用性原则和安全性原则，根据屋面承重情况，结合屋顶花园的景观效果、使用功能等确定屋面承载系统的类型和主要荷载参数。统筹考虑局部荷载和均布荷载的分配，使屋顶花园的使用方便、安全。

(2) 种植设计

屋顶花园中面积最大的区域就是绿化部分，而且植物是鲜活的生命体，所以植物的科学选择合理配置很重要。这牵涉到设计的艺术性、植物的成活率、后期的养护管理以及根系对于楼板的影响等诸多方面。在植物选择上注意植物应适应当地气候条件和种植屋面的高度，宜选择耐寒、抗风、观赏性好、管理粗放的浅根性植物，根据景观要求搭配缓生乔木、灌木、藤本。

(3) 整体考虑，美化场地

从以上的现状不足中，进行整体的设计。将场地中平俗的设施，通过景观的方式进行遮挡和覆盖，以期既能美化环境又能利用场地中的不足，使屋顶花园的设计既经济、安全又富有创新、独特之处。

(4) 闹中取静，休闲交流

整体风格就是结合办公大厦的公司企业文化特点设计，创造一个能够在闹中取静，在小小的场地中感受多变的生活，无需走远路就能进入一个绿色生态的环境，一个适合工作交流、休闲聚会的场所。屋顶花园要为人们提供优美的游憩环境，由于场地面积有限，屋顶上的游人路线、建筑小品的位置和尺度，更应仔细推敲，既要与主体建筑物及周围大环境保持协调一致，又要有独特的屋顶花园风格。

9.3.4 功能布局

办公大厦屋顶花园的布局分为 5 大部分。

(1) 艺术美化区

1) 格栅墙（竖向管线隔离） 利用场地中现有的纵向的管线设施，通过木质格栅进行表面的包装和装饰。同时在木质格栅旁边种植葫芦。葫芦是一种富有原野气息的植物，用其进行立体绿化，一方面起到障景的作用，另一方面极具吸引力。收获的葫芦可进行雕刻工艺展示或者用作其他，经济适用，别有野趣。

2) 横向管线隔离 这些横向的管线高于楼层地表，因此利用这种高差，营造多变的地表空间。管线之上铺设木质地板，设置台阶与楼层相接，在小小的空间中方便上下穿行。在木质平台之上，冬季铺设白色卵石，其余季节布置盆栽，使咫尺之内四季景致丰富多样。

木平台结合跌水，以淙淙流水声隔离外界汽车鸣笛声，成为独特的生态隔离噪声的方式，使整个场地更加宁静、灵动、活泼。池中养鱼，种植少量水草，营造闹中取静的环境。公司员工可以取一把座椅，欣赏平台之境，享受午后的阳光。或几人一起聊天会谈，十分惬意。

3) 特色管线隔离 在营造空间的同时，将不利因素进行艺术的遮挡和包装，通过其他装置的设计将原有管线进行隔离（见图 9-8）。

图 9-8 艺术美化区

(2) 阳光草地区

阳光草地区是将场地进行草坪铺设，单一的草地减少楼层的荷载，使设计多元化，增加了绿化空间的层次感和品位。此处可以作为开敞活动空间，为员工举办聚会、节庆活动、公司小型仪式以及小型运动提供场地。

(3) 多彩花园

多彩花园是利用适合天津屋顶花园生长的乔木、灌木、草本等植被进行配置，成为真正的花园。主要景观有景观油松，与置石相配，体现中国传统园林文化。沿路线多以 2 年生、多年生花卉为主。在行走间体验色彩多变、花香满溢、层次多样的花园。这些植物都管理粗放，生命力强。藤本植物与廊架和格栅相映成景。为了防风的需要，楼层边缘种植篱状常绿乔木如桧柏篱等（见图 9-9）。

(4) 节能茶室

结合楼梯房设计为茶室。阳光房的下层就是公司的会议中心，在会议期间可当花园来使用，成为公司文化性培育的场所之一。结合公司的企业文化的核心理念——荟萃精华，创意无限，利用了节能的特色，在室内使用 SOLATUBE 节能灯。SOLATUBE 日光照明系统又称“导光管采光系统”，节能环保，兼具美观和实用性，不仅能实现日间照明和自然采光的双重需求，还能够在适当的场合和时机激发出设计师的创意，为办公环境增添一抹亮色。

图 9-9 多彩花园

(5) 入口景观廊

出入口是与主楼内部相联系的空间。主要考虑室内外的过渡关系，通过景观廊的设计解决了室内向室外的变化，自成景观，又是观景和休息的绝佳位置（见图 9-10）。

图 9-10 入口景观廊

9.3.5 植物配置和种植基质

(1) 植物配置的原则

天津属于暖温带半湿润大陆性季风气候，四季分明。根据天津的气候条件，选择屋顶绿化植物时要选择喜阳性的、耐寒、耐旱、耐热、耐贫瘠、生命力旺盛的浅根性植物，还必须属低矮、抗风、耐移植的品种。

在屋顶花园植物配置时根据当地四季分明的特点，利用四季分明的植物景观季相显示强烈的北方植物景观特色。选用乡土树种，体现地方特色。植物层注意植物的合理配置，适地适树。

(2) 植物种类选择

花卉选择以宿根花卉为主，一二年生搭配种植。如景天类、金盏菊、石竹、花毛茛、荷包牡丹、耧斗菜、风信子、花毛茛、蔓锦葵、鸢尾等。

藤本植物选取了葫芦、紫藤，与花架、格栅相得益彰。乔灌木选取观赏性好，同时抗风、喜阳、轻质的进行栽植，如紫薇、黄刺玫、紫叶矮樱等。常绿和落叶相搭配。种植造型油松作为景观中心，以其独特的造型和坚强的气质增强屋顶花园的文化气息。桧柏成行种植，起到了防风的效果。

(3) 土壤基质

土壤基质是指满足植物生长条件，具有一定的渗透性能、蓄水能力和空间稳定性的轻质材料层。也就是一般意义上的轻质种植土，这和屋顶花园荷载的制约条件有关，所以种植土需要和一些轻质材料相混合，既要保证植物生长所需养分，减轻容重，还要考虑到植物的防风抗倒伏因素。一般采用田园土、轻质骨料和肥料混合而成；在具体施工过程中，所选用的种植土是由优质田园土结合腐殖土和蛭石、泥炭土混合而成，比例为 5∶2∶1∶2，基本能够满足荷载以及植物正常生长、塑造地形、固根所需。

(4) 防风设计

楼顶风大，因此在条件允许的情况下，加设了栅栏和边界墙来保护花园。同时考虑风的穿透性和建筑物的牢固程度，在本案例中通过选择抗风植物和植物篱来阻止大风的侵扰。

9.3.6 技术策略

(1) 屋顶荷载

屋顶花园现有荷载 500kg，设计尽量不超出荷载范围。增加的荷载主要包括种植土、植物、防排水构造材料、附加建筑、蓄水层、其他造景用材和上人荷载等。这些荷载尽量都选取轻质的材料。高大乔木的种植应尽量地规划到承重的梁、柱、墙上，使荷载合理分散，特别是花架等小型建筑原则上必须放到屋顶的承重结构部位，使设计出来的屋顶花园对整个房屋建筑传力明确，结构体系安全、经济、合理。

(2) 屋顶构造

1) 排蓄水层　一般包括排蓄水板、陶粒和排水管等不同的排蓄水形式。设计中排水板是采用了 20mm 高聚乙烯（PE）凸排水板，排水板之下是蓄水保护层。

2) 分离滑动层　一般采用玻璃纤维布或无纺布等材料，用于防止隔根层与防水层材料之间产生粘连现象。本案例中采用了 PE 分离滑动保护膜。

3) 隔根层　一般有合金、橡胶、聚乙烯和高密度聚乙烯等材料类型，用于防止植物根系穿透防水层。本设计中采用了 4mm 厚铜复合胎基改性沥青耐根穿刺防水卷材。

4) 原屋面层　包括建筑屋面的防水层、找平层、保温层、隔汽层、找坡层、结构层（见图 9-11）。

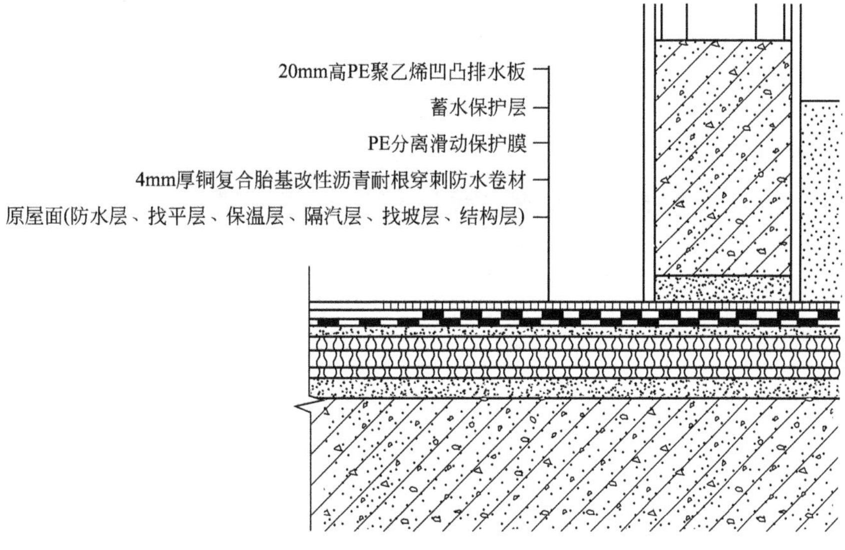

图 9-11 屋顶构造剖面

(3) 屋顶防水和排水

防水层的处理是屋顶花园的技术关键。屋顶花园的排水系统采用有组织排水，由排水沟、排水口、落水管组成。屋顶花园给水，可以有效利用降雨，但由于夏季光照强、温度高，因此可以建立灌溉给水系统。考虑到屋顶花园的特殊地形条件，应尽量选用喷灌和滴灌等节水灌溉方式。

排水系统的设计和安装也非常重要，它将直接影响到防水问题。考虑及时排除绿地表面积水以及土壤中多余的自由水。一般通过屋面坡度和安装合理的排水管或排水板排至屋面排水沟或排水管。

10　滨水景观规划设计

城市滨水景观是城市中最具生命力的景观形态，是城市中理想的生境走廊，最高质量的城市绿线。城市滨水景观带又是最能引起城市居民兴趣的地方，对于人类有着一种内在的、与生俱来的持久吸引力。一个完整的城市滨水景观是城市中可以自我保养和更新的天然花园。滨水区一般是指与江、河、湖、海等水域濒临的陆地边缘地带。水域孕育了城市和城市文化，世界上许多知名城市都伴随着一条名河而兴衰变化。城市滨水区是构成城市公共开放空间的重要部分，并且是城市公共开放空间中兼具自然景观和人工景观的区域，其对于城市的意义尤为独特和重要。

城市滨水区是城市中一个特定的空间地段，是指“与河流、湖泊、海洋毗邻的土地，或建筑、城镇临近水体的部分”，即城市中陆域与水域接踵的区域。城市滨水区是构成城市公共开放空间的重要部分，并且是城市公共开放空间中兼具自然天成与人工创造而形成的景观区域，其对城市的意义尤为独特和重要。规划城市滨水区景观，是经济发展的需要，是市民生活的需要，是生态景观的需要，是可持续发展的需要。

10.1　滨水景观概述

10.1.1　滨水景观的特征

由于滨水区特有的地理环境，以及在历史发展过程中形成与水密切联系的特有文化，使滨水区具有有异与城市其他区域的景观特征。

（1）自然生态性

滨水生态系统由自然、社会和经济 3 个层面叠合而成，自然生态性是城市滨水区最为直观的特性，最容易为人们所感知。城市滨水区自然生态系统的构成包括大气圈、水圈和土壤岩石圈，以及栖息在其中的动植物与微生物。在城市滨水区，尽管已经掺杂了许多人为的因素，但是相对城市其他区域而言，水域仍是城市中生态系统保持相对独立和完整的地段，其生态系统也较城市中其他地段更具自然性。

（2）公共开放性

从城市的构成看，城市滨水区是构成城市公共开放空间的主要部分。在生态层面上，城市滨水区的自然因素使得人与环境达到和谐、平衡的发展；在经济层面上，城市滨水区具有高品质的游憩、旅游资源，市民、游客可以参与丰富多彩的娱乐、休闲活动。例如多种多样的水上活动。滨水绿带、水街、广场、沙滩等，也为人们提供了休闲、购物、散步、交谈的场所。

（3）文化性、历史性

大多数的城市滨水区在古代就有港湾设施的建造。城市滨水区成为城市最先发展的地方，对城市的发展起着重要的作用。港口一直是人口汇集和物质集散、交流的场所，不仅有运输、通商的功能，还是信息与文化的交汇。在外来文化与本地文化的碰撞、交融的过程中，逐渐形成了这种兼容并蓄、开放、自由的港口文化。所以在滨水区，人们很容易去追思历史的足迹，感受时代的变迁。

（4）多样性

滨水景观的多样性包括地貌组成的多样性、空间分布的多样性和生态系统的多样性 3 方面。

10.1.2 滨水景观的类型

按照地域环境的景观形态，现代城市滨水景观一般可分为以下 4 类。

（1）滨江型

滨江型是较为常见的滨水景观类型，以江、河为基础发展起来的滨水景观。这类城市滨水景观通常依据自然的江河地貌来规划布局，属于自然流域型景观格局。

（2）滨海型

很多著名的现代滨海城市，如美国的迈哈密、中国的上海等均属于这种类型。其城市滨水景观一方面具有优越的自然条件，如充沛的阳光、洁净的海水和细腻的沙滩，有丰富的自然旅游资源，对人们对生活环境的追求具有极大的吸引力，但同时也面临着台风、土壤盐碱化等不利的因素的影响。

（3）滨湖型

湖泊是人类赖以生存的自然环境之一，很多沿湖而建的城市往往成为著名的“鱼米之乡”或是经济发达的旅游观光胜地。这种城市滨水区具有典型的中国园林格局，自然水体多居于城市中心，对于周边的自然景观与人工环境具有重要的意义，成为城市的“绿肺”或“绿核”。

（4）洲岛型

以岛、半岛或洲为基地而形成的四周被水域包围的城市滨水区，如厦门的鼓浪屿等。与大陆相比，岛屿只适合暂时性的人类聚集活动，所以往往会将其规划成集旅游观光、休闲疗养于一体的度假胜地。

10.1.3 滨水景观元素

城市滨水地带连同附着在其上面的人造景观，共同为人们提供一个轻松和谐的活动空间。城市滨水景观的硬件设计上讲，可以从蓝带、绿带和灰带的设计入手，其中蓝带包括水域和水际线，绿带指的是滨水区的绿化，灰带则主要是滨水区的硬质景观。

（1）蓝带的景观元素

1）水体　水体一般指河流、湖泊、海洋、沼泽等的总称。水体是进行滨水景观设计等一系列活动的主要对象和最终目的，也是滨水区最具有自然特性的构成部分。

2）护岸　护岸是水域和陆域的交界线，在滨水区中是陆域的最前沿。人们在护岸上看水，而护岸也就自然而然地成为滨水景观中的一部分，护岸的设计，既要把人与水分开，又要将人与水联系起来，所以护岸的规划与设计，对滨水区的开发具有重要意义。

护岸的规划与设计，首先必须注意它的治水性质，只有充分发挥治水功能人们才能在水边安心赏玩。其次要保证它的亲水性，无论在哪里，都应该让人们能够看到水景，能毫不费力地接近水边，还可以接触到水，观赏到水边的美景。最后是它的安全性，护岸的设计，一方面要将水域和陆域分开；另一方面又要将两者连接起来，如果过分强调亲水而忽视安全的做法是危险的。

护岸一般可以分为垂直式护岸、倾斜式护岸、台阶式护岸和人工砂滨几种方式。

3）喷水、叠水　喷水池、叠水墙的设计在城市的滨水景观中是很常见的，会加深人们对滨水区的印象。滨水区喷泉的设置有两种类型：一种是在陆地上设计人工的喷水区，这样的设计使为难以与水面接触的滨水区增加它的亲水效果；另外一种是在水面上设计喷泉，这就充分利用了滨水区的水体，给静态的水体带来动态的美，使滨水区达到动静结合的和谐效果。

4）桥　桥是滨水区的特征之一。桥在其本质功能上，就承载着沟通两岸，联系通达，方便人们出行的使命，而桥的设计在一定程度上也会成为景观设计中的一部分，为景区增色增光。

（2）绿带的景观元素

在滨水区建设绿带，主要是从两个方面考虑的。城市的滨水景观，在其设计上就有保护环境、净化城市的目的，所以绿带的设计，既要有景观功能，更要有生态的功能。

1）景观功能　绿化植物的种植，可以淡化水泥建筑所带来的僵硬感，加上植物的造型设计，使滨水区充满生动的趣味。茂密的枝叶遮挡住了部分阳光，在地上、椅子上投下点点星光，增添情趣。巧妙的绿化设计还可以为城市滨水区这一开放的空间带来一点私密。

2）生态功能　绿化景观的建设：a. 可以防止水土流失，维持滨水地貌特征；b. 植物会吸收二氧化碳，释放出氧气；城市滨水区往往贯穿城市，滨水绿化无疑是城市的绿肺或绿脉；c. 吸滞烟灰粉尘，树木通过树冠降低风速，减少粉尘飘移，还有树木本身的吸附能力；d. 调节和改善小气候，提高空气湿度，调节气温，降低风速；e. 吸收和隔挡噪声。

（3）灰带的景观元素

1）土壤和岩石层　土壤和岩石是滨水区灰带景观的重要构成元素，它支持了滨水绿轴景观的存在，对许多陆生生物来说土壤和岩石是它们栖息的场所。

2）建筑界面和天际线　对景观的感知是很直接的印象问题，在和谐统一之中又有各自的独特个性，这是在设计中所追求的，在滨水区景观的设计中也是如此。由于滨水区的景观比较适宜从水上或对岸眺望，所以在建筑物的轮廓与周围建筑的和谐程度上有一定的要求。例如建筑外装修使用的材料及色彩，设计的轮廓造型等。

3）滨水广场　滨水广场是应该作为保证谁都可以到达的水边，和较为容易接近水边的公共性场所。滨水广场同广场一样，是供市民休息、娱乐的场所，为人们会面聊天、举行庆典等提供场地。城市滨水区常以广场为中心，建造开放空间，使广场成为滨水带型空间的节点。广场是滨水区作为公共空间的最合适的设施之一，与滨水区的硬质景观有着紧密的联系，如水边的广场、码头广场、看台、展望台等。

4）滨水游步道　徒步行走是在城市中与滨水亲近、理解滨水的一个重要手段；同时，众多的人来回地行走，也使滨水区充满了活力。城市滨水游步道的设计，可以使游步道起着联系城市街区和滨水区的桥梁作用。有些城市街区与滨水区由于地势及自然条件的限制，往往被隔断，而游步道的建造就正好弥补了这个缺陷。

5）建筑小品　在完成滨水区大体的景观设计之后，细节问题也不能忽略。在滨水区进行铺地设计，既可以达到空间的一体化，又可以此限定不同的空间，还确保了水边行走的安全性。游步道的栅栏，是为防止游人掉入水中的安全设置。在游步道的水边设置缘石，既可以充当椅子，还可以引起行人的注意，起到安全保护的作用。在构成滨水区的环境要素中，椅子不仅可以供人们休息，还可以演变出各种各样的具有艺术形态的空间。

6）路标　路标是一个地区的象征，它的形成易于人们识别位置及方向，也有助于形成易识别的滨水构成。在滨水区设计路标有很多意义：第一，设置在相当于出海口的地方，来访者可由此获得对着一城市的第一印象；第二，有助于在城市中辨别方向；第三，采用和水有关的设计可以进一步烘托出滨水区这一地域的个性和气氛。

7）夜景照明　夜景照明可以给夜晚增添美景，特别在滨水区，利用彩色的照明器具，更能创造出一种港湾的气氛。

10.2　滨水景观规划设计

营造城市滨水景观，就是要充分利用自然资源，把人工建造的环境与当地的自然环境融为一体，为人与自然的接触提供途径，增强亲密性，强化自然空间对城市、环境的调节作用，从而能形成一个科学、合理、健康的城市格局。滨水景观设计应该是一种能够满足多方面需求的、多目标的设计，应充分利用宽阔的水面，临水造景，运用美学原理和造园艺术手法，利用水体的优势和独特的景色，以植物造景为主，适当配置游憩设施和有独特风格的建筑小品，构成有韵律、连续性的优美彩带。使人们漫步在林荫下，临河垂钓，水中泛舟，充分享受大自然的气息。

城市滨水区景观规划设计，可以分为以下 3 个层面。宏观层面，即项目策划和发展规划的制定；主要工作包括研究项目背景与概况，进行现状调查与分析评价，发展的优势与功能定性定位，确定发展目标，制定发展战略。中观层面，主要包括滨水区土地利用规划，绿地率、开敞空间率、基本生态容量等控制指标的确定，滨水区空间与景观结构规划，进行滨水区景区划分与景点设置规划。微观层面，即详细规划和设计。本章中重点讲述微观层面的设计，同时涉及一部分中观层面的内容。

10.2.1　滨水景观设计内容

（1）滨水景观的平面设计

滨水景观的平面布局首先应符合园林设计的一般原则和规律，但与其他非滨水景观相比也要有其独特的特点。首先，滨水景观都是沿水岸布置，不论是沿河、沿湖还是沿海，一般整体呈线状，容易出现一线到底，简单机械重复的问题。这就要求在平面设计时水岸要曲折有致，不能机械单调。滨水道路离岸要时远时近，沿路景色变化丰富，同时利用各种造景手法在沿岸设计出断续出现、令人耳目一新的景点，使游人感到移步换景、步移景异。在风景优美，场地允许的地方将线放大为面，设置滨水广场、滨水草坪等大型绿地，使平面规划呈现点线面结合，空间组合开合丰富。其次，由于滨水景观都是沿岸布置，其视觉朝向性非常明显，即在岸边时视线朝向水面，而在水中时相反。这就要求建筑等正立面一般朝水，植物配植一般在滨水一侧配置较低矮的植物，以保证视线通透，而远离水面的一侧应栽种较高大的植物，以遮挡城市的干扰。在水面较小，对岸景物能清晰可辨时，要充分采用互为对景的造景手法。在水宽阔，对岸景物不能清晰甚至不可辨时，要充分发挥岛、渚、矶的造景作用，以丰富景观层次。

(2) 滨水景观竖向设计

滨水景观的竖向设计同样遵从园林设计的一般原则和规律，但与其他非滨水景观相比也要有其独特的特点。首先要满足防洪工程需要，这是竖向规划的前提，是滨水区景观的基本保证。尽可能将工程自然化，注意利用水位变化这一自然过程，创造出生态湿地、生态步道等极具个性的生态景观。合理利用地形地貌，减少土方工程量。基本内容包括地形地貌的利用、确定道路控制高程、地面排水规划及滨水断面处理等。

1) 亲水空间　在满足防洪的标准前提下，改变目前普通模式常用的筑高堤、架围栏，断面简单而僵硬的做法，将人与水在空间上、视觉上、心理上融为一体。通过入水踏步、亲水平台、漫水桥、斜坡绿地等空间处理手法，为人类的亲水性提供充足的场所。

2) 生态步道　生态步道位于可能被水体淹没的区域内，由于水位不稳定，将随着水位涨落时隐时现，形成一条与自然景观要素融为一体的游览线路，加强了景观要素之间的相互渗透。

3) 生态湿地　由于水位的涨落，处于常水位与最高水位之间的地带，由于地表经常过湿、水分停滞或微弱流动等原因，常常形成湿地景观。湿地在维持区域生态平衡中具有良好的作用。

(3) 滨水景观的生态设计

从生态学理论可知，两种或多种生态系统交汇的地带往往具有较强的生态敏感性、物种丰富性。滨水区作为不同生态系统的交汇地，具有较强的生态敏感性。滨水区自然生态的保护问题一直都是滨水区规划开发中首先要解决的问题，包括湿地、动植物、水源、土壤等资源的保护。同时，滨水区作为市民的主要活动空间，与市民的日常生活密切相关，对城市生活也有较强的敏感性。这要求滨水区在开发、规划设计中，要充分考虑公众的各种要求，保护公众利益，提高市民的环境意识与参与意识，创造一个真正为市民喜爱的滨水空间。

1) 滨水景观规划要以生态理论为指导　与以往单一目的的水体治理不同，现代滨水景观规划要以生态理论作为规划的指导思想，将涉及水景生态的所有问题加以考虑，制定综合规划，从而达到水域生态稳定的目的。水景空间是一个复杂的系统，它既包括河流、湖泊等水体本身的空间，也包括与水体生态相关的滩地、湿地、坡地、地下水、植被、水生生物等自然元素。从生态角度出发，要求水文、水利、生态、环境、景观、植物、动物等不同学科的融合，充分利用天然的河流、湖泊水系，形成良好的城市生态水景系统，尽量减少以洁净水源维持各类人工水景用水，并与城市天然水系、绿地灌溉系统相连，使水资源最大限度地重复利用，共同实现生态建设的目标。

2) 进行生态化综合治理研究，推广人工水景生态化技术　从驳岸，自然水底到水生植物、水生动物各角度综合考虑设计，减少污染源。恢复人工水景地自然状态，以单坡、林地等取代硬质堤岸，从而恢复水岸的生态环境。水池尽可能是自然水底，打深井与地下水沟通，这样达到自净能力。

3）注重水生植被地研究，推广净化水质植物　多年来各地在公园、绿地和居住小区中引进许多种水生植物。其中包括沉水植物、挺水植物和浮水植物。如水生鸢尾、千屈菜、慈姑、荷花、睡莲、欧洲芦苇等品种。这些植物已适应了在各地的生长，对水体景观的美化起到了重要的作用。

10.2.2 滨水景观元素设计

（1）道路规划

1）机动车交通　机动车交通首先完成与城市大交通系统的相互衔接整合，保证通畅和便捷。从滨水机动车道的服务功能来说，大部分滨水机动车道以生活功能为主。为保证滨水景观最大限度的亲水性，应尽可能将滨水机动车道外移，减少对滨水游憩的干扰。为方便滨水活动的展开，在各转换口区域应设置停车场。

2）非机动车交通　有条件的滨水区可以设置非机动车通道，供市民游憩、休闲以及游客观光所需。非机动车道根据用地状况宽度控制在4～6m，平面曲线规划为流畅的自由曲线形，以充分体现步移景异的游览效果。

3）水上交通　若有水上航运的要求，交通规划须首先予以满足，然后考虑游船线路的规划和码头的设置。

4）步行交通　路幅宽度一般为2～3m，间设5～10m不等的宽步道和带形广场。在人流通过量较大的滨水步道，可以考虑每隔一定路段设置平台或小广场。

（2）绿化设计

对于滨水区的绿化设计，要着重强调绿化植物的选择，培育地方性的耐水性植物或水生植物为主；同时高度重视水滨的规划植被群落，它们对河岸水际带和堤内地带这样的生态交错带尤其重要，并且城市水滨的绿化应尽量采用自然化设计。

1）乔木　乔木的冠幅巨大，能在较少的绿地率上获得较大的覆盖率。乔木生长要求的土层厚度较深，在城市滨水区土层厚度较浅处可采用浅根或须根乔木以保证生长。乔术发达的根系有利于防止水分和土壤的流失，防止水流的冲刷，保证滨水绿化环境的稳定性。

在景观上，滨水区的乔木易在尺度上同水体形成协调和呼应，大片的林地阻隔了城市的喧嚣、营造了滨水区静谧舒适的环境。在大尺度的空间里乔木成了绿化的先导和特色，是形成统一绿化景观的有效手段。在乔木的种植方面，杭州西湖滨水水岸显然是一个颇为成功的例子。乔木成林成带成环地将西湖环绕起来，将西湖的自然与城市的喧嚣隔开。树种的选择上也很有特色，尤其在苏堤、白堤，一桃一柳相间种植，桃红柳绿，树影婆娑，充分体现了西湖滨水区柔美的景观个性。以我国南方城市为例，滨水区常用的绿化乔木有垂柳、桃、芒果、香樟、细叶榕、水杉、水松、落羽杉、重阳木、乌桕、无患子、玉兰、广玉兰、池杉、三角枫等。

2）灌木　灌木构成了绿化层次的中间层。同草本相比，它自身又有丰富的色彩和形态，所以即使没有大面积的种植也可以构成美丽的景观。灌木类尤其是开花类灌木可以用于滨水区绿化的种类很多，色彩艳丽，季相变化丰富，选择性大，适应性强。在滨水区广场中，人工铺装多而土壤较少时，甚至可以以花盆、花钵的形式随意摆放。以我国南方城市为例，滨水区常用的绿化灌木有南天竹、含笑、黄杨、夹竹桃、桂花、八角金盘、西洋凤仙、海桐、扶桑、凤尾兰、一品红、月季、八仙花等。

3）草本植物　草本植物处于滨水绿化的较下层，它不仅是指通常意义上的草坪植物，同时也包括那些低于20cm的地被植物，如韭白竹等。草本植物往往需要大面积的栽植才可以形成一定的规模和景观。滨水区大面积伸向水面的缓坡草坪给人们提供了绝佳的游憩场所，人们可以在草坪上嬉戏，或坐或卧，享受滨水的空气和阳光。以我国南方城市为例，滨水区常用的绿化草本植物有天鹅绒草、百慕大草、马尼拉草、水仙类、鸢尾类、韭白竹、铺地柏、葱兰、羽衣甘蓝、诸葛菜、沿阶草等。

（3）建筑及小品设计

1）滨水建亭　水面开阔舒展明朗流动，有的幽深宁静，有的碧波万顷，情趣各异。为突出不同的景观效果，一般在小水面建亭宜低邻水面，以细察涟漪。而在大水面，碧波坦荡，亭宜建在临水高台，或较高的山上，以观远山近水，舒展胸怀。一般临水建亭有一边临水，多边临水或完全伸入水中，四周被水环绕等多种形式。小岛、湖心台基、岸边石矶都是临水建亭的好场所。在桥上建亭更使水面景色锦上添花并增加水面空间层次。

2）水面设桥　桥是人类跨越山河天堑的技术创造，给人带来生活和交通的方便，自然能引起人的美好联想，故有人间彩虹的美称。而在中国自然山水园林中地形变化与水路相隔，非常需要桥来联系交通，沟通景区组织游览路线，而且更以其造型优美、形式多样作为园林中重要造景建筑之一。因此，小桥流水成为中国园林及风景绘画的典型景色。

优美的桥梁也是滨水区的重要景观，水景中桥的类型及应用很多常见的有梁桥、拱桥、浮桥、吊桥等。

梁桥是跨水以梁即成梁桥，独木桥是最原始的梁桥，对园林中小河、溪流宽度不大的水面仍可使用。在水面宽度大但不深时也可建设桥墩形成多跨的梁桥，梁桥平坦便于行走与通车。

拱桥是人用石材建造大跨度工程的创造。在我国很早就有拱桥的利用。拱桥的形式多样，有单拱、三拱到连续多拱。在功能上又很适合上面通行下面通航的要求。拱桥在园林中具有独特的造景效果。如北京的玉带桥、十七孔桥，它们造型复杂、结构精美，在水面上映出婀娜多姿的倒影。

浮桥是在较宽水面通行的简单和临时性办法，用船或浮筒替代桥墩，上架梁板用绳索拉固就成通行的浮桥。在滨水景观的设计中它起到独特的景观作用。它固而不稳，人立其上有晃悠动荡之势，给人以不安、惊险的感觉，其重点不在于组织交通。

吊桥可以大跨度的横卧水面，悬而不落。吊桥具有优美的曲线，给人以轻巧之感，立于桥上，既可远眺又可近观。随着科技发展，今后在滨水景观的设计中必将出现更多轻巧的具有优美曲线的吊桥。

亭桥与廊桥有交通作用又有游憩功能与造景效果的桥，亭、廊与桥结合在一起，很适合园林艺术要求。如北京颐和园西堤上建有幽风桥、镜桥、练桥、绿柳等亭桥。这些桥在长堤游览线上起着点景休息作用。在远观上打破长堤水平线构图。有对比造景、分割水面层次作用。扬州瘦西湖上的五亭桥是瘦西湖长轴上主景建筑。

步石又称汀步，其是极富情趣的跨水小景，使人走在汀步上有脚下清流游鱼可数的近水亲切感。汀步最适合浅滩小溪，跨度不大的水面。

3）依水修榭　榭是园林中游憩建筑之一，通常建于水边。《园冶》上记载“榭者借也，借景而成者也。或水边或花畔，制亦随态”。说明榭是一种借助于周围景色而见长的园林游憩建筑。其基本特点是临水，尤其善于借取水面景色。在功能上除应满足游人休息的需要外，还有观景及点缀风景的作用。

最常见的水榭形式是在水边筑一平台，在平台周边以低栏杆围绕，在湖岸通向水面处做敞口，在平台上建起一单体建筑，建筑平面通常是长方形。建筑四面开敞通透，或四面作落地长窗。榭与水的结合方式有很多种。从平面上看有一面临水、两面临水、三面临水以及四面临水等形式。四周临水者以桥与湖岸相联，从剖面上看平台形式有的是实心土台，水流只在平台四周环绕，而有的平台下部是以石梁柱结构支撑，水流可流入部分建筑底部，甚至有的可让水流流入整个建筑底部，形成驾临碧波之上的效果。

4）水面建舫　舫的原意是船，一般指小船。建筑上的舫是指水边的一种仿船的建筑。在园林湖泊的水边建造起来的一种船形建筑，的下部船体通常用石砌成。上部船舱则多用木构建筑，其形似船。舫建在水边一般是两面或三面临水，其余面与陆地相连，最好是四面临水，其一侧设有平桥与湖岸相连有仿跳板之意。它立于水中，又与岸边环境相联系，使空间到了延伸，具有富于变化的联系方式，既可以突出主题，又能进一步表达设计意图。

（4）驳岸设计

根据工程、景观等要求，驳岸首先满足防洪防涝的基本要求，其次满足水体生态环境本身的要求，最后满足城市与景观规划的要求。现在设计中尽量多采用生态驳岸，生态驳岸是指恢复后的自然河岸或具有自然河岸可渗透性的人工驳岸，它可以充分保证河岸与河流水体之间的水分交换和调节功能，同时具有一定的抗洪强度。生态驳岸对滨水生态系统有着很多促进功能，对改善河流水质，河流生物过程起到重大作用。

1）临水驳岸形式及其特征　园林驳岸在园林水体边缘与陆地交界处，为稳定岸壁，保护河岸不被冲刷或水淹所设置的构筑物，必须结合所在景区园林艺术风格、地形地貌、种植设计以及技术经济条件要求来选其结构及形式。庭园水局的岸型多以模拟自然取胜。我国庭园中的岸型包括洲岛堤矶岸各类形式同水型采取不同的岸型。总之，必须极尽自然，以表达“虽由人作，宛若天开”的效果，统一于周围景色之中。

洲渚是一种濒水的片式岸型。造园中属湖山型的园林里多有洲渚之胜。洲渚不是单纯的水面维护。而是与园林小品组成富有天然情趣的水局景的一项重要手段。

岛一般指突出水面的小土丘，属块状岸型。常用手法是：岛外水面萦回，折桥相引，岛心立亭，四面配以花木景石，形成庭园水局之中心。游人临岛眺望可遍览周围景色，该岸型与洲渚相仿，但体积较小，造型亦很灵巧。

堤是分隔水面的带形岸型，在大型园林中如杭州西湖苏堤，既是园林水局中的堤景，又是诱导眺望远景的游览路线。在庭园里用小堤做景的多作庭内空间的分割，以增添庭景之情趣。

矶是指突出水面的湖石，属点状岸型。一般临岸矶多与水生或滨水植物景观相搭配或有远景可供因借，成为游人酷爱的摄影点。也有用矶作水上亭榭之衬景的，成为水景小品。

池岸是最常见的环状岸型，我国传统庭园池岸多属自由型，它因势而曲、随形作岸，一般多以顽石砌作或以湖石、黄石叠成。新建庭园之小池池岸形式多样，采用的材料亦各不相同。这些岸式一般较精致，与小池水景很协调。且往往一池采用多种岸式，不同的岸式之间用顽石作衔接，使水景更为添色。

2）滨水驳岸断面设计　河道断面的处理和驳岸的处理有密切的关系。河道断面处理的关键是要设计一个能够常年保证有水的河道及能够应付不同水位、水量的河床。这一点对于北方城市的河道景观尤为重要。由于北方地区水资源短缺，平时河道水量很小，但洪水来时又有较大的流量，从防洪出发需要较宽的河道断面。但一年内大部分时间河道无水，景观很差。解决这种矛盾可以采取一种多层台阶式的断面结构，使其低水位河道可以保证一个连续的水面，能够为鱼类生存提供基本条件，同时满足防洪要求。当较大洪水发生时，允许淹没滩地。而平时这些滩地则是城市中理想的开敞空间环境，具有较好的亲水性，适于休闲游憩。可分为以下几种类型。

① 自然缓坡型（见图 10-1，引自网络）。通常适用于较宽阔的滨水空间，水陆之间通过自然缓坡地形，弱化水陆的高差感，形成自然的空间过渡，地形坡度一般小于基址土壤自然安息角。临水可设置游览步道，结合植物的栽植构成自然弯曲的水岸，形成自然生态、开阔舒展的滨水空间。

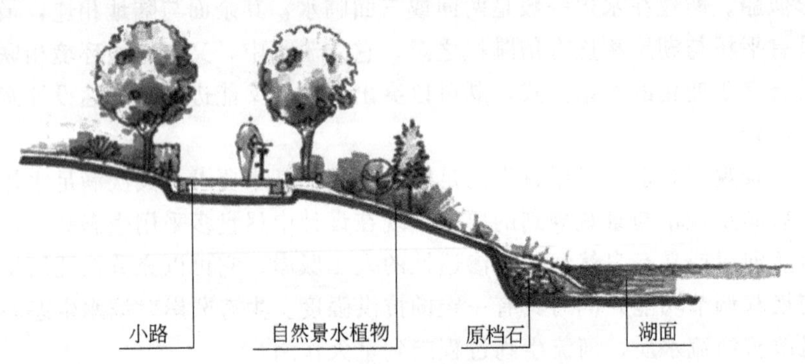

图 10-1　自然缓坡型驳岸

② 台地型（见图 10-2，引自网络）。对于水陆高差较大，绿地空间又不很开阔的区域，可采用台地式弱化空间的高差感，避免生硬地过渡。即将总的高差通过多层台地化解，每层台地可根据需要设计成平台、铺地或者栽植空间，台地之间通过台阶沟通上下层交通，结合种植设计遮挡硬质挡土墙砌体，形成内向型临水空间。

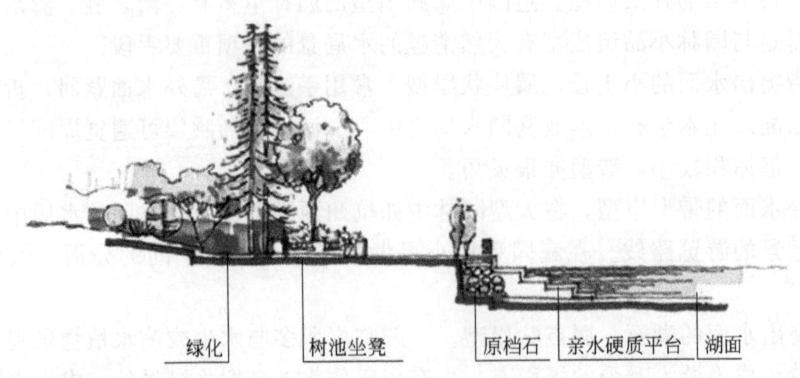

图 10-2　台地型驳岸

③ 挑出型（见图 10-3，引自网络）。对于开阔的水面，可采用该种处理形式，通过设计临水或水上平台、栈道满足人们亲水、远眺观赏的要求。临水平台、栈道地表标高一般参照水体的常水位设计，通常根据水体的状况，高出常水位 0.5～1.0m，若风浪较大区域，可适当抬高，在安全的前提下，尽量贴近水面为宜。挑出的平台、栈道在水深较深区域应设置栏杆，当水深较浅时可以不设栏杆或使用坐凳栏杆围合。

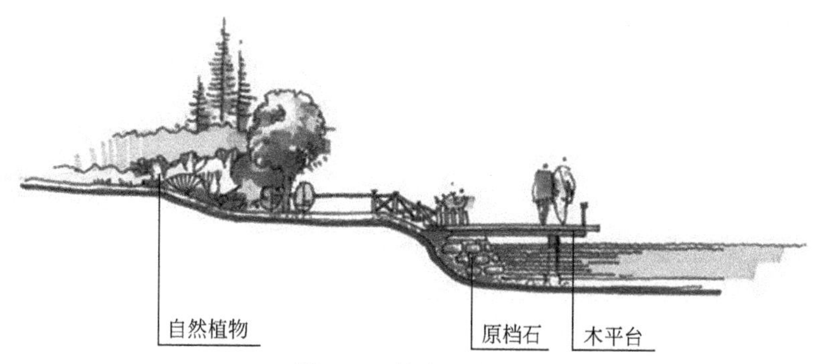

图 10-3 挑出型驳岸

④ 引入型（见图 10-4，引自网络）。该种类型是指将水体引入绿地内部，结合地势高差关系组织动态水景，构成景观节点。其原理是利用水体的流动个生，以水泵为动力，将下层河、湖中的水泵到上层绿地，通过瀑布、溪流、跌水等水景形式再流回下层水体，形成水的自我循环。这种利用地势高差关系完成动态水景的构建比单纯的防护性驳岸或挡土墙的做法要科学美观得多，但由于造价和维护等原因，只适用于局部景观节点，不宜大面积使用。

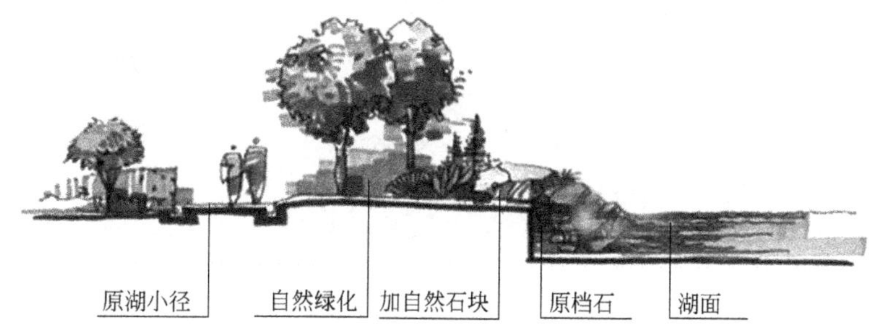

图 10-4 引入型驳岸

（5）铺装设计

铺装设计需考虑以下原则。

1）安全性原则　必须做到使路面无论在干燥或潮湿的条件下都同样防滑，斜坡和排水坡不应太陡，以免行人在突然遇到紧急情况时发生危险。

2）生态性原则　应尽量设计成透水性的铺装，便于雨水的循环利用以及减少地表径流对于堤岸的冲刷。目前已建铺装往往过于人工化，动辄花岗石、大理石或混凝土现浇，极大地破坏了土壤的自然生态，又增加了成本，应该尽量避免这种做法。

3）美观原则　设计时应充分考虑铺装的色彩、尺度和质感。设计路面图案时，必须考虑从哪些有利的视点可以看到这个路面，是仅仅从地面上看还是从周围高楼上看。铺装图案应是有意义的，并能吸引所有的观赏者。

10.3 案例分析

10.3.1 韩国清溪川恢复整治项目

（1）项目概况

在 1394 年首尔还没有被指定为首都之前，清溪川尚属自然河川。四周环山的地理特点，使水流自然而然汇聚于首尔这座地势较为低平的都城中心，提供周边居民生活场所，因此在朝鲜王朝还未对都城水路进行修整之前已有自然河川流淌其中。现代的清溪川，是首尔市中心的一条河流，全长约5.8km，自西向东，汇入中浪川后注入汉江。

(2) 改造目的

让清溪川河水清澈、流动，恢复水的循环体系，恢复具有自然再生能力的生态系统，创建供市民休闲娱乐的亲水空间，使清溪川成为城市绿化系统中轴，与周边古迹联系，构件城市文化中心，恢复清溪川两岸的自然生态，创造具商业和工业价值发展生机的环境，使首尔成为具有清洁河道功能的绿色城市，增加城市整体价值（见图10-5）。

图10-5　韩国清溪川

(3) 整治措施

1) 交通疏导　拆除高架桥，政府出台相应交通疏导及限制措施，增加穿过城市中心的道路，鼓励公交出行。

2) 水体恢复　建设了新的独立的污水系统，对原来流入清溪川的生活污水进行隔离处理。

水源提供有3种方式：抽取经处理的汉江水（主要方式）；取地下水和雨水，由专门设立的水处理厂提供；中水利用（仅供应急条件）。

3) 水质生态改善　一个良好的河流生态环境可以通过自身的调节能力，使水体处于健康的平衡状态。清溪川的恢复工程力求恢复河流的自然风貌，恢复了深潭、浅滩和湿地等。清溪川的河床是由南瓜石、河卵石、大粒砂构成，能很快恢复为河川，自净能力非常强。经过这样的改造后，种类繁多的水生动植物大幅增加。水生植物能大量地吸收河流中的氮和磷，有效抑制了藻类生长，使水体富营养化问题得以解决，净化了清溪川的水质。大量的水生生物的存在也验证了清溪川水质改善的成功（见图10-6）。

4) 河流整治　重建的清溪川还要面临夏季洪水的考验，因此泄洪能力设计为可抵御200年一遇的洪水。为防止水的渗漏损失，断面为不透水铺装。整个治理河段的横断面依周边条件不同分为3部分。

河道整体设计为复式断面，分为2～3个台阶，人行道贴近水面，达到亲水的目的，其高程也是河道设计最高水位，中间台阶一般为河岸，最上面一个台阶即为永久车道路面（见图10-7）。

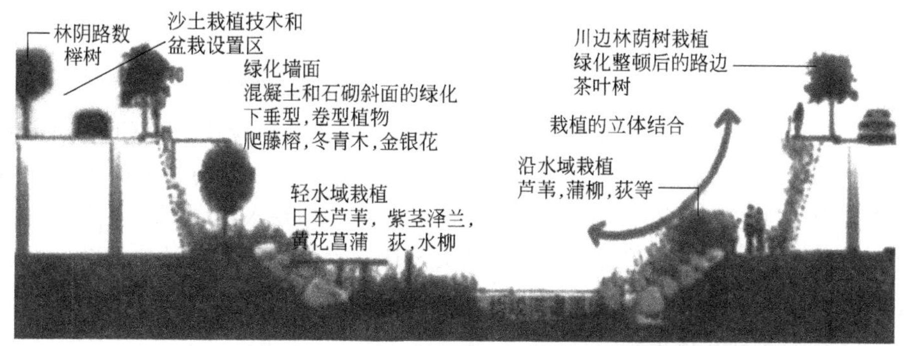

图 10-6 水质生态改善

图 10-7 河流断面

第一段位于上游地区，河道蓝线条件较好，因此明渠底宽 20.83m，边坡 1∶1，两侧二层台各 21.83m 和 22.92m。二层台下及两侧设市政管线走廊。第一段位西部上游河段河道两岸采用花岗岩石板铺砌成亲水平台，河段断面较窄，一般不超过 25m，坡度略陡。

第二段位于城市建设密集地区，河道蓝线用地非常紧张，又要留出两侧各两条车道，还要考虑人的亲水活动需求。为保证河道行洪断面．将规划路架设在河道两侧过水断面上。明渠底宽 11.74m，边坡（1∶1）～(1∶2)，二层台下设市政管线走廊。第二段位中部河段为过渡段，河道南岸以块石和植草的护坡方式为主，北岸修建连续的亲水平台，设有喷泉。

第三段位于城市建设密集地区下游，河道蓝线用地紧张程度较上段缓和，也要留出两侧各两条车道，但人的亲水活动减少，断面相对整齐。为保证河道行洪断面，将规划路架设在河道两侧过水断面上，明渠底宽 11.74m，边坡（1∶1）～(1∶2)，二层台下设市政管线走廊。第三段位东部河段河道的改造以自然河道为主，宽 40m 左右，坡度较缓，设有亲水平台和过河石级，两岸多采用自然化的生态植被，选择本地植物物种。

(4) 景观设计

西部上游河段位于韩国的政治和金融中心，周边地区包括总统府、市政厅、新闻中心、银行等，景观设计上处处体现现代化的特点。

中部河段穿过东大门地区，那里是韩国著名的小商品、机械工具、照明商品以及服装鞋帽的市场，是普通市民和游客喜爱光顾的地方。因此设计上强调滨水空间的休闲特性，注重为小商业者、购物者和旅游者提供休闲空间。

东部河段周边地区历史上是小市民和贫苦市民居住的地方，与中部和西部相比，发展相对落后，目前为居民区和商业区混合。因此，景观设计强调自然和生态的特点，使市民和游客们可以找到大自然的感觉。

1）水体　清溪川上的景观沿着河道形成了空间序列。河道虽长，但处处有景。上下游高程差约15m，由多道跌水衔接起来。在较缓的下游河段，每两座桥之间设一道或二道跌水，在靠近上游较陡的河段处，两座桥之间采用多道跌水，形成既有涓涓流水又有小小激流的自然河道景观。跌水全部都用大块石修筑，间隔布置。作跌水的大石块表面平整，用垂直木桩将大石块加固在河道内。踏着横在河中的大石块，可跃过溪水，跳到对岸。除了自然化和人工化的溪流以外，清溪川复兴改造工程中还运用了涌泉、瀑布、壁泉（见图10-8）、喷泉（见图10-9）等多种水体表现形式。

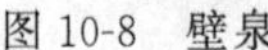

图10-8　壁泉

图10-9　喷泉

2）河岸　清溪川河岸设计采取了多种形式，包括西部上游花岗岩石板铺砌的人工化河岸，中部以块石和植草的护坡为主的半人工化河岸，以及东部下游以生态植被覆盖的自然化河岸。无论是哪一部分河岸，都强调亲水性的设计理念，充分体现人与自然的协调。

3）桥梁景观　清溪川上的桥与首尔各阶层人们的政治、生活以及经济发展息息相关，重建工程中考虑到桥在历史中的作用和意义，因此将桥梁的建设列为在本次重建工程的重要内容之一。重建工程中恢复了广通古桥，另外建设了13座桥，并以长通桥、五间水桥（旧称五间水门）、永渡桥等古桥的名字重新命名了新建的桥。多数桥梁可以通过机动车，两边建有人行横道。

在新建的13座现代化桥梁中，每座桥的造型各异，有悬索桥，有拱桥，有的采用弧形桥面，给人以一种新意的感觉。每一座桥梁的两端都设立了铭牌，介绍该桥的基本参数。

4）生境　由雨水、地下水和抽取的汉江水形成的清溪川水系统则有利于鱼类的生存。复兴改造工程注重营造生物栖息空间，建设沼泽地、鸟类和鱼类栖息地、浅水滩和池塘等，注重生物的多样性，重新营造的清溪川自然生态系统中已经有了包括鱼类在内的多种水生物及鸟类栖息。最令人惊叹的是自然生态恢复。复原前，清溪川下游地区的动植物仅有98种，许多物种早已绝迹，但在复原后，物种迅速上升为314种。其中清溪川水中和两岸能观察到的鸟类即达32种，还有鱼类15种、植物156种，形成了新的自然生态系统。

5）文化传承　清溪川的修复改造项目，不仅是在塑造城市地标景观，发挥生态效益，很大程度上也是在弘扬本土文化，保留场地历史记忆，呼吁人们对文化的传承和憧憬。例如清溪川源头公园要使用产自韩国9个道以及运河9个源头的石材作为造景材料，象征着韩国和朝鲜的未来统一，其他景观元素的保留与新建也同样在诉说场地的故事。

10.3.2 秦皇岛汤河公园规划设计

(1) 项目概况

秦皇岛是中国北方著名滨海旅游城市，汤河位于秦皇岛市区西部，因其上游有汤泉而得名。本项目位于海港区西北，汤河的下游河段两岸，北起北环路海阳桥、南至黄河道港城大街桥，该段长约 1km，设计范围总面积约 20hm^2（见图 10-10）。汤河为典型的山溪性河流，源短流急，场地的下游有一防潮蓄水闸，建于 20 世纪 60～70 年代，拦蓄上游来水。

(2) 存在问题

原场地有以下几大特征，为设计提出了挑战，同时也提供了机会。

1) 良好的自然禀赋　地段内植被茂密，水生和湿生植物丰富，为多种鱼类和鸟类生物的栖息地。

图 10-10　项目区位

2)“脏乱差”的人为环境和残破的设施　场地具有城郊结合部的典型特征，多处地段已成为垃圾场，有残破的建筑和构筑物，包括一些堆料场地和厂房、水塔、提灌泵房、防洪丁坝、提灌渠等。

3) 安全隐患和可达性差　场地可达性差，空间无序，存在安全隐患，环境治理迫在眉睫。

4) 使用需求压力　目前这一地带由于位于城乡结合部的特点，缺乏管理；同时，越来越多的城市居民把它当作游憩地，包括游泳、垂钓、体育锻炼等

5) 开发压力　城市扩张正在胁迫汤河，渠化和硬化危险迫近。就在场地的下游河段，两岸已经建成住宅，随之，河道被花岗岩和水泥硬化，自然植被完全被“园林观赏植物”替代，大量的广场和硬地铺装、人工的雕塑和喷泉等彻底改变了汤河生态绿廊。

(3) 设计理念

汤河公园的规划设计理念为节约型园林生态理念。

最简约的设计、最经济的人工干预，对有利用价值的自然元素进行保护性改造。将景观设计作为“生存的艺术”，以普通人的生存为重，倡导“寻常景观”和“足下文化与野草之美”（见图 10-11、图 10-12）。

图 10-11　秦皇岛汤河公园鸟瞰图

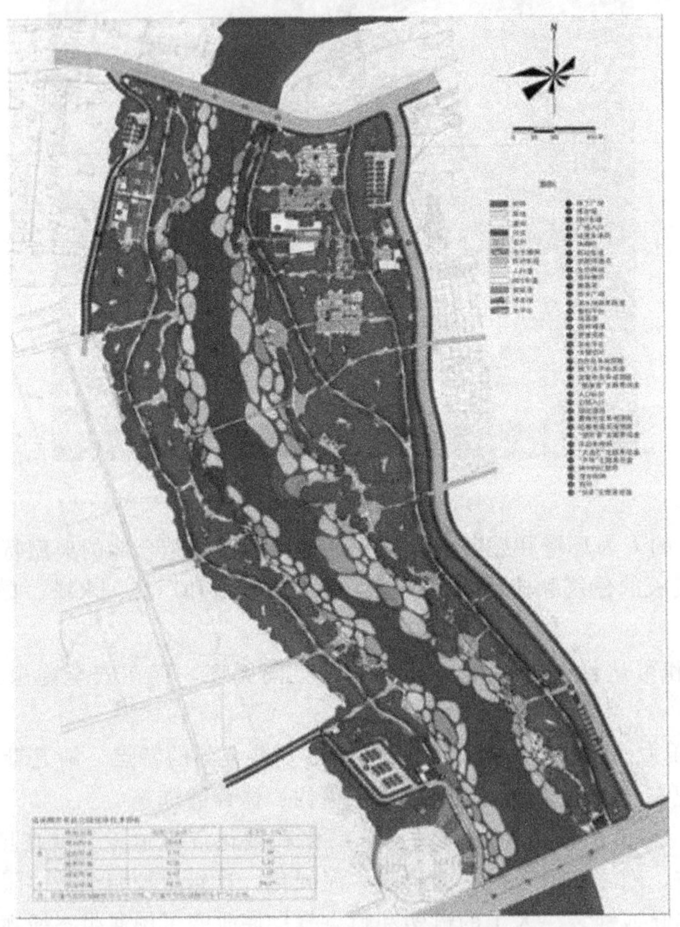

图 10-12　秦皇岛汤河公园平面图

（4）景观设计

① 保护和完善一个蓝色和绿色基底。

② 建立连续的自行车和步行系统。

③ 一条红飘带：绵延于东岸林中的线性景观元素。

④ 五个节点：沿红飘带分布 5 个节点，分别以 5 种草为主题。

⑤ 两个专类植物园区：宿根植物展区，总面积约为 7700m^2；草本植物园，总面积约为 4300m^2。

⑥ 旧建筑和构筑物的保留和利用，其中包括专类植物园区内利用料厂的建筑基底建筑茶室和接待中心

⑦ 一个解说系统。解释系统由 23 组解说点构成，采用统一的形式分布于东西两岸，与栈道和各个平台相结合，用于向人们展示讲解自然和场地知识，使人们在亲近大自然的同时对自然有更深入的了解，起到科普与启智的作用。

“用最少的人工河投入”的设计理念符合现在提倡的“节约型城市园林绿化”要求，在设计中尽可能减少能源、土地、水、生物资源的使用，提高使用效率，例如用乡土树种、地带性树种取代外来园艺品种，大大节约能源和资源的耗费。同时，利用废弃的土地和原有材料，包括植被、土壤、砖石等服务于新的功能，可以大大节约资源和能源的耗费。例如，以玻璃钢为材料的“红飘带”也是再生性玻璃制品，减少了垃圾和废物，从而减少了对环境的污染。

(5) 节约型园林生态理念体现

1) 最大限度保留场地原有的生境和构筑物　严格保护原有水域和湿地，以及现有植被，设计要求施工过程中不砍一棵树。

在原有绿化基础上丰富乡土物种，包括增加水生和湿生植物，形成一个乡土植被的绿色基地。在水中设计者引入大面积水生植物，如芦苇，菱角，一方面起到美化水体环境和增强视觉效果的作用；另一方面也有净化水体和涵养水源的生态价值。避免河道的硬化，保持原河道的自然形态，对局部塌方河岸采用生物护堤措施。

2) 最少的人工干预旧建筑和构筑物　专类植物园区内利用料厂的建筑基底建设茶室和接待中心；西岸水塔的保留和利用，以作为观景塔；泵房的改造利用，以作为环境艺术元素；利用灌渠使其成为线形的种植台；防洪堤坝的保留和利用而成为植物的种植台。

3) 简约的生态设计整合了多种生态功能　公园在最大限度地保留原有河流生态廊道的绿色基底上，引入了一条绵延逾 600m 的红色飘带（见图 10-13）。它整合了以下功能：与木栈道结合，可以作为座椅；与灯光结合，而成为照明设施；与种植台结合，而成为植物标本展示廊；与解说系统结合，而成为科普展示廊；与标识系统相结合，而成为一条指示线。

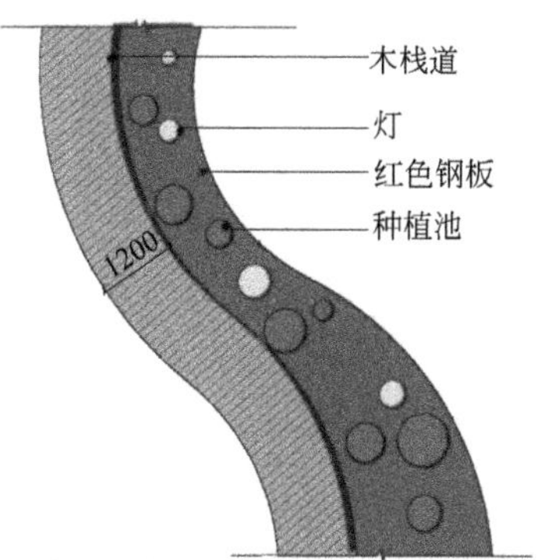

图 10-13　红飘带设计平面图

4) 采用整治自然河道的防洪措施的生态途径　红飘带建在 20 世纪 20 年代的一次严重洪水的水位线之上，沿河岸的绿道是行洪区，河岸容易遭受严重洪水侵蚀的区域用网箱结构

加固。整个设计没有改变其余的河岸，允许公园被洪水淹没，而不是通过大的渠化水道将水排走。它采用了一种保护河岸和生态恢复区域的未开发地的新途径，而这正是在城市扩张过程中常被忽略的。

5）建立无机动车绿色通道　整个公园内基本不考虑机动车通行，车行路主要利用外部城市规划路，场地内主要设置自行车道和人行道。自行车道主要穿越在林间，两侧种植狼尾草带，蜿蜒曲折，形成独特的林地景观体验廊道。东岸自行车道兼顾消防通道的作用；人行道主要分为 2 级，贯穿场地南北，联系滨水栈道。

可为步行及非机动车使用者提供一个健康、安全、舒适的通道，也可大大改善城市车行系统的压力，同时鼓励人们弃车从步，走更生态更健康的道路（见图 10-14）。

(a)

(b)

图 10-14　绿色通道

11 观光农业园规划设计

现代农业不仅具有生产性功能，还具有改善生态环境质量，为人们提供观光、休闲、度假的生活性功能。观光农业是一种以农业活动为基础，农业和旅游业相结合的新型交叉产业，狭义观光农业的仅指用来满足旅游者观光需求的农业；广义的观光农业因应涵盖休闲农业观赏农业农村旅游等不同概念，是指在充分利用现有农村空间、农业自然资源和农村人文资源的基础上，通过以旅游内涵为主题的规划、设计与施工，把农业建设、科学管理、农艺展示、农产品加工、农村空间出让及旅游者的广泛参与融为一体，使旅游者充分领略结合现代新型农业艺术及生态农业具有大自然情趣的新型旅游业。

11.1 观光农业概述

11.1.1 观光农业的产生和发展

观光农业是在传统农业基础上发展起来的，融农业产业和观光休闲为一体的新型产业。它是以农业为依托，运用环境美学、生态学原理和系统科学的方法，把农业生产活动和观光休闲结合起来，利用农业景观、农事生产活动和农村自然环境吸引游客观赏、劳作、休闲、购物、度假等，是一种新型农业生产经营形态。

19 世纪 30 年代欧洲就已开始了农业旅游。意大利在 1865 年就成立了“农业与旅游全国协会”，专门介绍城市居民到农村去体味农业野趣，与农民同吃、同住、同劳作，或者在农民土地上搭起帐篷野营，或者在农民家中住宿。旅游者骑马、钓鱼、参与农活，借此暂时离开繁华、喧闹、紧张的城市，在安静、清新的环境中生活一段，食用新鲜的粮食、蔬菜、水果，购买新鲜的农副产品。但是，那时还没有提出“观光农业”这一概念，仅是从属于旅游业的一个观光项目。然而农业旅游的发展客观上增加了农民的收入，促进了农村经济发展和城乡文化交流；也吸引了农场主和旅游开发者的视线，使他们认识到，如果把农业和旅游业结合起来，发展观光农业，开展农业旅游活动，必会产生巨大的综合效益。

20 世纪中后期，旅游不再是对大田景色的观看，代之以具有观光职能的观光农园，农园内的活动以观光为主，结合购、食、游、住等多种方式进行经营，并相应地产生了专职从业人员，这标志着观光农业不仅从农业和旅游业中独立出来，而且找到了旅游业与农业共同发展、相互结合的交汇点，标志着新型交叉产业的产生。欧洲的阿尔卑斯山区、美国和加拿大的落基山脉区域成为世界上最早的观光农业旅游区；随后德国、英国、法国、西班牙、日本、韩国等国家和地区观光农业也蓬勃发展，并形成了一定的规模和成效。

早在19世纪初，德国就形成了“市民农园”的形式，随着时代发展，其越来越强调环境保护与休闲功能，提供绿野、阳光为市民享受。德国较其他欧盟国家对观光农业的生态性提出了更高的要求，必须具备以下条件：不使用化学合成的除虫剂、除草剂，使用有益天敌或机械除草方法；不使用易溶的化学肥料，而是使用有机肥或长效肥；利用腐殖质保持土壤肥力；采用轮作或间作等方式种植；不使用化学合成的植物生长调节剂；控制牧场载畜量；动物饲养采用天然饲料；不使用抗生素；不使用转基因技术。著名的市民农业有德国泰宾勒格门市、马森堡密里的卡萨安哈尔村庄，自然风景与农业风景紧密相连，这里的农场有着悠久的传统，作物都由农场主主持耕种。

法国观光农业以大田作物为主，采取加大规模的专业化农场生产。巴黎的观光农业，利用农业作为限制城市过度扩张的屏障；利用农业把高速公路、工厂等有污染的地区与居民隔离，营造清洁的生活环境。此外，巴黎郊区还设立了农业保护区，主要是保护农田、村庄、文化景观遗产等。

以美国为代表的生态观光规划设计则特别关注规划设计中对于农业景观（Agriculfure Landscape）、乡土景观（Vernacular Landscape）原生态的保护。其观光农业发展主要以偏重生产的模式为主。这种农业发展模式只保留一定的观光需求，将农产品生产与加工、物流等环节联系在一起作为园区的主体展示内容，大大延伸了农业的产业链，提高了传统农业的生产效率和农业资源的使用效率；带动了当地居民家庭收入的提高。

日本的观光农业开展得较早，早在1930年宫前义嗣在《大阪府农会报》杂志上就对都市农业有了初步的描述。1935年日本学者青鹿四郎在《农业经济地理》中将“都市农业”作为学术名词而提出。日本的观光农业在发展进程中主要出现了采摘观光、自然修养村、农舍投宿、市民农艺园等形式，为工业化日本社会中人们在紧张的工作之余提供接近自然、返璞归真的场所。它的规划很注重自然环境和生活景观的结合，在保持生态环境完美的同时，挖掘农村文化，以新的乡村文化来吸引外来游客。在韩国和马来西亚，近几年来观光农业发展迅速，它们主要采取观光农园的形式，将观光农业与花卉产业、旅游业紧密结合在一起。

我国观光农业发展迅速，以台湾及沿海地区的观光农业园为代表。台湾地区是我国最早开展观光农业产业的地区之一，在1978年开始实现农业和旅游业的结合。台湾的观光农业产业种类丰富，有乡村花园、乡村民宿等类型的园区。台湾农业园区的“园区”概念，被赋予具有地方意义的Community（社区）的理念，通过整合农场、农园、民宿等景点，使其由点连成线，再扩大成面，形成了品牌策划—系统规划的布局方式。北京至沿海一带的观光农业园，突出“生态、科技、高效低碳农业”的品质特征，也吸引了众多对观光农业景观科技向往的游客，以北京蟹岛生态度假村、上海孙桥现代农业开发区为代表。

21世纪以来，人们对生态环境、人居环境更加重视，园林已开始从城市向城郊和乡村漫延，与农业紧密相结合，逐渐形成园林化环境中的农业生产、生活。现代观光农业园创造了旅游活动的新载体，实现了第一产业与第三产业的资源结合；也有助于推动农业生产向生态农业的方向发展，具有良好的发展前景。

11.1.2 观光农业的性质和类型

观光农业对地方经济发展而言，一方面以农业生产为依托，使旅游业获得更大的发展空间；另一方面以旅游经营为手段，使农业取得更高的经济效益。观光农业具有以下基本性质：第一，具有农业和旅游业的双重产业属性；第二，产业规划以农业生产的现代经营为基础，以旅游市场的农游需求为导向；第三，产业形成中的农游产业交叉渗透使其内含的农业生产效益和旅游经营效益具有互动性和叠加性；第四，产业开发以农业生态景观为资源条件，具有明显的地域性和季节性；第五，产业开发对土地资源的利用是多维度的，具有较强的可持续发展性。

观光农业园的类型很多，依形式和功能主要分为以下 5 种。

（1）观光农园

在城市近郊或风景区附近开辟，以生产农作物、园艺作物、花卉、茶等为主营项目，让游客入内摘果、拔菜、赏花、采茶，享受田园乐趣。这是国内外观光农业最普遍的一种形式，它又可细分为观光果园、观光菜园、观光花园（圃）、观光茶园等。例如，北京的朝来农艺园。

（2）农业公园

以生产、农产品销售、旅游、休闲娱乐和园林结合起来的园区称为农业公园。这类园在休闲、旅游、度假、食宿、购物（农产品）、会议、娱乐设施等方面比较完善，是一种综合性的农业观光园，注重了人文资源和历史资源的开发。例如，湖北宜昌的旅游型景观农业区、浙江义乌的农业现代化示范区、河南省濮阳市的中原绿色庄园等。

（3）科普教育农园

既有农业生产、农业科普教育，又兼顾园林和旅游的园区可称为教育农园。其园内的植物类别、先进性、代表性及形态特征和造型特点等，不仅能给游园者以科技、科普知识教育，而且能展示科学技术就是生产力的实景；既能获得一定的经济效益，又能陶冶人们的性情，丰富人们的业余文化生活，从而达到娱乐身心的目的。代表性的科普教育农园有法国的教育农场，日本的学童农园，中国台湾的自然生态教室及深圳的世界农业博览园等。

（4）休闲度假村

具有农林景观和乡村风情特色，以休闲度假和民俗观光为主要功能。例如，广东东莞的“绿色世界”，北京顺义的“家庭农场”、河南栾川重渡沟风景区的农家乐休闲度假村等。

（5）多元综合农园

集观光农园、农业公园、科普教育农园和休闲度假村为一体。例如，浙江丽水市石牛观光农业园、苏州吴县西山现代化农业开发区。

11.1.3 观光农业园的基本功能

观光农业是农业与旅游业的交叉产业，因此农业生产功能与观光旅游功能是观光农业园的两大基本功能。许多观光农业园运用现代化的科学技术手段开展农业生产，并且自主或与外界合作开展科学研究与产品研发工作，将研究成果推广应用、指导实践。因此，观光农业园还具有科学研究与科技示范的功能。除此之外，观光农业园还可能具有其他一些功能，例如，一些大型的观光农业园将园区范围内良好的自然生态地（如河流、山脉等）进行保护，这样的观光农业园就具有了对生态环境与物种的保护功能。

如图 11-1 所示，在这些基本功能中，农业生产功能是基础，观光旅游功能是主导，科研示范功能是动力，三大基本功能相互联系、相互作用，共同构成观光农业园的功能结构体系。

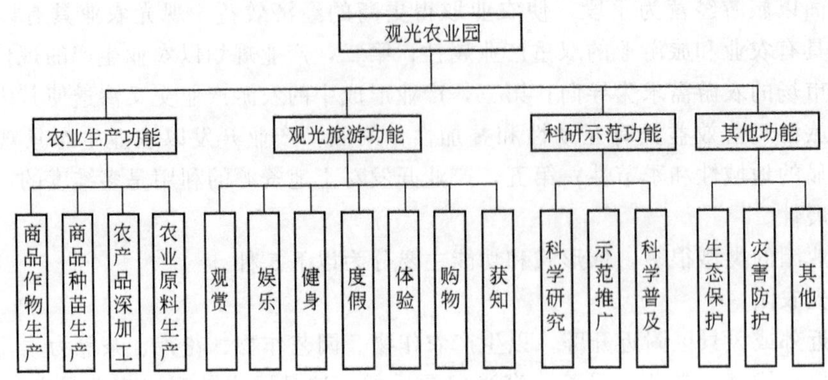

图 11-1　农业观光园基本功能

11.2　观光农业园规划设计

11.2.1　观光农业园规划设计的基础理论

农业观光园作为具有艺术性和观赏性的农业园区，具有城乡农村环境背景，规划时要从风景园林规划设计的角度出发，结合多学科理论进行景观规划设计，其基础理论有景观生态学理论、观光农业理论、景观美学理论等。

(1) 景观生态学理论

农业观光园中的生态要素包括斑块、走廊和基质，而且农业景观是以农村大自然为背景，必然具有生态的多样性和异质性特点。

面积广阔的农业园拥有农田、林场、果场、牧场、渔场、度假村庄等，这些不同类型的空间组合成一个复杂的生态系统，如由农田、果园和树林组成农耕景观；由农田、菜地、牧场、村庄组成乡村景观；由鱼塘、河流、水渠组成水体景观。所有这些构成不同景观的元素均属于景观生态学要素，如池塘、菜园、果林等，就是代表生态学中的斑块；耕作道路、园路旁列植的果树或行道树、菜地中的蔬果廊架、各种农作物的间作、套作等线性拼块，起着隔离、连接的作用，属于景观生态中的廊道。在景观要素中，占面积最大、连接度最强、对景观功能起着最强表现力的即为基质，如种植农业园区中的农田、畜牧农业园区中的草地、养殖农业园区中的水库、湖泊、大面积池塘等。因此要科学规划和管理农业景观，设计好斑块、廊道与基质之间的景观结构。例如，具有生态功能的廊道与使用功能的交通相结合，会使园区空间更和谐。

(2) 农业系统的构成理论

农业是由许多互相联系的因素构成、与环境相互作用并具有特定的结构和功能的复合系统，包括农业生产结构、农村产业结构、生态结构、经营形式等，其中生产结构和产业结构与农业的景观表达和旅游开发关系最为密切。农业生产结构系统包括种植业、畜牧业、林业、渔业、副业等，根据各部门结合的特点，可以分为农牧型结构、农林型结构、农经型结构、农牧林型结构等。农业生产结构的确立、配置和利用是否合理对农业生产、经济、资源发展利用有着重大的影响。在规划时，应对自然、社会、经济条件进行调查，初步确立合理的农业生产结构。

(3) 景观美学理论

农业观光园跟一般的原生态农业园有区别，是新兴的景观发展形态，需要通过风景园林规划设计理念和手法，营造出具有风景园林美、建筑小品美、人文景观美、生态和谐美、旅游生活美和可持续发展美的游憩环境。因此，要将园林美学的内涵融合进农业景观的原生态特色中，营造优美的农业休闲环境空间。

11.2.2 观光农业园规划设计的原则

(1) 因地制宜，突出特色

观光农业建设的资源基础是现有的农业资源，每个农业园都有自己的乡村地域背景，要深入挖掘具有当地特色的自然景观资源和历史人文资源。把最典型、最具农业特色的内容提供给游客，其景观要求具有浓厚的乡土气息，突出“乡趣”、“野趣”，特别强调经济、实用，营造出有地方特色的观光农业景观。乡村中存在有大量不同于城市的传统村落空间形态和具有地方特色的建筑文化、文物古迹，人文资源，例如客家围龙屋、海边石片屋、农家吊脚屋等，都可以提升农业园的自然景观内涵；例如对当地农村的生产劳作方式、传统或现代的农业用具器械、农民的生活习俗、农事活动、农事节气、农家产品加工制作、农业工艺等丰富的民俗文化和农业文化内涵进行深度地挖掘，从而使游人产生理性上的启发与认同，可以提高整个园区的人文景观品味。

(2) 功能综合性原则

农业观光园景观设计必须坚持多样性原则，功能也要综合性。观光农业园内的景观具有科技应用和美学、艺术的双重作用，在进行园区规划时，应在体现科技原理指导的前提下与艺术表达有机结合，如高科技农业示范区内的智能温室，在遵循科技原理的规划思路下还可以考虑它的造型、色彩、质材的艺术特色。

功能上，规划时应融观光、休闲、参与、购物于一体，经过全面规划，将各项功能与园区内的风景资源相整合，使整个农园呈现出层次多样的空间，既能让游客观赏到优美的田园风光，又能满足体验生产劳动的欲望，还能学到丰富的农业科技知识。

(3) 以人为本

一方面，人是观景的主题，要以人的需求为中心，以人为本；另一方面，人在赏景的同时，自身的行为活动也是被赏的对象，成为了构成景观的事件素材。在观光农业园规划设计中，则需要人可以更多地参与到采摘、种植等劳动中去，亲自体验自己动手的乐趣。因此，人的行为活动成为了构成景观的重要因素之一。所以，应充分考虑人的行为活动，使之成为景观的一个重要部分，营造出一幅人与景相融合的美丽图画。

(4) 生态原则

生态原则体现了人对自然的依存和人与自然的生命关联。农业既是调节人与自然关系的媒介，又是保护人类安全的“绿色屏障”，农业观光园比一般的农业更强调生态性。选址于自然风光较好的农业观光园跟城市园林景观最大的不同就是农业园以大面积的天然风景、自然山水为环境背景，浑然天成的自然景观朴实归真，迎合了游客回归自然的需求；以当地的大环境为保护对象合理地进行开发利用，融合当地资源创造环境友好型的园区，更能够凸显特色，实现游客访问的可持续发展。

(5) 景观设计艺术性原则

观光农业园是基于农业和农业资源来开发的，拥有无可比拟的自然山水和人文景观，但是在进行园内分区景观的规划时，在空间布局、形式表现、内容安排等多方面则可利用景观美学手法来处理，对景观空间、农业景点进行园林化的布局和规划，使整个园区环境具有园林艺术性的特点。例如，通过塑造微地形进行土壤栽培和各种艺术型容器（陶罐，竹编，柳编，草编容器）的组合栽培，打造出丰富多彩的艺术化作物景观。

11.2.3 观光农业园规划设计的选址和功能定位

观光农业园的规划选址一般应位于大城市近郊或旅游线上，要和周围环境相协调。以交通、通讯、供水、供电方便，立地生态条件好，环境优雅，无污染的自然农业用地为好，也可选择依山傍水的地块，与自然景观相融。

农业观光园规划设计应做好功能定位，根据规模投资能力和功能设置的需要进行规划。在休闲娱乐功能方面，开发与农业特色有关的休闲娱乐活动，发展生态旅游；在文化教育和社会功能方面，可在园区进行科学研究和科技示范，并推广先进的农业技术，对来访的游客加强公众教育，普及农业科技知识；在生态功能方面，建立生态循环体系，并探索农业观光园可持续发展的营造模式。

11.2.4 分区规划

观光农业园内功能区的划分应根据观光园区具有的功能和活动内容进行，并与景观的完整性相协调，形成丰富的、多层次的景观格局。

(1) 功能分区规划设计

根据基本功能结构特点，观光农业园一般可分为生产区、示范区、观光区、管理服务区、休闲配套区。除此之外，一些观光农业园还设有生态保护与防护区等功能区域。

1) 生产区　是观光农业园中占地面积较大（占总规划面积40%～50%）的区域，主要供农作物生产、果树、蔬菜、花卉园艺生产、畜牧养殖、森林经营、渔业生产。

生产区宜集中布置，以便于管理，宜布局在光照资源丰富、水分资源充足、土壤肥沃、有利于农作物生长与布置农业生产配套设施（如农业灌溉设施等）的地方。此外，为了避免游客携带病虫危害污染农作物，并防止游客对农作物的破坏，生产区应布置在远离出入口及游客活动密集的位置。生产区应实行封闭管理，形成功能独立的区域。

2) 示范区　是观光农业园中因农业科技示范、生态农业示范、科普示范、新品种新技术的生产示范的需要而设置的区域，通常面积不大，占总规划面积15%～25%，较为独立，其中部分区域与设施可向游客开放，区内设施主要为科研楼、温室、试验圃、仓库等。

示范区宜布置在光照资源丰富、水分资源充足、土壤肥沃、地势平坦、交通便利的区域，便于建设，并且为科学研究试验提供良好的条件。同时，示范区一般宜布局在距离生产区较近的位置，一方面可以共享利用农业设施资源，节约成本；另一方面能够利用丰富的农业种植资源，便于进行科研工作。对于向游客开放的示范展示性项目，应布置在醒目的位置，有利于汇聚人气。示范区需要与城市街道有方便的联系，最好设有专用出入口，不应与游人混杂，到管理区内要有车道相通，以便于运输。

3）观光区　观光区是开展观光旅游活动的区域。观光旅游区是观光农业园中景区、景点最为丰富的区域，也是游客最为集中的区域，通常面积较大，占总规划面积30%～40%，是观光农业园中的闹区。设有观赏型农田、瓜果、珍稀动物饲养、花卉苗圃等，园内的景观建筑往往较多地设在这个区。

选址可选在地形多变、周围自然环境较好的地方，让游人身临其境感受田园风光和自然生机。群众性的观光娱乐活动常常人流集中，要合理地组织空间，应注意要有足够的道路、广场和配套服务设施。

4）管理服务区　管理区是因观光农业园经营管理而设置的专用区域，通常面积很小，占总规划面积5%～10%，较为独立。此区内可包括管理、经营、培训、咨询、会议、车库、产品处理厂、生活用房等。

管理区宜布局在交通便利、位置明显的区域，例如园区主要出入口附近，方便园区的日常管理与经营。对于分区众多的大型观光农业园，可以根据具体情况，在各个分区设置管理点，便于日常管理。

5）休闲配套区　在观光农业园中，为了满足游人休闲需要，在园区中单独划出休闲配套区是很必要的，休闲配套区一般应靠近观光区，靠近出入口，并与其他区用地有分隔，保持一定的独立性，通常面积不大，占总规划面积的15%～25%。内容可包括餐饮、垂钓、烧烤、度假、游乐等，营造一个能使游人深入乡村生活空间、参加体验的场所。

对于较大规模的园区，休闲配套区布局应聚散结合，形成服务网络。例如，在出入口附近一般设置规模较大的综合性服务区，而在各个景区则布局若干小规模的服务点，满足游客游览时的需要。此外，休闲配套区可以结合农村来建设，设置在园外的村庄中，开展农家农俗的项目，为游客提供富于农家特色的餐饮、住宿等服务。

6）生态保护与防护区　生态保护与防护区是保护农田及园区环境免受自然灾害（风害、沙害等）侵袭，以及保护自然环境与生物资源的区域。生态保护与防护区并不是每个观光农业园都具有的功能区域类型，多出现在一些大型的、自然环境资源与生物资源丰富或者自然灾害频繁的观光农业园，通常较为独立，且不向游客开放。

（2）功能分区的基本模式

目前，观光农业园功能区域规划的基本模式主要有圈层式、聚落式与穿插式3种。

1）圈层式　各主要功能区呈同心圆形式展开布局，形成嵌套的功能区域格局。通常，生产区处于核心的内园区域，观光区处在生产区的外围，各分区之间通过道路、水系相连。圈层模式的主要优点有各个功能分区独立，处在内核区域的生产区受到观光旅游活动的干扰很小，有利于组织农业生产。观光区呈环形布置，能够充分的利用景观资源，并且有利于组织观光旅游序列与景区景点。主要缺点是交通组织略显不便［见图11-2(a)］。

2）聚落式　各主要功能呈块状形式展开布局，形成并列的功能区域格局。各分区之间通过道路、水系相连。聚落模式的主要优点在于有利于集约利用土地资源，各个功能区域集中，便于经营与管理，各个功能区域较为独立，避免了观光旅游活动对于农业生产的不良影响。主要缺点是观光区布局集中，景观资源的利用效率较低，并且不利于组织观光旅游序列与景区景点［见图11-2(b)］。

3）穿插式　观光区与综合服务区等功能区域呈插入状分布于园中，将生产区分成若干片区的布局形式。各区域之间通过道路、水系相连。穿插模式多见于以若干非毗邻农业生产区域为基础而建设起来的观光农业园。穿插模式的主要优点是土地利用方式灵活。缺点是观光旅游活动会对农业生产产生较大的影响，并且分散的生产区域不利于农业生产的经营与管理［见图 11-2(c)］。

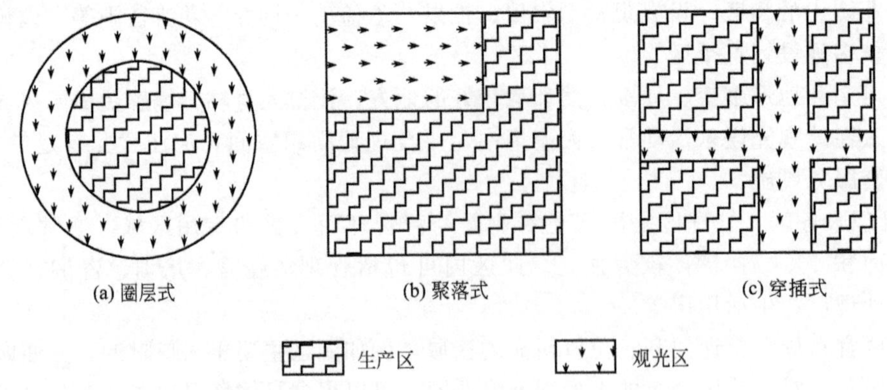

图 11-2　观光农业园功能分区的基本模式

11.2.5　农业产业的项目设计

农业项目设计面对生命体，受到自然规律和社会经济规划的制约，而且不是单一产业，包括农林牧副渔业和农产加工业。种养业和加工业有多种产业特点，有着完全不同的专业技术要求，设计方案要做到科学性、合理性和可操作性。

(1) 农业项目设计原则

1) 技术先进　农业园区的项目选择必须以先进的科学技术为支撑，这样园区不仅可以作为带动区域经济的增长点，而且可以成为高新技术产业发育与成长的源头，向社会各个领域辐射。

2) 品种优良　不同的农业产业项目形态中，可选择一些品种优良的作物或畜禽，如经过基因组合选育的杂交玉米、彩色棉花、樱桃番茄和各种不同产地与种类的奶牛、肉牛、鹿、兔、猪、山猪、猫、狗等，进行产品加工、展销。

3) 观赏价值高　农业项目的设计中，观赏价值高也是我们选择的因素之一，起伏的山体，逶迤的林相，多姿多彩的蔬菜、水果和鲜花，丰富的畜禽水产，在园区内随着时空的变化映现出园区的生动和谐与朴实的乡间氛围，这种给游客视觉和心灵上带来的强烈的震撼，是一般园林景观所不能给予的。

4) 因地制宜　不同的区域、地段、地形、水文、气候等条件会有不同产业构成和种养要求，需要不同技术和设施要求。

5) 充分利用资源　包括地理景观、人文艺术、童玩技艺、农耕农产、渔牧生活等各种可供活用的农业与农村资源。合理地进行综合开发，才能提高农业的综合效益。

6) 可操作性　工艺技术要求要明确，并符合自然和社会规律，才能确保实现产业价值。

7) 经济可行性　农业园区的项目选择，关系到整个园区的技术水准和经济效益，必须以市场为导向，效益为中心，技术为支撑，才能真正达到农业增效、农民增收的效果。

8) 可持续性　农业项目设计不仅要满足经济发展的需要，同时还要满足资源与环境永续利用的需要，才能使园区长盛不衰，并不断发展。

(2) 农业产业项目种类

1) 农业　如果园、茶园、菜园、稻田、花圃等。

2）林业 如林场、森林游乐区等。

3）牧业 如牧场、养鸡场、养猪场等以畜牧经营为主的场合。

4）渔业 如养虾场、贝类养殖场、鳄鱼养殖场、渔港、垂钓场等。

11.2.6 观光农业园各类设施景观设计

在进行观光农业园景观设计时，应有机地将自然素材、人工素材、事件素材进行创造和组织，使观光农业园景观的形象、意境、风格能有效地表达与显现。景观设计要和每个功能区的主题相协调。在主要观光通道的两边不仅要进行植物的绿化美化设计，同时要进行与主题吻合的文化、艺术的景观设计。要通过作物组合配置于指标牌、雕塑、假山、水系、小桥、休闲亭台等景观设施的设置，增强艺术内涵和提升观光品位。

（1）建筑类景观设计

观光农业园建筑承载着当地农村风土人情和乡脉，凸显与城市生活不同的文化特色。建筑作为整个园区环境的“眉眼”，除了具有居住度假的实用功能外，还是本地的文化符号，在规划中要利用原有或新建的仿古特色建筑群来延续整个乡村农业的文脉，使建筑景观充分体现农村区域性的文化魅力。如竹楼、吊脚楼、沿海地区的石头城等都充分突显当地农村历史人文、农业文化、农村生活方式、民族特色和地方风俗。

进行建筑设施景观设计时，园区建筑要与环境融为一体，尽量给游人以接近和感受大自然的机会，从而达到“相看两不厌”的境界。景区建筑的体量和风格应视其所处的周围环境而定，宜得体于自然，不能喧宾夺主，既要考虑到单体造型，又要考虑到群体的空间组合。

（2）道路景观设计

道路、水系、防护篱垣勾画出整齐的观光农业园空间格局，自然引导，畅通有序，体现了景观的秩序性和通达性。而且观光农业园内一个完整的道路、水系景观的空间结构为动物、农作物、昆虫等提供良好的生存环境和迁徙廊道，是园区中最具生命力与变化的景观形态，是理想的生境走廊（景观生态学上的廊道）。在一些农业历史文化展示的景观模式中，道路及水系景观保留了丰富的历史文化痕迹，这也是观光农业园规划的一项重要内容。

观光农业园内的道路设计与公园的道路设计类似，一般均以满足观光游览的方便而设，一般一级主路必须贯穿各大功能区，最好是能形成一个循环路线，路面宽一般在 5～6m，对于面积比较大，预计客流比较多的园区，可以把一级路设到 6～8m 宽，采用硬化路面，能适合观光车或小型机动车双向行驶。二级路为每个功能区内部链接各个小主题区而设，路面宽一般为 3～4m，可以临时单向行驶小型车辆，采用硬化或半硬化路面；三级路和四级路为每个小主题区内连接景点的小路，一般宽度为 1～2m，个别区域路宽 0.8～1.2m 即可，其功能是为游客提供观光步行的方便，可以采用半硬化或铺设园艺地布来实现。道路的布局和路线设计是以观光为主要目标，因此，可以蜿蜒曲折、高低错落，实现功能区和景点的连贯，道路及路边设施应是物化的景观。

（3）农业工程设施景观设计

农业工程设施景观包括堤坝、沟渠、护坡、灌溉等农业生产设施景观，在满足农业生产功能的同时，注重艺术处理，改变以往单调呆板的生产设施设计方法，也会呈现出特殊的美学效果。例如北京中天瀚海农业观光园内长达百米的瓜果廊架线性景观。

（4）生产景观设计

观光农业园的生产是以观光、展示、科普教育和采摘销售为主要目标，与一般农业生产企业的经营模式和目标完全不同，生产即是景观化的生产。因此，生产模式和种植、养殖的品种原则上是越多越好，多样化的生产模式和丰富多彩的品种才能使观光的内涵更加丰富。但并不是所有生产模式和品种都按相同的面积和固定的格式进行布局，那样就缺乏艺术性和可观赏性。一般要把大众所喜爱，科技含量比较高，经济效益比较好，景观效果明显的生产模式、设施类型和品种，布局在地理位置、环境条件比较好的显要区域，面积也可以适当大一些。把其他一些比较原始、普通，经济效益比较低，观赏效果和科普意义不大的生产模式和作物品种，布置在条件相对差一些、位置稍微偏一些的地块上，面积不宜太大。例如北京小汤山现代农业科技示范园的特种养殖园，很好地利用了动物资源这一经济景观要素，散养于园中，调动了游客多方位的体验，因此成为园区最大特色之一。

11.2.7 竖向规划

农业观光园是以大自然景观为背景来建设的园区，主要供农业作物生产、果树、蔬菜、花卉园艺、畜牧养殖、森林经营和渔业生产，因此涉及各种各样的地形地貌，应因地制宜地对园区进行竖向规划，在立地和布局上体现乡土美。

进行地形的竖向规划时，应根据园区的具体分区来合理改造地形地势。在保证不同农业作物生长发育良好条件的同时，以地形设计为主，配合运用各类造园要素，包括建筑群、植物、水体、园路等，尽可能形成灵活多变的环境空间，营造园中园。如果地形条件许可，还可营造一些适合农业生产和农事体验活动的具有自然野趣的游憩空间。

11.2.8 绿化设计

（1）植物选择

观光农业园区中的植物涉及范围较广，除了典型的园林绿化植物外，还涵盖果树、蔬菜、花卉等观赏性强的农业产业。依据使用功能的不同，该类植物主要分为以下3类。

1）绿化植物　绿化植物指一般园林景观中应用的绿化树种。对于观光农业园区来说，应大力提倡采用乡土植物，而在城市居住区、广场等绿化中常出现的外来植物，最好不要在观光农业园区中过度采用。在配置形式上，也要避免模纹或者乔灌木间植的形式，尽量以自然式形成“虽由人做，宛自天开”的效果。观光农业园区不同于一般的城镇绿化，冬日需要阳光，酷夏更需遮阴，为此提倡以速生树为主，观花、观叶、观果植物有机结合，同时兼顾保健植物、鸟嗜植物、香源植物、蜜源植物、固氮植物等。

2）生产型经济作物　包括大田作物，速生林木、蔬菜、果树以及鱼塘、荷花池和大棚类的设施栽培物种。这些作物通常以成片种植的形式出现。在景观上表现着有规律的并且相对整齐时间性，使景观活动有着明显的季节性。绿化规划应结合园区的自身特点建设特色园区，发挥经济效益和美化作用，同时也保证植物群落的稳定性和植物物种多样性。如对于食用花卉、蔬菜等来说，还要考虑轮作的品种，以免出现一种作物成熟收获后土地闲置、景观破败的情况。

3）作绿化用的经济作物　这类植物的经济性和美观性均较强，如用柿树、杨梅、枇杷、石榴、枣等具有地方特色的林果作为乔木层；玉米、向日葵、甘蔗、辣椒等模拟灌木层绿化；南瓜、水稻、山芋等作为地被层；丝瓜、葫芦、葡萄等作为藤本绿化植物等。将经济作物作为园区的绿化植物具有新奇性，苏州旺山生态园就是这种植物景观的代表。但是可作绿化用的植物都是需要具有一定的观赏价值和足够的抗修剪、抗虫害等优良特性的。经济作物的观赏价值、抗逆性能多不如普通绿化植物，它们的生命期有限，需要经常更换，也不能忽视个别游客出于好奇而产生的破坏行为，同时还会带来较为烦琐的养护管理问题。所以，作绿化用的经济作物并不适宜在全园大面积采用，在局部地区配合主题、项目适当种植即可。

（2）植物景观分区设计

生态园内的绿化规划，均以不影响园内生态农业运作和园内区域功能需求出发来考虑，结合植物造景、游人活动、全园景观布局等要求进行合理规划。观光农业园中不同的分区对绿化种植的要求也不一样。

1）生产区　因生产需要，生产区内温室内外或者花木生产道两侧原则上不用高大乔木作为道路主干绿化树种。一般以落叶小乔木为主调树种，常绿灌木为基调树种，形成道路两侧的绿带，再适当配以地被草花，总体上形成与生产区内农作物四季变化的景观季相的互补效应。

2）示范区　示范区内的树木种类相对生产区内可丰富些，原则上根据示范区单元内容选取植物，形成各自的绿化风格，总体上体现彩化、香化并富有季相变化特色。

3）观光区　观光区内植物可根据园区主题营造不同意境的绿化景观效果，总体上形成绿色生态为基调而又活泼多姿且季相变化丰富的植被景观。在大量游人活动较集中的地段，可设开阔的大草坪，留有足够的活动空间，以种植高大的乔木为宜。

4）管理服务区　可以高大乔木作为基调树种，与花灌木和地被植物结合，一般采用规则式种植，形成前后层次丰富、色块对比强烈、绚丽多姿的植被景观。

5）休闲配套区　可片植一些观花小乔木并且搭配一些秋色叶树和常绿灌木，以自由式种植为主，地被四时花卉、草坪，力求形成春有花、夏有荫、秋有果、冬有绿的四季景观特色。也可在一些游人较多的地方规划建造一些花、果、菜、鱼和大花篮等不同造型和意境景点，既与观光农园主题相符，又增加园区的观赏效果。

11.2.9　农业基础设施规划

（1）给排水灌溉系统规划

生态园以生产有机农产品为主，园内农业生产需要有完善的灌溉系统，同时考虑到环保及游人、园工的饮用需求，所以进行给水排水系统的规划。规划中主要利用地势起伏的自然坡度和暗沟，将雨水排入附近的水体；一切人工给水排水系统，均以埋设暗管为宜，避免破坏生态环境和园林景观；农产品加工厂和生活污水排放管道接入城市污水系统，不得排入园内地表或池塘中，以避免污染环境。

（2）电力及通信规划

① 估算园区的常规民用和市政年用电量。以常住人员按 50kW·h/(人·月）计；经营用电（旅游接待）按 0.5kW·h/人计，农业及绿地养护年用电量按 2100kW·h/(亩·年）计。从而估算出园区近期（5～6 年），远期为（7～10 年）的年用电量。

② 测算固定电话、移动通讯、互联网的需求数量，电信部门设计施工。

③ 电力线布局应依路（沟）而建，建议园区内特别是休闲服务区、家庭农庄区和文体教项目区采用地下电缆。

11.3 案例分析——绿源农业生态庄园规划设计

11.3.1 区位分析

(1) 项目地理位置

项目区位于山西省临汾市尧都区南郊，地处汾河之滨，平阳大桥南至襄汾交界处，尧庙华门景区西南部。距离临汾市中心直线距离仅 4km，车程只需 5～10min。地理区位优越，交通便捷。

(2) 自然条件

项目区隶属温带季风型气候，土地下湿，水资源充沛，年降雨量 500～600mm 以上，年平均气温在 11.2℃，年日照数 2400～2600h，年平均蒸发量 1149mm，无霜期 180～220d。

(3) 产业结构

项目区地理环境优越，农、林、牧、渔业都有发展潜力。项目区属于滩涂和一级台地，以种植小麦、玉米为主，约占耕地面积的 70%，部分地块种植蔬菜等经济作物，无大中型厂矿等基建项目，为项目区的建设和发展特色产业提供了丰富的物质资源。

11.3.2 规划原则

(1) 科技示范、区域带动

借助项目区地处临汾市郊的区位优势，坚持高起点规划、高水平建设，深入贯彻科学发展观，打造一流的苗木基地。根据当地的资源条件、农业基础及社会经济等因素综合考虑，以科技育苗为基础，以科技农业带动为依托，突出庄园科技农业特色，提出适合当地现代农业产业发展思路，从而带动周边区域农业产业的发展。

(2) 城乡统筹、服务城市

项目区北临临汾城区，东临尧庙华门景区，项目区未来的发展必将考虑如何统筹城乡发展的重要问题，规划应合理优化配置农村与城市优势资源，促进城乡交流，发挥项目区农业的产业优势，给城市居民提供安全食品、观光休闲等服务，真正成为市民生活所依赖的农业后花园，同时促进农业增收、农民富裕。

(3) 生态优先、资源整合

项目区场地内部有初具规模的设施农业、汾河滩地、较大规模林地等，开发现状较为凌乱，项目开发过程中要从不同程度上进行资源的整理调配，并减少资源浪费，共建生态、人性化的市民活动空间。以科技育苗和乡村田园风光为主要产业，通过不断培育和开发创新，营造休闲田园风格，发展成为庄园的支柱产业，带动园区三产功能，大力推动休闲观光农业发展。

(4) 坚持前瞻性，特色性原则

庄园规划在建设理念和技术支撑具有前瞻性，考虑未来市场竞争和技术进步的可能性，不仅对庄园发展和结构调整起到推动作用，而且对周边地区甚至更大范围的苗木发展起到示范带动作用和经验借鉴。特色是庄园规划设计的灵魂所在，是建设规划成功的重要因素。庄园规划时尽可能的突出天然、朴实、绿色、清新的自然景观，并在自然和人文景观上深度挖掘，展示当地的文化特色。同时也要明确园区资源特色，选准突破口，充分挖掘文化内涵，建设有文化底蕴的农家休闲庄园。

11.3.3 总体定位

以一产为基础，三产为主导，推进一产三产化。旨在打造普兰店苗木销售基地，辐射带动周边育苗技术的发展；贵宾客户旅游接待结合休闲度假，苗木绿化结合观光采摘，婚庆摄影结合田园式可移动木屋，旨在打造一个集食、住、行、游、娱为一体的田园类休闲庄园。

（1）形象定位

品牌育苗中心；苗木销售平台；田园型私家庄园；婚纱摄影接待。

（2）功能定位

苗木培育基地功能；观光采摘基地功能；接待贵宾集会功能；婚纱摄影基地功能。

11.3.4 设计构思

以科技育苗为核心，以苗木销售为依托，让科技农业、先进技术展示、休闲观光和本地文化底蕴渗透到园区的每个角落。

中国是茶的故乡，中国人历来就有“客来敬茶”的习惯，这充分反映出中华民族的文明和礼貌，与庄园主人接待重要贵宾的主要要求紧密结合，体现出庄园主人对宾客的热情欢迎。茶壶在中华民族几千年茶具的发展中，传承着博大精深的中华文化，展示出庄园主人的文化品位。

中国人视梅为吉祥物，以为吉庆的象征。梅有“回德”之说：“梅具四德，初生为元，开花如亨，结子为利，成熟为贞”。梅也是“花中四君子”和“岁寒三友”之一，具有自强不息、不作媚世之态的象征。通过对庄园道路、水系、小品的合理搭配，形成“以壶为基，以梅为脉”的整体格局，体现庄园主人热情好客的诚意，展示庄园深厚的文化底蕴与独特的田园风光。

11.3.5 道路交通设计

庄园北侧设计一个出入口，其他区域根据庄园苗木运输、疏散人流等需要增加临时出入口。为方便庄园接待、婚庆和观光需要，建设外围规则式环形回路交通，内部设置成自由式梅花枝形。根据功能不同庄园道路，可划分为二级：一级路 3～6m 宽庄园主路，主要满足庄园机动车单行、物流车、消防、大型机械、庄园游览车的通行；二级路各个分区内宽 1.5～2.5m 的步行游览路，同时满足庄园员工基本作业、小型机械、自行车骑行的通行。沿主要道路一侧设计水渠，一是满足苗木灌溉功能，二是解决庄园防洪排水功能。在水渠中设计水车，带动水流，形成自然风光。如图 11-3 所示。

园区主要游览方式：园区内除特殊情况外，禁止大小型机动车的驶入；可选择步行、（单人、多人自行车）骑行、乘坐园区游览车的方式进行游览。

11.3.6 功能分区

结合园区周边环境条件、发展方向以及现状资源条件，将整个园区分为“一带五区”。如图 11-4 所示。

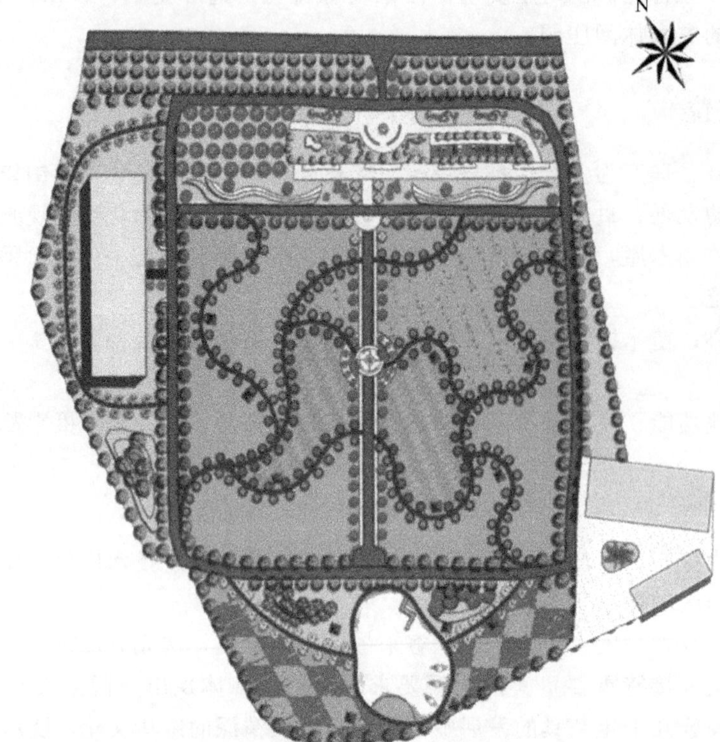

图 11-3　交通道路图

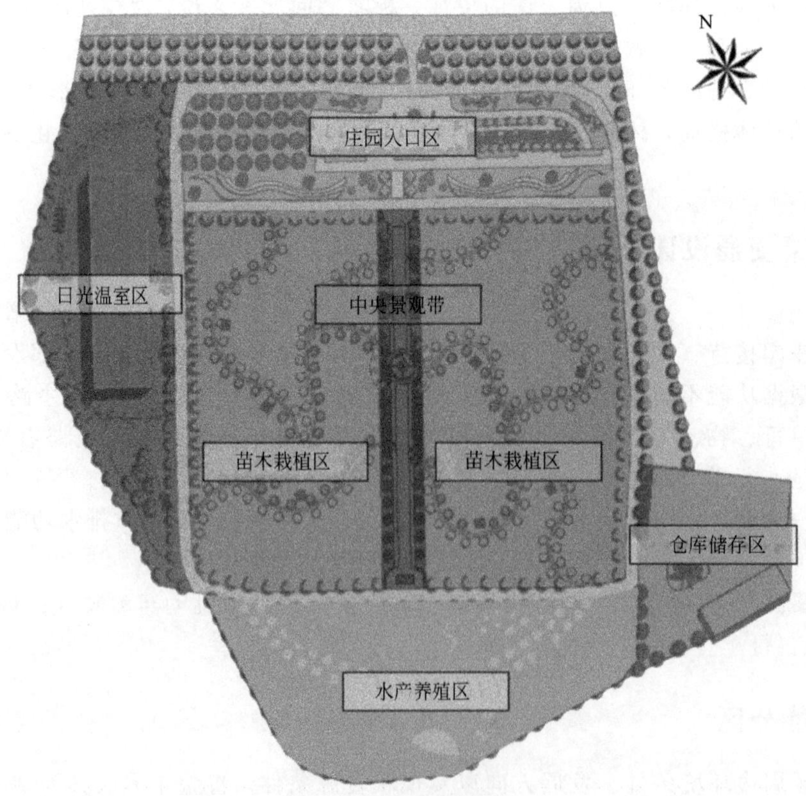

图 11-4　功能分区图

1）庄园入口区　该区域包括入口松石盆景、停车场、百花园及背景水幕墙。考虑庄园入口效果和分散人流的因素，在广场中央布置景石盆景，高差较大的地方群植乔木，减缓高差过大的地势问题。

2）日光温室区　该区域包括育苗区、立体栽植区、花卉培育区和盆景区。考虑人流量与庄园管理的问题，将该区于设置于庄园入口南侧，既方便车辆运输，又不会对庄园的其他分区安静、整洁的环境产生较大的影响。

3）苗木栽植区　该区域包括采摘区、苗木种植基地、田园风光及庄园文化展示。采摘区与苗木种植基地为方便游览、采摘、运输等设置成条状，田园风光与庄园文化展示则沿水布局，将园主的热情与地域文化穿插其中。

4）水产养殖区　该区域位于庄园南侧，以淡水养殖为主，兼以垂钓，沿池设置休息平台、木栈道、移动木屋等设施、营造自然和谐、淡雅致远的田间风光。

5）仓库储存区　该区域设置于庄园东南角，满足庄园储藏需求的同时，不影响整个庄园的浏览路线。

贯穿园区南北的中央景观带，结合各个分区节点，融入茶壶、梅花、现代农业文化和地域民俗文化。

农业生态庄园总平面图如图 11-5 所示，鸟瞰图如图 11-6 所示。

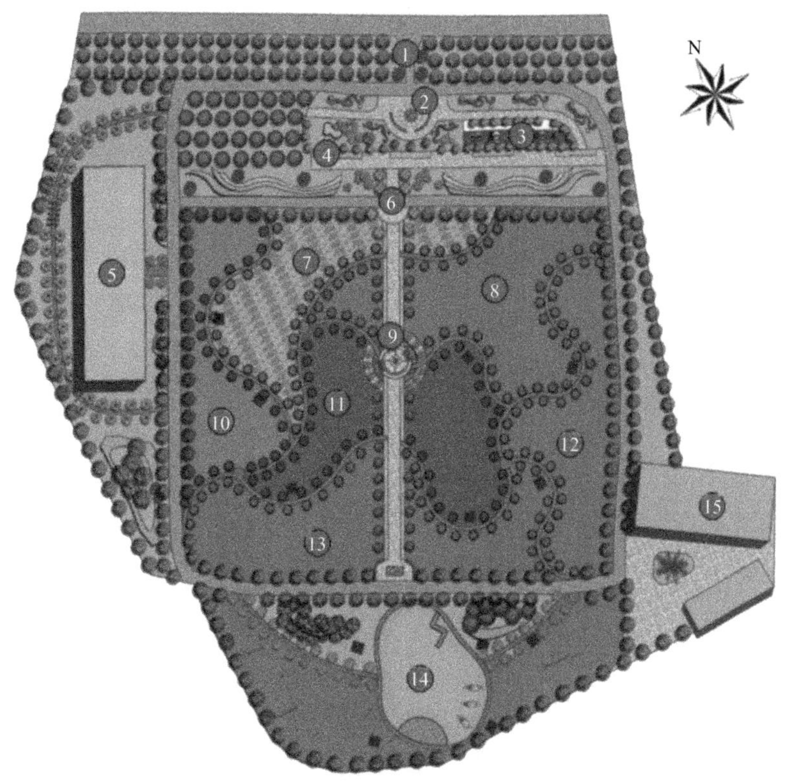

图 11-5　总平面图

1—入口；2—松石盆景；3—停车场；4—跌水幕墙；5—日光温室；
6—集散广场；7—银杏林；8—枫树林；9—中心广场；10—浪温花海；
11—花卉种植基地；12—林下养殖；13—果蔬采摘园；
14—水产养殖；15—仓库存储

图 11-6　鸟瞰图

12 风景名胜区规划设计

我国地大物博，地形复杂、气候多样，大自然造就了许多名山大川等自然美景。我国历史文化悠久，民族众多，拥有许多宝贵的人文景观。这些珍贵的风景名胜应该广泛地为人类所共享，因此，开发建设风景名胜区能够发挥风景区的整体大于局部之和的优势，实现风景优美、设施方便、社会文明，并突出其独特的景观形象、游憩魅力和生态环境，促使风景区适度、稳定、协调和可持续发展。

12.1 风景名胜区概述

12.1.1 风景名胜区

风景名胜区也称风景区，是经政府审定命名的风景名胜资源集中的地域，指风景资源集中、环境优美、具有一定规模和游览条件，可供人们游览欣赏、休憩娱乐或进行科学文化活动的地域。经相应的人民政府审查批准后的风景区规划，具有法律权威，必须严格执行。海外的国家公园相当于国家级风景区。

风景名胜区的功能可概括为保护生态、生物多样性的大环境；发展旅游事业，丰富文化生活；开展科研和文化教育，促进社会进步；合理开发；发挥经济效益。

12.1.2 国内外风景名胜区概况

（1）我国风景名胜区概况

我国 1982 年建立的主要风景名胜区主要标准是观赏价值，随着国家的发展而不断完善，同时由于风景所汇集的相关学科的成果，并逐渐形成保护性的、交叉性的、综合性的科学，其中风景学是以自然遗产学为主题，自然美学为形象，山水文化为脉络，保护风景区为核心，并结合风景科学的研究对象，风景区的结构、历史、价值、立法、管理、经营、效益等内容，形成较为完整的综合性的风景区体系。

（2）国外风景名胜区概况

除美国外，现在世界其他国家平均风景名胜区占 26%，我国只占 1%，如果按人口的比例来算，我国更少。1962～1970 年，随着生活水平的发展和提高，美国提出新国家公约观，标准有10条，其中涉及生态学的有4条，涉及地理学的2条。1972年保护自然文化公约里面，涉及自然地貌的有1条，其中自然美学1条。

12.1.3 风景名胜区的类型

（1）按等级特征分类

省级风景名胜区，具有较重要观赏、文化、科学价值，景观具有地方代表性，有一定规模和设施条件，在省内外由影响的，由省、自治区、直辖市人民政府审定公布。

国家重点风景名胜区，具有重要的观赏、文化或科学价值，景观独特，国内外著名，规模较大的，由国务院审定公布。

（2）按用地规模分类

小型风景区：面积在20km^2以下。

中型风景区：面积在21～100km^2之间。

大型风景区：面积在101～500km^2之间。

特大型风景区：面积在500km^2以上。

（3）按主要特征分类

可分为圣地类、山岳类、岩洞类、河流类、湖泊类、海滨海岛类、特殊地貌类、园林类、壁画石窟类、战争类、陵寝类、名人民俗类12类。

12.2 风景名胜区规划设计

12.2.1 风景名胜区总体规划

风景名胜区规划，是保护培育、开发利用和经营管理风景区，并发挥其多种功能作用的统筹部署和具体安排。编制风景名胜区的总体规划，必须确定风景名胜区的范围、性质与发展目标，分区、结构与布局，容量、人口与生态原则等基本内容。

12.2.1.1 规划原则

1）应当依据资源特征、环境条件、历史情况、现状特点以及国民经济和社会发展趋势，统筹兼顾，综合安排。

2）应严格保护自然与文化遗产，保护原有景观特征和地方特色，维护生物多样性和生态良性循环，防止污染和其他公害，充实科教审美特征，加强地被和植物景观培育。

3）应充分发挥景源的综合潜力，展现风景游览欣赏主体，配置必要的服务设施与措施，改善风景区运营管理机能，防止人工化、城市化、商业化倾向，促使风景区有度、有序、有节律地持续发展。

4）应合理权衡风景环境、社会、经济3方面的综合效益，权衡风景区自身健全发展与社会需求之间关系，创造风景优美、设施方便、社会文明、生态环境良好、景观形象和游赏魅力独特，人与自然协调发展的风景游憩境域。

12.2.1.2 范围、性质与发展目标

为便于总体布局、保护和管理，每个风景名胜区必须有确定的范围和外围特定的保护地

带。确定风景名胜区规划范围及其外围保护地带，主要依据以下原则：景源特征及其生态环境的完整性；历史文化与社会连续性；地域单元的相对独立性；保护、利用、管理的必要性与可行性。

规定风景名胜区范围的界限必须明确、易于标记和计量。风景名胜区的性质，必须依据风景区的典型景观特征、游览欣赏特点、资源类型、区位因素，以及发展对策与功能选择来确定。风景名胜区发展目标，应根据风景名胜区的性质和社会需求，提出适合本景区的自我健全目标和社会作用目标两方面的内容。如以“天下秀”著名的峨眉山，在中低山部分有丰富的植物群落，有黑白两龙江的清溪、奇石，充分体现出“秀丽”之意，在海拔3100m高山部位，一山突起，又有“雄秀”之势；又有丰富的典型地质现象、佛教名山的历史文化和众多的名胜古迹，因此形成了峨眉山具有悠久历史和丰富文化、雄秀神奇、游程长、景层高的山岳风景区性质，从而提出“以发展旅游为中心，以文物古迹为重要内容，在‘峨眉秀’字上做文章”的峨眉山的规划指导方针。

12.2.1.3 分区、结构与布局

（1）规划分区

风景名胜区应依据规划对象的属性、特征及其存在环境进行合理区别，并应遵循以下原则：同一区内的规划对象的特性及其存在环境应基本一致；同一区内的规划原则、措施及其成效特点应基本一致；规划分区应尽量保持原有的自然、人文、线状等单元界限的完整性。

根据不同需要而划分的规划分区应符合下列规定：当需要调节控制功能特征时，应进行功能分区；当需要组织景观和游赏特征时，应进行景区划分；当需要确定保护培育特征时，应进行保护区划分；在大型或复杂的风景区中，可以几种方法协调并用。

（2）规划结构

风景名胜区应依据规划目标和规划对象的性能、作用及其构成规律来组织整体规划结构或模型，并应遵循下列原则：规划内容和项目配置应符合当地的环境承载能力、经济发展状况和社会道德规范，并能促进风景名胜区的自我生存和有序发展；有效调节控制点、线、面等结构要素的配置关系；解决各枢纽或生长点、走廊或通道、片区或网格之间的本质联系和约束条件。

凡含有一个乡或镇以上的风景区，或其人口密度超过100人/hm^2时，应进行景区的职能结构分析与规划，并应遵循下列原则：兼顾外来游人、服务职工和当地居民三者的需求与利益；风景游览欣赏职能应有相应的效能和发展动力；旅游接待服务职能应有相应的效能和发展动力；居民社会管理职能应有可靠的约束力和时代活力；各职能结构应自成系统并有机组成风景区的综合职能结构网络。

（3）规划布局

风景名胜区应依据规划对象的地域分布、空间关系和内在联系进行综合部署，形成合理、完善而又有自身特点的整体布局，并应遵循下列原则：正确处理局部、整体、外围三层次的关系；解决规划对象的特征、作用、空间关系的有机结合问题；调控布局形态对风景名胜区有序发展的影响，为各组成要素、各组成部分能共同发挥作用创造满意条件；构思新颖，体现地方和自身特色。

12.2.1.4 容量、人口及生态原则

（1）风景名胜区容量

游人容量应随规划期限的不同而有变化。对一定规划范围的游人容量，应综合分析并满

足该地区的生态允许标准、游览心理标准、功能技术标准等因素而确定。

生态允许标准应符合表 12-1 的规定。

表 12-1 游憩用地生态容量

用地类型	允许容人量和用地指标	
	人/hm^2	m^2/人
针叶林地	2～3	5000～3300
阔叶林地	4～8	2500～1250
森林公园	＜20	＞660～500
疏林草地	20～25	500～400
草地公园	＜70	＞140
城镇公园	30～200	330～50
专用浴场	＜500	＞20
浴场水域	1000～2000	20～10
浴场沙滩	1000～2000	10～5

资料来源：《风景名胜区规划规范》(GB 50298—1999)。

1）游人容量及计算方法　应由一次性游人容量、日游人容量、年游人容量 3 个层次表示。一次性游人容量（亦称瞬时容量），单位以“人/次”表示；日游人容量，单位以“人次/日”表示；年游人容量，单位以“人次/年”表示。游人容量的计算可分别采用线路法、卡口法、面积法、综合平衡法。

① 线路法：以每个游人所占平均道路面积计，5～10m^2/人。

② 面积法：以每个游人所占平均游览面积计，其中，主景景点 50～100m^2/人（景点面积）；一般景点 100～400m^2/人（景点面积）；浴场海域 10～20m^2/人（海拔 0～2m 以内水面）。

③ 卡口法：实测卡口处单位时间内通过的合理游人量，单位以“人次/单位时间”表示。

2）风景区总人口容量测算　应包括外来游人、服务职工、当地居民 3 类人口容量。当规划地区的居住人口密度超过 50 人/km^2 时，宜测定用地的居民容量；当规划地区的居住人口密度超过 100 人/km^2 时，必须测定用地的居民容量；居民容量应依据最重要的要素容量分析来确定，其常规要素应是淡水、用地、相关设施等。

(2) 风景区人口规模

风景区人口规模的预测应符合下列规定：人口发展规模应包括外来游人、服务职工、当地居民 3 类人口；一定用地范围内的人口发展规模不应大于其总人口容量；职工人口应包括直接服务人口和维护管理人口；居民人口应包括当地常住居民人口。

风景区内部的人口分布应符合下列原则：根据游赏需求、生境条件、设施配置等因素对各类人口进行相应的分区分期控制；应有合理的疏密聚散变化，使其各得其所；防止因人口过多或不适当集聚而不利于生态与环境；防止因人口过少或不适当分散而不利于管理与效益。

(3) 风景区的生态分区

风景区的生态原则应符合下列规定：制止对自然环境的人为消极作用，控制和降低人为负荷，分析游览时间、空间范围、游人容量、项目内容、开发强度等因素，并提出限制性规定或控制性指标；保持和维护原有生物种群、结构及其功能特征，保护典型而有示范性的自然综合体；提高自然环境的复苏能力，提高氧、水、生物量的再生能力与速度，提高其生态系统或自然环境对人为负荷的稳定性或承载力。

风景区的生态分区应符合下列原则：将规划用地的生态状况按危机区、不利区、稳定区和有利区 4 个等级分别加以标明；按其他生态因素划分的专项生态危机区应包括热污染、噪声污染、电磁污染、放射性污染、卫生防疫条件、自然气候因素、振动影响、视觉干扰等内容；生态分区应对土地使用方式、功能分区、保护分区和各项规划设计措施的配套起重要作用。

(4) 风景区的环境质量

风景区规划应控制和降低各项污染程度，其环境质量标准应符合下列规定。

① 大气环境质量标准应符合 GB 3095—2012 中规定的一级标准。

② 地面水环境质量一般应按 GB 3838—2002 中规定的第一级标准执行，游泳用水应执行 GB 9667—1996 中规定的标准，海水浴场水质标准不应低于 GB3097—85 中规定的二类海水水质标准，生活饮用水标准应符合 GB 5749—2006 中的规定。

③ 风景区室外允许噪声级应低于 GB 3096—2008 中规定的“特别住宅区”的环境噪声标准值；放射防护标准应符合《放射性同位素与射线装置安全和防护管理办法》(2011) 规定的有关标准。

12.2.2 风景名胜区专项规划

风景名胜区专项规划包括保护培育规划、风景游赏规划、典型景观规划、游览设施规划、基础工程规划、居民社会调控规划、经济发展引导规划、土地利用协调规划、分期发展规划 9 个方面。

(1) 保护培育规划

保护培育规划包括查清保育资源，明确保育的具体对象，划定保育范围，确定保育原则和措施等基本内容。

1) 风景保护分类　可以分为生态保护区、自然景观保护区、史迹保护区、风景恢复区、风景游览区和发展控制区等。

① 生态保护区：对风景区内有科学研究价值或其他保存价值的生物种群及其环境，应划出一定的范围与空间作为生态保护区。在生态保护区内，可以配置必要的安全防护性设施，应禁止游人进人，不得搞任何建筑设施，严禁机动交通及其设施进入。

② 自然景观保护区：对需要严格限制开发行为的特殊天然景源和景观，应划出一定的范围与空间作为自然景观保护区。在自然景观保护区内，可以配置必要的步行游览和安全防护设施，宜控制游人进入，不得安排与其无关的人为设施，严禁机动交通及其设施进入。

③ 史迹保护区：在风景区（森林公园）内各级文物和有价值的历代史迹遗址的周围，应划出一定的范围与空间作为史迹保护区。在史迹保护区内，可以安置必要的步行游览和安全防护设施，宜控制游人进入，不得安排旅宿床位，严禁增设与其无关的人为设施，严禁机动交通及其设施进入，严禁任何不利于保护的因素进入。

④ 风景恢复区：对风景区内需要重点恢复、培育、抚育、涵养、保持的对象与地区，例如森林与植被、水源与水土、浅海及水域生物、珍稀濒危生物、岩溶发育条件等，宜划出

一定的范围与空间作为风景恢复区。在风景恢复区内，可以采用必要技术与设施，应分别限制游人和居民活动，不得安排与其无关的项目与设施，严禁对其不利的活动。

⑤ 风景游览区：对风景区的景物、景点、景群、景区等各级风景结构单元和风景游赏对象集中地，可以划出一定的范围与空间作为风景游览区。在风景游览区内，可以进行适度的资源利用行为，适宜安排各种游览欣赏项目，应分级限制机动交通及旅游设施的配置，并分级限制居民活动进入。

⑥ 发展控制区：在风景区范围内，对上述5类保育区以外的用地与水面及其他各项用地，均应划为发展控制区。在发展控制区内，可以准许原有土地利用方式与形态，可以安排同风景区性质与容量相一致的各项旅游设施及基地，可以安排有序的生产、经营管理等设施，应分别控制各项设施的规模与内容。

2）风景保护分级　风景保护的分级可以分为特级保护区、一级保护区、二级保护区和三级保护区等四级。

① 特级保护区：风景区内的自然核心区以及其他不应进人游人的区域应划为特级保护区。特级保护区应以自然地形地物为分界线，其外围应有较好的缓冲条件，在区内不得搞任何建筑设施。

② 一级保护区：在一级景点和景物周围应划出一定范围与空间作为一级保护区，宜以一级景点的视域范围作为主要划分依据。一级保护区内可以安置必需的游步道和相关设施，严禁建设与风景无关的设施，不得安排旅宿床位，机动交通工具不得进入此区。

③ 二级保护区：在风景区范围内，以及风景区范围之外的非一级景点和景物周围应划为二级保护区。二级保护区内可以安排少量旅宿设施，但必须限制与风景游赏无关的建设，应限制机动交通工具进入本区。

④ 三级保护区：在风景区范围内，对以上各级保护区之外的地区应划为三级保护区。在三级保护区内，应有序控制各项建设与设施，并应与风景环境相协调。

保护培育规划应依据本风景区的具体情况和保护对象的级别而择优实行分类保护或分级保护，或两种方法并用，应协调处理保护培育、开发利用、经营管理的有机关系，加强引导性规划措施。

（2）风景游赏规划

风景游赏规划包括：景观特征分析与景象展示构思；游赏项目组织；风景单元组织；游线组织与游程安排；游人容量调控；风景游赏系统结构分析等基本内容。

景观特征分析和景象展示构思，应遵循景观多样化和突出自然美的原则，对景物和景观的种类、数量、特点、空间关系、意趣展示及其观览欣赏方式等进行具体分析和安排；并对欣赏点选择及其视点、视角、视距、视线、视域和层次进行分析和安排。

游赏项目组织应包括项目筛选，游赏方式、时间和空间安排，场地和游人活动等内容。

风景单元组织应把游览欣赏对象组织成景物、景点、景群、园苑、景区等不同类型的结构单元。景点组织应包括：景点的构成内容、特征、范围、容量；景点的主、次、配景和游赏序列组织；景点的设施配备；景点规划一览表。

景区组织应包括：景区的构成内容、特征、范围、容量；景区的结构布局、主景、景观多样化组织；景区的游赏活动和游线组织；景区的设施和交通组织要点。

游线组织应依据景观特征、游赏方式、游人结构、游人体力与游兴规律等因素，精心组织主要游线和多种专项游线，包括以下内容：游线的级别、类型、长度、容量和序列结构；

不同游线的特点差异和多种游线间的关系；游线与游路及交通的关系。

游程安排由游赏内容、游览时间、游览距离限定。游程的确定宜符合下列规定：一日游不需住宿，当日往返；两日游住宿一晚；多日游住宿两晚以上。

（3）典型景观规划

风景区典型景观规划应包括典型景观的特征与作用分析；规划原则与目标；规划内容、项目、设施与组织；典型景观与风景区整体的关系等内容。

典型景观规划必须保护景观本体及其环境，保持典型景观的永续利用；应充分挖掘与合理利用典型景观的特征及价值，突出特点，组织适宜的游赏项目与活动；应妥善处理典型景观与其他景观的关系。

（4）游览设施规划

旅行游览接待服务设施规划　应包括：游人与游览设施现状分析；客源分析预测与游人发展规模的选择；游览设施配备与直接服务人口估算；旅游基地组织与相关基础工程；游览设施系统及其环境分析。

游人现状分析，包括游人的规模、结构、递增率、时间和空间分布及其消费状况。游览设施现状分析，应表明供需状况、设施与景观及其环境的相互关系。

客源分析与游人发展规模的选择　应分析客源地的游人数量与结构、时空分布、出游规律、消费状况等，分析客源市场发展方向和发展目标，预测本地区游人、国内游人、海外游人递增率和旅游收入，游人发展规模、结构的选择与确定应符合表 12-2 的内容要求，合理的年、日游人发展规模不得大于相应的游人容量。

表 12-2　风景区总体规划图纸规定

图纸＼资料名称	比例尺 风景区面积/km²				制图选择			图纸特征	有些图可与下图合并
	＜20	20～100	100～500	＞500	综合型	复合型	单一型		
现状(综合现状图)	1/5000	1/10000	1/25000	1/50000	▲	▲	▲	标准地形图上制图	
资源评价与现状分析	1/5000	1/10000	1/25000	1/50000	▲	△	△	标准地形图上制图	1
规划设计总图	1/5000	1/10000	1/25000	1/50000	▲	▲	▲	标准地形图上制图	
地理位置或区域分析	1/25000	1/50000	1/100000	1/200000	▲	△	△	标准地形图上制图	
风景游赏规划	1/5000	1/10000	1/25000	1/50000	▲	▲	▲	标准地形图上制图	
旅游设施配套规划	1/5000	1/10000	1/25000	1/50000	▲	▲	△	标准地形图上制图	3
居民社会调查规划	1/5000	1/10000	1/25000	1/50000	▲	△	△	标准地形图上制图	3
风景保护培育规划	1/10000	1/25000	1/50000	1/100000	▲	△	△	可以简化制图	3 或 5
道路交通规划	1/10000	1/25000	1/50000	1/100000	▲	△	△	可以简化制图	3 或 6
基础工程规划	1/10000	1/25000	1/50000	1/100000	▲	△	△	可以简化制图	3 或 6
土地利用规划	1/10000	1/25000	1/50000	1/100000	▲	▲	▲	可以简化制图	3 或 7
近期发展规划	1/10000	1/25000	1/50000	1/100000	▲	△	△	可以简化制图	3

注：▲应单独出图；△可做图纸。

资料来源：《风景名胜区规划规范》(GB 50298—1999)。

根据风景区（森林公园）的性质、布局和条件的不同，各项游览设施既可配置在各级旅游基地中，也可以配置在所依托的各级居民点中，其总量和级配关系应符合风景区规划的需求。

(5) 基础工程规划

风景区基础工程规划包括交通道路、邮电通信、给水排水和供电能源等内容，根据实际需要，还可进行防洪、防火、抗灾、环保、环卫等工程规划。

1) 风景区交通规划　分为对外交通和内部交通两方面内容。应进行各类交通流量和设施的调查、分析、预测，提出各类交通存在的问题及其解决措施等内容。

2) 风景区道路规划　合理利用地形，因地制宜地选线，同当地景观和环境相配合；对景观敏感地段，应用直观透视演示法进行检验，提出相应的景观控制要求；不得因追求某种道路等级标准而损伤景源与地貌，不得损坏景物和景观；应避免深挖高填，道路通过而形成的竖向创伤面的高度或竖向砌筑面的高度，均不得大于道路宽度。并应对创伤面提出恢复性补救措施。

3) 通讯规划　提供风景区内外通讯设施的容量、线路及布局。

4) 风景区（森林公园）给水排水规划　包括现状分析；给、排水量预测；水源地选择与配套设施；给、排水系统组织；污染源预测及污水处理措施；工程投资匡算。给、排水设施布局还应符合以下规定：在景点和景区范围内，不得布置暴露于地表的大体量给水和污水处理设施；在旅游村镇和居民村镇采用集中给水、排水系统，主要给水设施和污水处理设施可安排在居民村镇及其附近。

5) 风景区供电规划　提供供电及能源现状分析，负荷预测，供电电源点和电网规划3项基本内容。在景点和景区内不得安排高压电缆和架空电线穿过；在景点和景区内不得布置大型供电设施。

(6) 居民社会调控规划

凡含有居民点的风景区，应编制居民点调控规划；居民社会调控规划应包括现状、特征与趋势分析；人口发展规模与分布；经营管理与社会组织；居民点性质、职能、动因特征和分布；用地方向与规划布局；产业和劳力发展规划等内容。

(7) 经济发展引导规划

经济发展引导规划包括经济现状调查与分析；经济发展的引导方向；经济结构及其调整；空间布局及其控制；促进经济合理发展的措施等内容。

(8) 土地利用协调规划

土地利用协调规划应包括土地资源分析评估；土地利用现状分析及其平衡表；土地利用规划及其平衡表等内容（见表12-3）。

表12-3　风景区用地平衡表

序号	用地代号	用地名称	面积/km^2	占总用地/%		人均/(m^2/人)	备　注
				现状	规划	现状	
00	合计	风景区规划用地		100	100		合计
01	甲	风景游赏用地					甲
02	乙	旅游设施用地					乙
03	丙	居民社会用地					丙
04	丁	交通与工程用地					丁
05	戊	林地					戊
06	己	园地					己

续表

序号	用地代号	用地名称	面积/km^2	占总用地/%		人均/(m^2/人)	备　注
				现状	规划	现状	
07	庚	耕地					庚
08	辛	草地					辛
09	壬	水域					壬
10	癸	滞留用地					癸

备注　　　年，现状总人口　　万人。其中：游人　　，职工　　，居民　　。
　　　　　年，规划总人口　　万人。其中：游人　　，职工　　，居民　　。

资料来源：《风景名胜区规划规范》(GB 50298—1999)。

土地资源分析评估，包括对土地资源的特点、数量、质量与潜力进行综合评估或专项评估。土地利用现状分析应表明土地利用现状特征，风景用地与生产生活用地之间关系，土地资源演变、保护、利用和管理存在的问题。土地利用规划应在土地利用需求预测与协调平衡的基础上，表明土地利用规划分区及其用地范围。土地利用规划应遵循下列基本原则：突出风景区土地利用的重点与特点，扩大风景用地；保护风景游赏地、林地、水源地和优良耕地；因地制宜地合理调整土地利用，发展符合风景区特征的土地利用方式与结构。

(9) 分期发展规划

风景区总体规划分期应符合以下规定：第一期或近期规划为5年以内；第二期或远期规划为5～20年；第三期或远景规划为大于20年。近期发展规划应提出发展目标、重点、主要内容，并应提出具体建设项目、规模、布局、投资估算和实施措施等。远期发展规划的目标应使风景区内各项规划内容初具规模，并应提出发展期内的发展重点、主要内容、发展水平、投资匡算、健全发展的步骤与措施。远景规划的目标应提出风景区规划所能达到的最佳状态和目标。

(10) 投资匡算与效益分析

1) 投资匡算　投资匡算主要对服务设施工程、道路工程、供电工程、通信工程、给排水工程、营造林工程、景点建设、文物保护和管理机构建设等项目进行投资匡算。

2) 效益分析　对风景区的营业收入、营业成本和税收等进行估算，计算出税后利润额，对投资收益进行分析。

12.2.3　规划成果

风景区规划的成果应包括风景区规划文本、规划图纸、规划说明书、基础资料汇编4个部分。规划文本应以法规条文方式，直接叙述规划主要内容的规定性要求。规划图纸应清晰准确、图文相符、图例一致，并应在图纸的明显处标明图名、图例、风玫瑰、规划期限、规划日期、规划单位及其资质图签编号等内容。规划设计的主要图纸应符合表12-2的规定。规划说明书应分析现状，论证规划意图和目标，解释和说明规划内容。

12.3　案例分析

12.3.1　紫金山及玄武湖风景区

(1) 项目概况（引自《紫金山及玄武湖风景区规划方案评析》）

紫金山及玄武湖位于南京市东郊。南京是“中国四大古都之一”之一，有“六朝古都”

之称。南京位于长江下游沿岸，是长江下游地区重要的产业城市和经济中心，中国重要的文化教育中心之一，也是华东地区重要的交通枢纽。紫金山三峰相连形如巨龙，山、水、城浑然一体，雄伟壮丽，气势磅礴，古有“钟山龙蟠，石城虎踞”之称。主峰北高峰海拔 448 公尺，称为头陀岭。紫金山周围名胜古迹甚多：其山南有紫霞洞，一人泉；山前正中有中山陵；西有梅花山，明孝陵，廖仲恺和何香凝墓；东有灵谷公园，邓演达墓；山北有明代徐达、常遇春、李文忠等陵墓。在六朝时代，山上的庙宇很多，现仅存灵谷寺一处，位于山左西边的天堡山海拔 250m，建有紫金山天文台。国家 AAAA 级风景区中山陵园风景区就位于紫金山南麓。

玄武湖位于南京市东北城墙外，湖水深度 3m，湖内养鱼，并种植荷花，夏秋两季，水面一片碧绿，粉红色荷花掩映其中，景色迷人。盛产鱼虾、菱、藕，水产资源十分丰富，是南京的“活鱼库”。

(2) 功能分区

风景区划为 12 个功能区：生态公园、文物古迹中心、前湖公园、度假区、现代艺术公园、体育公园、紫金山游乐东区、紫金山游乐北区、紫金山游乐西区、白马公园、玄武湖公园、城墙区（见图 12-1）。

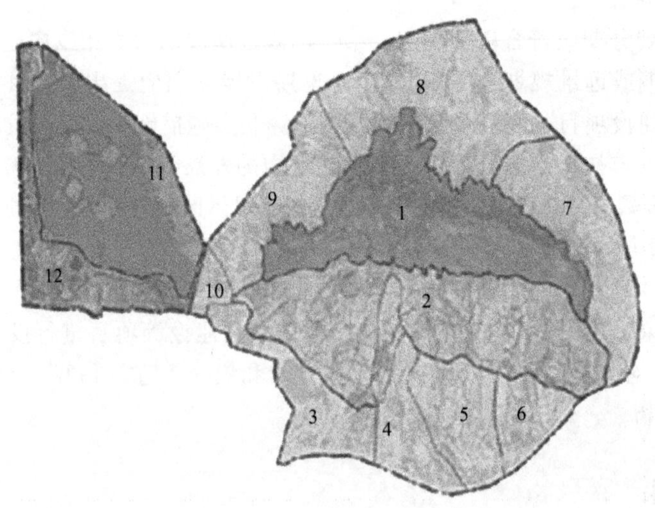

图 12-1 功能分区图

1—生态公园；2—文物古镇中心；3—前湖公园；4—度假区；5—现代艺术公园；6—体育公园；7—紫金山游乐东区；8—紫金山游乐北区；9—紫金山游乐西区；10—白马公园；11—玄武湖公园；12—城墙区

1) 生态公园　现状公园中的登山道较多，游客进入生态公园容易对公园中自然环境造成影响，不利于生态、环境的保护。在各个登山道的入口限制游客进入，从而有效地减少游客量，对公园以及公园内部动植物起到良好的保护作用。只有有限的游客能观赏到生态公园的美景（见图 12-2）。

2) 文物古迹中心　根据现状地理、交通条件将明孝陵、中山陵、灵穀寺周围划定了保护范围，各自设置了入口（见图 12-3）。

3) 前湖公园　现状建筑散乱无序，绿地及水体不成体系，缺乏游客服务设施。规划中重新整合建筑布局，划定公园及服务区，健全了服务设施。并在区中新建公园道——神道辅助路，方便旅客游览（见图 12-4）。

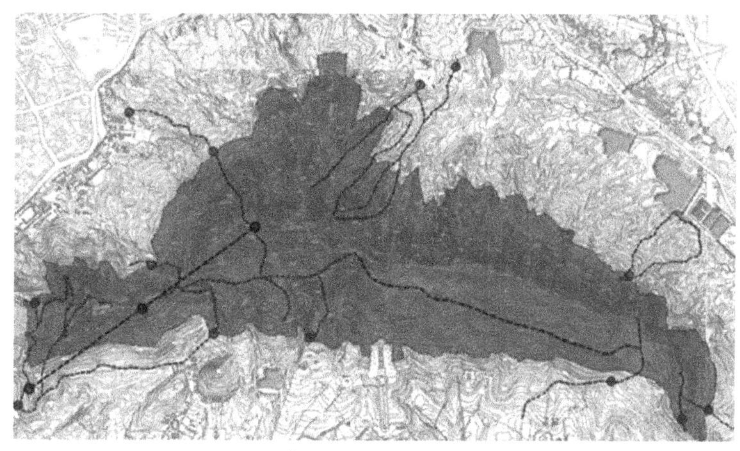

图 12-2 生态公园

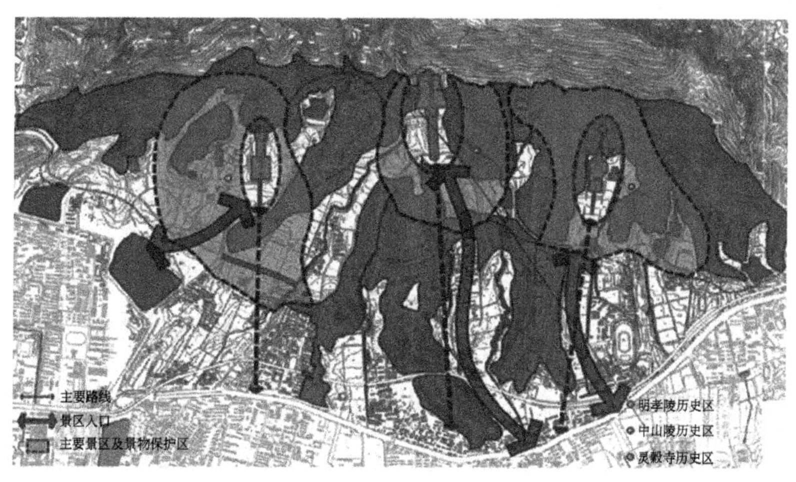

图 12-3 文物古迹中心

4）紫金山游乐区　现状中入口只有一个，通过增设入口和游客服务中心来分散游客，能够取得很好的效果。

5）城墙区　城墙区的规划是亮点。通过交通引导，将游客引至城墙。并创新性地提出建设城墙街，既可以通过古城墙的吸引发展商业，又可使游客游赏、购物两不误。城墙变为商业街区游客增多、管理难度大，加大了对古城墙保护的难度。应该制定相应的古城墙管理措施，对古城墙更好地保护（图 12-5）。

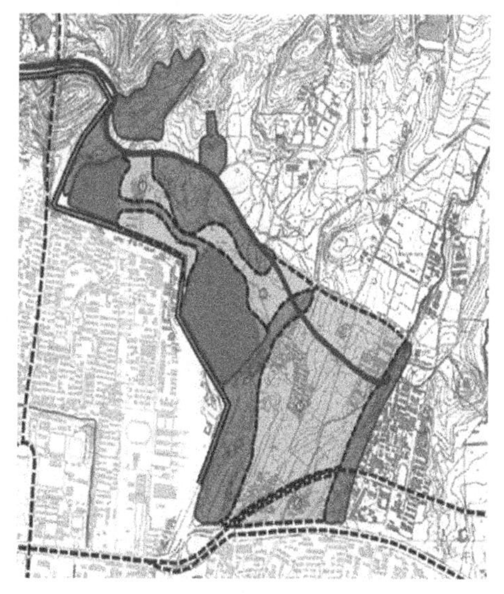

图 12-4 前湖公园

12.3.2 厦门鼓浪屿风景区

（1）项目概况

福建省厦门市的鼓浪屿旅游景区（见

图 12-5 城墙区

图 12-6 厦门鼓浪屿

图 12-6)，以其四季如春的气候、幽静雅致的景色、异域风格的建筑及丰富的人文景观而著名。碧海环保中的鼓浪屿，面积约 1.91km²，长住居民约 1.6 万人。岛上海礁嶙峋、岸线迤逦、层峦叠嶂，花团锦簇，庄园、别墅点缀其间。无机动车的噪声和自行车的无序，仅有不多的电动旅游观光车方便游客。这种幽静雅致的环境，使游人忘却了城市的喧嚣与浮躁，尽

情享受生活。晴朗的天空、湛蓝的海水，诱人的沙滩浴场、别致的庄园别墅、蜿蜒曲折的林荫小道、风格迥异的万国建筑，共同营造出一个和谐自然的生态环境，鼓浪屿因此被誉为“海上花园”、“音乐之岛”。

（2）功能分区

1）万国建筑博物馆　就鼓浪屿而言，从本身自然环境和历史文化等诸多因素的综合考虑，在建筑物的改建、重建、新建、修缮的过程中，除保留原有具有代表性的中式园林、中式建筑以外，可根据规划和用途可适当再建一批仿古欧式建筑，如古希腊的“柱式建筑”、古罗马的“拱券·圆顶建筑”、哥特式“尖顶建筑”和大量使用椭圆与曲线的“巴洛克建筑”等，加上历史遗留下来的这些现存西式老建筑，以形成国内独一无二、独具特色的“万国建筑博览”景观区。这批仿古欧式建筑，绝不是简单的形式上的“仿制”，而是“改制”。这些建筑在保存特定历史时期普遍具有其明显外部特征的同时，要由建筑师根据其个人理念和实际环境加以再创造，并融入现代的元素，这样才能摆脱生搬硬套的禁锢和局限。这些建筑群落不仅为建筑师提供了一个开放的交流平台，同时也为游人了解世界建筑的发展史、感受建筑艺术的精髓创造了条件，必将提升鼓浪屿景观文化的社会价值，促进旅游业的发展。

2）嘉庚特征的居民社区　为适应鼓浪屿岛上原居民房屋拆迁安置需要，拟建几处居民拆迁还建社区。这些社区建筑从风格、形式上来讲也应顺应全岛的自然和人文景观。其中，具有浓郁地方特色的嘉庚建筑形式可被采用。“穿西装、戴斗笠”，嘉庚建筑把闽南的燕尾脊、马鞍脊和中国传统的歇山顶，压在西洋建筑上，从而获得扬眉吐气的快感。同时，嘉庚先生是一位伟大的爱国主义者，他为祖国的教育事业鞠躬尽瘁，创办的集美学村、厦门大学驰名海内外。把社区建筑形式定位为嘉庚风格，不仅表达了对这位伟人的思念和敬意，同时也是对隔岸厦门大学嘉庚建筑群的一种呼应，不失为一次大胆的尝试。

3）雕塑为主的主题公园　雕塑主题公园能为中外艺术家提供一个广阔的平台。在这里，大家可共同探讨、交流、学习各种设计理念，创作各类美术作品，并进行有关的商业活动。一件好的雕塑作品，能将艺术与建筑、艺术与环境有机地结合起来，能够反映一个地区的历史文化和精神面貌。因此，以雕塑为主线来以此带动其他艺术产业的发展成为一种有效的途径。著名的例子数不胜数，如美国纽约的“自由女神”、比利时布鲁塞尔的“撒尿的男孩”、罗马城的标志“母狼”、丹麦的“美人鱼”等。这些成功的案例可为鼓浪屿的设计改造所借鉴。再加上鼓浪屿得天独厚的自然及人文环境也为雕塑主题公园的构建提供了优越的条件：鼓浪屿岛上形态各异、大小不一的累累奇石，给雕塑家提供了天然、不可复制的坯料；日光岩的摩崖石刻书法和皓月园里高达15.7m、重1617t的郑成功雕像为雕塑家提供了范本；古今中外的音乐故事、音乐家肖像等是雕塑（美术）家创作的重要素材。

4）骑楼式样的商业中心　骑楼是中国南方和东南亚城市里的一大特色。那些起伏的骑楼轮廓线、形态各异的山花、极富韵律的连排窗、精致的花饰细部以及典雅的色彩吸引着众人的眼球。从功能上看，骑楼楼上住人，楼下经商，可遮风、挡雨、避晒、降暑，家用、商用、公用合多为一。连廊连柱，中西合璧，不仅呈现出多元共存的南国风貌，也富有浓郁的生活气息。

5）品位高雅的艺术专区　要将鼓浪屿建成“艺术之岛”，必须借城区改造的东风，利用岛上现有的音乐厅、厦门博物馆（八卦楼）、钢琴博物馆（菽庄花园）等文化基础设施，用拟建中的“雕塑公园”、画廊、仿西式建筑（美术馆、时装店、书肆、酒吧、旅店等）将其串联一起，形成一个“鼓浪屿文化艺术专区”。鼓浪屿地区人杰地灵，在此设立品位高雅的文化艺术专区能有效地利用资源优势。此外，由于建筑常被称为凝固的音乐，因此，音乐的韵律、内涵还能通过岛上林林总总、形形色色的建筑也表现出来。

6）依山而建的露天剧场　作为音乐之岛，岛内外为数众多的音乐人才在这里可以追求高雅音乐之阳春白雪，也能钟情通俗音乐之下里巴人。听众、音乐爱好者对于歌剧、小品、摇滚、器乐、美声、通俗、原生态等各种表演形式各有所爱。岛上除现有音乐厅能举行各类正式表演、比赛和各类音乐活动的音乐场所外，可再建一座能供大众参与、形式多样、雅俗共赏表演形式的露天剧场作为互补。

参考文献

[1] 唐学山．园林设计［M］．北京：中国林业出版社，1996.
[2] （明）计成．园冶注释［M］．北京：中国建筑工业出版社，1988.
[3] 胡长龙．园林规划设计［M］．北京：中国农业出版社，2002.
[4] 徐文辉．园林绿地系统规划［M］．武汉：华中科技大学出版社，2007.
[5] 赵建民．园林规划设计［M］．北京：中国农业出版社，2001.
[6] 赵彦杰．园林规划设计（第 2 版）［M］．北京：中国农业大学出版社，2013.
[7] 赵彦杰，雷琼．景观绿化空间设计（第 2 版）［M］．北京：化学工业出版社，2014.
[8] 赵彦杰，王移山．屋顶花园设计与应用［M］．北京：化学工业出版社，2013.
[9] 郦芷若，朱建宁．西方园林［M］．郑州：河南科学技术出版社，2002.
[10] 彭一刚．中国古典园林分析［M］．北京：中国建筑工业出版社，1986.
[11] 周维权．中国古典园林史［M］．北京：清华大学出版社，1999.
[12] ［加］艾伦·泰特．城市公园设计［M］．北京：中国建筑工业出版社，2005.
[13] 刘滨谊．现代景观规划设计［M］．南京：东南大学出版社．2010.
[14] 宗白华．中国园林艺术概况［M］．南京：江苏人民出版社，1987.
[15] 崔文波．城市公园恢复改造实践［M］．北京：中国电力出版社，2008.
[16] 李铮生．城市园林绿地规划与设计［M］．北京：中国建筑工业出版社，2006.
[17] ［美］克莱尔·库伯·马库斯，卡罗琳·费朗西斯．人性场所——城市开放空间设计导则［M］．北京：中国建筑工业出版社，2001.
[18] 张宝鑫．城市立体绿化［M］．北京：中国林业出版社，2004.
[19] 卢云亭，刘军萍．观光农业［M］．北京：北京出版社，1995.
[20] 吴忆明，吕明伟．观光采摘园景观规划设计［M］．北京：中国建筑工业出版社，2004.
[21] 黄金锜．风景建筑构造与结构［M］．北京：中国林业出版社，1998.
[22] 祝长龙，郭景立．居住小区绿地植物配置［M］．哈尔滨：东北林业大学出版社，2004.
[23] ［美］西奥多·奥斯曼德森. 屋顶花园——历史·设计·建造［M］．林韵然，郑悠津，译．北京：中国林业出版社，2006.
[24] 何平，彭重华．城市绿地植物配置及其造景［M］．北京：中国林业出版社，2001.
[25] 刘永德，等．建筑外环境设计［M］．北京：中国建筑工业出版社，1996.
[26] 黄金绮．屋顶花园设计与营造［M］．北京：中国林业出版社，1994.
[27] 吴为廉．景园建筑工程规划与设计［M］．上海：同济大学出版社，1996.
[28] 罗凯．农业美学初探［M］．北京：中国轻工业出版社，2007.
[29] 姚时章，王江萍．城市居住外环境设计［M］．重庆：重庆大学出版社，1999.
[30] 苏雪痕．植物造景［M］．北京：中国林业出版社，1994.
[31] 周俭．城市住宅区规划原理［M］．上海：同济大学出版社，2003.
[32] 北京市园林局. 公园设计规范［S］．北京：中国建筑工业出版社，2009.
[33] 北京市市政工程设计研究总院. 城市道路工程设计规范［S］．北京：中国建筑工业出版社，2012.
[34] 上海市建设和交通管理委员会. 城市绿地设计规范［S］．北京：中国计划出版社，2007.
[35] 中国城市规划设计研究院. 风景名胜区规划规范［S］．北京：中国建筑工业出版社，1999.

[36] 中华人民共和国国务院令风景名胜区条例 [S]. 北京：中国建筑工业出版社，2006.

[37] ESC 景观设计：http：//user. qzone. qq. com/76998398.

[38] 谷德设计网：http：//www. gooood. hk/.

[39] 设计派：http：//www. shejipai. cn/.

[40] ZOSCAPE：http：//www. zoscape. com/.

[41] 严鹤. 纽约泪珠公园 [J]. 园林，2014（08）：56-59.

[42] [德] 克里斯朵夫·瓦伦丁，丁一巨. 上海辰山植物园规划设计 [J]. 中国园林，2010（01）：04-10.

[43] 吴俊. 北京动物园设计初探 [D]. 北京：北京林业大学，2007.

[44] 胡洁，吴宜夏，安迪亚斯. 路卡，等. 北京奥林匹克森林公园儿童乐园规划设计 [J]. 风景园林，2006（02）：58-63.

[45] 金凯. 湖南长沙烈士公园分析 [D]. 石河子：石河子大学.

[46] 谭晓. 汽车主题公园的景观营造研究与应用——以湖北金港汽车公园为例 [D]. 杭州：浙江大学，2015.

[47] 刘海龙. 从大地艺术到景观都市主义——纽约高线公园规划设计为例 [J]. 园林，2013（10）：26-31.

[48] 王向荣. 结合城市更新的广场设计——山西阳城东门广场 [J]. 中国园林，2001（5）：30-31.

[49] 北京市建筑设计研究院西单文化广场设计组. 面向新世纪的北京西单文化广场 [J]. 建筑学报，2000（03）：51-55.

[50] 林小峰. 城市发展历史长河的美丽浪花——韩国首尔清溪川景观复原工程 [J]. 园林，2012（01）：52-57.

[51] 俞孔坚. 绿林中的红飘带秦皇岛市汤河滨河公园设计 [J]. 园林，2008（12）：104-105.

[52] 邹喆. 风景名胜区景观设计探析——以厦门鼓浪屿建设改造为例 [J]. 科技信息（科学教研），2007（35）：316，255.

[53] 刘宇，傅皖晴. 基于“场所精神”的居住区景观设计——以温岭锦园小区“秋水苑”景观设计为例 [J]. 阜阳师范学院学报（自然科学版），2013，30（4）：61-66.

[54] 常俊丽，王浩. 大学校园绿地文化景观的传承——以郑州华信学院新校区景观规划为例 [J]. 安徽农业科学，2010，38（3）：18394-18396，18402.

[55] 王志勇，郑曦. 城市屋顶花园的价值与构建——北京某办公大厦屋顶花园设计解析. 绿色科技 [J]，2013（1）：136-140.

[56] 余翔. 浅谈石河天然气净化厂之绿化设计. 天然气与石油 [J]. 2008，26（6）：59-62.